懂一点STS
鸡蛋里的骨头

刘兵 ◎ 著

上海科学技术文献出版社
Shanghai Scientific and Technological Literature Press

图书在版编目（CIP）数据

鸡蛋里的骨头/刘兵著．—上海：上海科学技术文献出版社，2020
（懂一点STS/刘兵主编）
ISBN 978-7-5439-8138-6

Ⅰ.①鸡… Ⅱ.①刘… Ⅲ.①科学学—文集 Ⅳ.
① G301-53

中国版本图书馆 CIP 数据核字（2020）第 110057 号

策划编辑：张　树
责任编辑：姜　曼
封面设计：留白文化

鸡蛋里的骨头
JIDAN LI DE GUTOU
刘　兵　著

出版发行：	上海科学技术文献出版社
地　　址：	上海市长乐路746号
邮政编码：	200040
经　　销：	全国新华书店
印　　刷：	常熟市人民印刷有限公司
开　　本：	650×900　1/16
印　　张：	22
字　　数：	266 000
版　　次：	2020年8月第1版　2020年8月第1次印刷
书　　号：	ISBN 978-7-5439-8138-6
定　　价：	58.00元

http://www.sstlp.com

序言
STS 的视角、立场与科学文化传播

我本人本是学习物理出身,在念研究生时转向了科学史专业。毕业后,一直在学校的科学哲学和科学史学科从事教学和研究工作。由于专业的关系,再加上个人的兴趣,在被定义为科学哲学和科学史的学科中,关注的方向有很多,包括科学编史学、物理学史、科学文化传播(科学普及)、科学教育、科学与性别、环境哲学与文化、医学文化、技术与社会、科学与艺术等。这样的罗列看上去确实有些杂乱,更不用说后面还有个"等"的省略,但后来我逐渐理解到,其实如果用"STS"去框,是完全可以把这些看上去杂乱的研究方向纳入其中的。

"STS"是个英文缩写,有两种对应。一种是 Science, Technology and Society,即"科学技术与社

会"。这是比较早就出现的一种说法，它涉及多个学科的交叉，其涉及的内容按字面的意思也不难把握。到后来，国际上又出现了另一种说法，即 Science and Technology Studies，这是很难翻译的。国内有人译为"科学技术学"，有人译为"科学技术论"，有人译为"科学元勘"，还有加了引号的"科学研究"等，不一而足。这里难译之处主要在于，"Studies"这个单词一般在中文中会译成研究，但如果直接这样译，就会与我们中文中用来描述科学家们工作的"科学研究"混淆。其实，这是一个涉及科学哲学、科学史、科学社会学、科学人类学、科学传播（公众理解科学）、科学伦理学、科技政策等一系列的学科（如果把科学替换为技术或医学等也同样成立），并在研究中彼此交叉的研究领域。总而言之，是一个以科学技术为对象的人文研究领域。这样一种涉及多个学科交叉的研究领域，也是 Studies 的重要含义，如果类比另一个研究领域，Culture Studies（文化研究），可能更容易理解这一点。

前一种 STS 与后一种 STS 虽然在涉及的科学上差不多，但人们换一种名称，其实还提示有一些新的不同的存在。简单地讲，如果说前一种 STS 更多的是以赞扬科学和力图以促进科学更快发展为主旨的话，后一种 STS 则更多的是对作为研究对象的科学采取了一种批判性和反思性的态度。这是一种立场的转变！

我认为我的研究工作，更多的是后一种 STS。

以往，除了专业性的研究论文和一些非常专业性的研究著作，我也出版了一些通俗性或准专业性的文集，但时过境迁，现在这些书市面上已经买不到了。承上海科学技术文献出版社的好意，这里从中选出几本，在做了少量修改之后，以"懂一点 STS"为丛书名重新出版。重新出版之际也换了新的书名。为避免读者重复购买，这里将新旧书名对应如下：《鸡蛋里的骨头》（原书名为《触摸科学——刘兵学术自选集》、《我在故我思》（原书名为《两点间最长的直线》)、《万物皆有流》(原书名为《像风一样——科学史与科学文化论》、《左手科学，右手艺术》(原书名为《科学与艺术》，是我与戴吾三先生合著的)。

重新出版之际，在重读这些书的文字时，我发现，其中绝大部分内容应该说并不过时，现在再版也仍有现实意义。这可能有许多原因，包括学术原因和社会文化原因。

希望此丛书的出版能够对国内的科学文化传播的发展起到一些哪怕是有限的积极作用。实际上，在科学文化传播中，STS 的意义是非常需要强调的。

在此，还要特别感谢促成此套丛书出版的上海科学技术文献出版社的张树总编和姜曼编辑，感谢他们的辛勤努力和奉献。

刘兵
2020 年 4 月 7 日
于北京清华园荷清苑

目 录

01 序言

科学史的理论研究

3 历史的辉格解释与科学史
23 科学编史学视野中的"科学革命"
43 科学哲学对科学史意味着什么？
64 女性主义与科学史

科学哲学、科学史及科学文化专题研究

83 声子与实在
96 《墨经》与阿基米德杠杆原理比较
105 对1986—1987年高温超导体发现的历史再考察
123 玻尔与超导物理学
137 基础科学教育改革与科学史
　　——从美国的《2061计划》和《国家科学教育标准》谈起
149 从西方生态女性主义的视角看中国的"天人合一"
163 在激进的理论中寻找启示
　　——读Mies与Shiva的《生态女性主义》

科学家传记

- 175 玻色：科学家的彗星现象
- 184 布洛赫
- 193 伦琴
- 200 约尔丹
- 207 萨哈罗夫
- 219 派斯：从物理学家到物理学史家
- 224 费曼：超级科学明星

科学与艺术

- 231 幻想与现实
  ——读《侏罗纪公园》随感
- 240 用戏剧反映对人类命运的思考
  ——评青艺话剧《几尔加美休》
- 243 再圆恐龙梦
  ——读《失落的世界》
- 248 戏剧舞台上的物理学家
- 257 达·芬奇的艺术与技术
- 264 克隆与《美丽新世界》

随笔·书话

- 271 萨顿与科学史
- 276 "无用的"科学史
- 279 科学史家的命运
  ——从坦纳里说起
- 283 科学的一般概念与中国古代的"科学"

- 287 社会性别研究在妇女解放之外的意义
- 291 昔日的光辉与今日的思考
  ——评《中国：发明与发现的国度》
- 294 鸡蛋里的骨头
- 296 从《新人》谈起
- 299 出书的理由
- 302 出版科学家传记的意义
- 305 "绿色经典"对我们的意义
- 307 休闲的真谛
  ——读《沙乡年鉴》随感
- 310 出入于人类创造的美与永恒
  ——读《世界建筑艺术史》
- 313 《正直者的困境》译后记
- 316 难题的意义与科学的发展
  ——读《21世纪100个科学难题》
- 318 谎言的价值
  ——读《测谎仪》
- 321 在普及中体现真正的科学精神
  ——读《魔鬼出没的世界》
- 324 陌生的爱因斯坦
- 327 "奴隶"对"主人"和自身的思考
  ——读《机器的奴隶——计算机技术质疑》
- 331 在混乱与秩序的背后
- 335 他山之石的意义与无意义
  ——《美国国家科学教育标准》读后

懂一点STS

科学史的理论研究

历史的辉格解释与科学史

就科学编史学来说，其中有若干问题是最为重要的、核心的、本质的，对于任何科学史的研究（乃至阅读）都无法回避，当然，与之有关的争论也是持久的。在此，我们将讨论这些问题当中的一个，即对历史的"辉格"解释的问题。

在当代西方的科学史文献中，像"历史的辉格解释"（the whig interpretation of history），或"辉格式的历史"（whig history）这样一些术语（相应的形容词和名词还有 Whiggish，Whiggism 和 Whiggery）是极为常见的。事实上，在范围更大的历史学界，这些术语也是重要的日常用语。它们涉及历史研究中一些本质性的问题，是历史学家们区分某种历史研究方法与倾向的重要判据。多年来，历史学家们一直就有关的问题争论不休。而对于科学史的研究来说，这更是一个重要的，不仅仅是理论性的，而且也与科学史研究的实践密切相关的问题。

一、概念的提出

在英国历史上，曾有过两个对立的政党：辉格党（Whig）和托利党（Tory）。辉格党即自由党的前身，它提倡以君主立宪制代替神权专制，站在资产阶级和新贵族的立场上拥护国会，反对国王和天主教。

19世纪初期，属于辉格党的一些历史学家从辉格党的利益出发，用历史作为工具来论证辉格党的政见。1827年，作为辉格党人的英国著名历史学家哈兰（H. Hallam）出版了代表作《英国宪政史》，在其中，他提出英国自古以来就有一部不成文的宪法，一向就是主权在民的，并高度赞扬1688年的"光荣革命"，歌颂君主立宪制。这部著作成了一部具有深远影响的英国近代史，也开创了一代辉格史学。因为它"虽然完全避免了党派热情，却自始至终地充满了辉格党的原则"。① 另一位有代表性的辉格党历史学家麦考莱（T. B. Macaulay）则更明确地指出，在很长的时间中，"所有辉格党的历史学家都渴望要证明，过去的英国政府几乎就是共和政体的；而所有托利党的历史学家都要证明，过去的英国政府几乎就是专制的。"② 但就历史学后来发展的主要趋势来说，辉格党的历史学似乎更占了上风。直至20世纪，像屈维廉（G. M. Trevelyan）这样的英国自由主义历史学家，在著作的倾向和历史观方面，也继承了这种辉格党人的史学传统。

1931年，英国历史学家巴特菲尔德（H. Butterfield）出版了《历史的辉格解释》一书。在这部史学名著中，巴特菲尔德将"辉格式的历史"（或称"历史的辉格解释"）的概念作了重要的扩充。巴特菲尔德开宗明义地指出，就这本书来说：

> 所讨论的是在许多历史学家中的一种倾向：他们站在新教徒和辉格党人一边进行写作，赞扬使他们成功的革命，强调在过去的某些进步原则，并写出即使不是颂扬今日也是对

---

① H. A. L. Fisher. The Whig Historians. Humphrey Milford Amen House. 1928：12.
② H. A. L. Fisher. The Whig Historians. Humphrey Milford Amen House. 1928：6.

今日之认可的历史。①

可以说，这就是巴特菲尔德所提出的广义的辉格式历史的定义。在这里，他已远远超出了原来狭义的辉格史学涉及的英国政治史的范围，进而考虑历史学研究中更为一般和更具有普遍性的倾向，涉及历史研究和所谓通史之间的关系，也涉及历史作为一种研究而带有的局限。巴特菲尔德认为他并不是在讨论历史哲学的问题，而是在讨论历史学家心理学的一个方面。也就是说，他所抨击的历史的辉格解释并不是辉格党人特有的，它比思想上的偏见更微妙，是一种任何历史学家都可能陷入其中而又未经检查的心智习惯。即使那些为托利党政见辩护的历史学家们，就其研究方式的实质而言，也是这种广义"辉格式"的。巴特菲尔德还更加明确地指出：

> 历史的辉格解释的重要组成部分就是，它参照今日来研究过去……通过这种直接参照今日的方式，会很容易而且不可抗拒地把历史上的人物分成推进进步的人和试图阻碍进步的人，从而存在一种比较粗糙的、方便的方法，利用这种方法，历史学家可以进行选择和剔除，可以强调其论点。②

照此分析，辉格式的历史学家是站在 20 世纪的制高点上，用今日的观点来编织其历史。巴特菲尔德认为，这种直接参照今日的观点和标准来进行选择和编织历史的方法，对于历史的理解是一种障碍。因为这意味着把某种原则和模式强加在历史之上，必定使写出的历史完美地会聚于今日。历史学家将很容易地认为他

---

①② H. Butterfield. The Whig Interpretation of History. G. Bell and Sons. 1931（本文参考的系 AMS Press 1978 年重印本）: 11.

在过去之中看到了今天，而他所研究的实际上却是一个与今日相比内涵完全不同的世界。按照这种观点，历史学家将会认为，对我们来说，只有在同 20 世纪的联系中，历史上的事件才是有意义的和重要的。这里的谬误在于，如果研究过去的历史学家在心中念念不忘当代，那么，这种直接对今日的参照就会使他越过一切中间环节。而且这种把过去与今日直接并列的做法尽管能使所有的问题都变得容易，并使某些推论显而易见（且带有风险），但它必定会导致过分简单地看待历史事件之间的联系，必定会导致对过去与今日之关系的彻底误解。

那么，究竟应如何看待过去与今日之关系呢？巴特菲尔德认为，历史学家不应强调和夸大过去与今日（一个时代与另一个时代）之间的相似性，相反，他的主要目标应是去发现和阐明过去与今日之间的不相似性，并以这种方式扮演一个在我们和其他各代人之间的中介者。为了获得对历史真正的理解，历史学家要做的：

> ……不是要让过去从属于今日，而是……试图用与我们这个时代不同的另一个时代的眼光去看待生活。假定路德、加尔文和他们那代人只不过是相对的，而我们这个时代才是绝对的，这样做是不能获得真正的历史理解的；要获得这种理解只能是通过充分承认这样一个事实，即他们那代人与我们这代人同样正确，他们争论的问题像我们争论的问题一样重要，他们的时代对于他们就像我们的时代对于我们一样完美和充满活力。①

---

① H. Butterfield. The Whig Interpretation of History. G. Bell and Sons. 1931（本文参考的系 AMS Press 1978 年重印本）: 16—17.

因此，

> 如果我们把今日变成一种绝对，而相比之下所有其他各代人都仅仅是相对的，那么，我们就正在失去历史所能教给我们的关于我们自己的更真实的观点，我们就不能认识那些我们在其中也仅仅是相对的事物，我们就失去了发现的机会，在历史的长河中，不能发现我们自己、我们的观点和偏见位于何处。换言之，我们就无法认识到，我们自己如何不是完全自主或绝对的，而只是伟大的历史过程的一部分；我们就无法认识到，在事物的运动中，我们自己不仅是开拓者，而且也是过客。①

在这样的观点看来，历史更本质的价值就在于恢复过去具体生活的丰富性与复杂性。历史学家的工作不应是对在时间和空间中发生的事情给出哲学的解释，不应是由过去而推断出某种结论。相应地，巴特菲尔德否认可以以因果联系的方式讲述历史。或许更一般地，历史可以假定这样一种因果关系：是整个过去导致了复杂的今日，它包括过去运动的复杂性、纷繁的争论和错综交织的相互作用等。但是当历史学家真正去追溯过去时，他就会发现相互作用的网络是如此复杂，以至于不可能指出过去（比如说16世纪）任何一件事是20世纪甚至21世纪任何一件事的原因。因此，历史学家所能做的，只不过是以某种可能性去追溯从一代人到另一代人之间事件的序列关系，而不是试图描绘交错

---

① H. Butterfield. The Whig Interpretation of History. G. Bell and Sons. 1931（本文参考的系 AMS Press 1978 年重印本）: 63.

直至第三代和第四代人的原因与结果的极为复杂的图表。历史学家本质上是一个观察者，他像旅行家一样，向我们这些不能去访问一个未知国家的人描述那个国家，他只讨论确定的、具体的、特殊的事情，他不应过分关心哲学和抽象的推理。简而言之：

> 作为最后的手段，历史学家对所发生事情的解释不是做一番一般的推理。他解释法国大革命，是通过精确地发现发生了什么事情。如果在任何时候我们需要进一步的阐述，那么他所能做的一切就只是把我们带入更加详细的细节，让我们确切地看到实际发生了什么事情。①

巴特菲尔德强调，只有通过一段实际的研究，以微观的方式看待历史中的某一点，才能真正使历史变革背后复杂的运动具体可见。这种对人类变化复杂性的展示，对人类任何给定的行动或决定最终后果的不可预见特征的展示，是人们可以从细节中学到的唯一教益。

然而，越来越深入细致的研究将带来另一个问题，这就是巴特菲尔德反复强调的节略问题。由于历史中的内容无限丰富，要把所有事实都充分讲授的历史实际上是无法写出的，因此任何一部历史著作都必然是节略的。在巴特菲尔德看来，对于所有的历史，当它们变得更加节略时，必定就成正比地更倾向于辉格式。"在某种意义上，历史研究的全部困难都来自有关节略的根本性问题。"历史学家的困难是，他必须节略，而且必须在不改变历史的

---

① H. Butterfield. The Whig Interpretation of History. G. Bell and Sons. 1931（本文参考的系 AMS Press 1978 年重印本）: 72.

意和特殊信息的情况下节略。辉格史学家的错误在于，他们是为了今日的缘故而研究过去，这个理论基础为他们提供了一条穿越历史复杂性的捷径，使他们很容易发现在过去什么东西是重要的（实际上却只是以当代的观点来看是重要的），从而将节略的问题变得容易了。他们基于某种固有的原则去进行选择和剔除，去组织历史故事，使历史运动中相互作用的复杂性被极度压缩，直到使历史运动看上去像一简单的进步运动为止。这样一种节略的历史可能会讲述一个完全不同的故事。所以说，辉格式的历史并不是一种真正合理的节略。

那么到底应该怎样进行节略呢？巴特菲尔德指出，节略就是对复杂性进行节略。它不仅是写入什么或省略什么的机械性技艺，而且是在不丧失总体性和主旨的前提下如何有机地压缩细节的问题。在节略时，历史学家不应按照某种原则来选择事实，不应插入某一种理论。巴特菲尔德要求历史学家应具有一种能看到重要的细节和发现事件之间的关系与影响的天赋，以及领悟使历史过程得以起作用的整体模式的天赋。遗憾的是，除这些一般性的原则和模糊的天赋概念外，巴特菲尔德对此问题的解决并未提出什么具体可操作的措施。正是这一弱点成为巴特菲尔德所提倡的反辉格式历史不能贯彻到底的重要原因。此外，巴特菲尔德在该书中还以较大的篇幅讨论了在历史研究中进行价值判断和道德判断的问题。他认为这两种判断都是历史学家所应回避的。

巴特菲尔德一生著述甚丰，除了为数众多的专题性历史研究著作（主要是关于18世纪英国政治史和欧洲近代史的著作），侧重史学理论方面的有《基督教与历史》（1949）、《人类论述其过去：史学史研究》（1955）、《乔治三世与历史学家》（1957）等专著，及《历史与马克思主义方法》（1933）等论文。不过，其中最有影响的还是《历史的辉格解释》一书。[①] 该书很快就被认为是史学理论方面的一本经典名著，多年来一直不断重印。巴特菲尔德的这部著作内容本身虽然只涉及政治史与宗教史，但它的影响则波及整个历史学界。"辉格式的历史"一词成了历史学界进行史学批评的标准专业用语。在很长的时间中，几乎没有什么历史学家愿意成为（或被人称为）辉格式的历史学家。在科学史界，巴特菲尔德的这种影响尤为强烈。

二、历史的辉格解释与科学史

从科学史这一学科的发展来看，如果不考虑最初那些萌芽性的科学史著作，大致可以说从18世纪开始出现了早期的科学史（严格地讲只是学科史）著作。与启蒙运动和近代科学的兴起相伴，这个时期的科学史著作反映了对科学与进步的强烈信念，把科学看作是社会进步的源泉。当然，此时从事科学史工作的多为科学家，科学史这门学科尚不成熟。到20世纪初时，科学史研究出现了从学科史到综合性科学史（通史）的转变，有了少数职业科学史家，科学史学科自身的价值标准也开始确立。然而，当时科学史界对科学史所持的看法，基本上就是巴特菲尔德所批评的辉格式的观点。例如，科学史学科重要的奠基人萨顿，就曾在他的几部著作中，以定义、定理和推论的形式反复地强调他的科学观和科学史观：

---

① A. Wilson, T. G. Ashplant. Whig History and Present-centred History. The Historical Journal, 1988: 1—16.

> 定义：科学是系统的、实证的知识，或在不同时代、不同地方得到的、被认为是如此的那些东西。
> 定理：这些实证的知识的获得和系统化，是人类唯一真正积累性的、进步的活动。
> 推论：科学史是唯一可以反映出人类进步的历史。事实上，这种进步在任何其他领域都不如在科学领域那么确切，那么无可怀疑。①

正因为如此，萨顿在他的科学史研究中，很自然地把炼金术、占星术和自然巫术当作伪科学而不予考虑，他还把盖伦的生理学理论斥为空想和荒唐，并以此为理由拒绝讨论它们。这些做法当然是与萨顿本人所坚持的实证主义观点相一致的。实际上，在科学史这门学科发展的初期，实证主义的科学史观占据了统治地位，相应地，在科学史研究中，辉格式的倾向也相当极端，相当普遍。

大约从20世纪50年代起，情况逐渐有了改变。在专业科学史学家当中，极端的辉格式研究倾向开始消失。对此，英国科学史家怀耳德（C. B. Wilde）提出三个主要的原因：第一，历史学家已经表明一种研究法的优越性，即从各个方面努力重组以前的思想家面临的各种问题，而不是以事后认识到的好处作为标准去评判过去；第二，科学的实证主义哲学的衰落，致使那种认为科学知识的现状在任何绝对的、认识论的意义上，都比早期的知识形式更优越的信仰难以维持下去了；第三，历史学家已经表明，已经被取代的、在现代科学家看来可能是荒唐可笑的许多观念，在

---

① G. Sarton. The Study of History of Science. Dover Publication. 1957: 5.

早期的科学发展中却发挥了重要作用。①

巴特菲尔德对于辉格式历史研究法的批评,无疑在科学史界产生了深刻的影响,但在某种意义上来说,是一种外来的影响。大约也是在萨顿的时代,科学史中另一种研究传统的出现,是科学史界接受反辉格观点的内在基础。正如怀耳德在第一条理由中表明的,像法国哲学家和科学家科瓦雷有关笛卡尔、伽利略等人的一系列研究,就是根据过去时代本身具有的术语去解释过去的典范。这种研究传统尤其在美国科学史界影响巨大,而它恰恰正是反辉格式的。② 后来,像医学史家佩格耳(Q. Pagel)1967 年在他研究哈维的生物学思想的著作中,则更清楚地指出:

> ……对于历史学家,就是要颠倒进行科学选择的方法,并要在原来的语境(context)中重新叙述其英雄人物的思想。这样,科学的和非科学的这两套思想的表现,将不是通过简单的并列或彼此无关的表述,而是作为一个有机的整体,在这个整体中,它们相互支持,相互确证。③

此外,60 年代初以后,像科学史家耶茨(D. F. Yates)对科学革命和炼金术关系的研究,以及众多学者对牛顿的炼金术手稿的研究等,也都是科学史界反辉格式研究传统的典型表现。

更有代表性的是,美国科学史家和科学哲学家库恩 1968 年在

---

① 拜纳姆,等.科学史词典[M].宋子良,等,译.湖北:湖北科学技术出版社,1988:711.

② H. Kragh. An Introduction to the Historiography of Science. Cambridge University Press. 1987:100.

③ A. G. Debus. Science and History:A Chemist's Appraisal,Servico de Documentacao e Publicacoes da Universidade de Coimbra,1988:21—22.

为《国际社会科学百科全书》撰写的条目"科学的历史"中，有这样一段话，它表明了西方科学史界对这种新的研究传统的普遍接受：

> 内部编史学的新准则是什么呢？在可能的范围内……科学史家应该撇开他所知道的科学，他的科学要从他所研究的时期的教科书和刊物中学来……他要熟悉当时的这些教科书和刊物及其显示的固有传统。①

在西方，随着科学史研究的职业化和研究队伍的不断壮大，新一代的科学史家更多地接受人文科学的训练，相应地，新的研究传统和新的价值标准得以巩固。正像有人注意到的那样，这新一代专业工作者在称呼他们认为过了时的科学史著作时，喜欢用的最粗鲁的词汇之一，就是说那些著作是"辉格式的"。②

三、问题与争论

在《历史的辉格解释》一书出版近 20 年后，巴特菲尔德本人也对科学史产生了兴趣。1950 年，他在一篇题为"科学史家与科学史"的文章中，仍坚持反辉格式倾向的重要性：

> ……实际上，我相信已经证明，有时更有用的是要学习

---

① 库恩. 必要的张力 [M]. 纪树立，等，译. 福建：福建人民出版社，1981：108.
② C. Russell. Whigs and Professionals. Nature. 308（1984）：777—778.

> 早期科学家们未起作用的某些东西以及错误的假说，是要去考察某一特定时期内在智力方面难以克服的特殊障碍，甚至是要去追溯已走入了死胡同但对科学总体进步有其影响的科学发展的过程。正如在所有其他历史形式中一样，在科学史中错误的做法，就是总把当代放在人们的心目中作为参照的基础，或是设想在世界史中 17 世纪科学家的地位将取决于他看上去与氧气的发现有多么接近的问题。①

值得注意的是，1949 年，巴特菲尔德出版了一部重要的科学史著作——《近代科学的起源》。这部著作虽然主要是根据二手文献写成的，可是由于它成功地把科学史结合到一般的历史中去，从而得到广泛的称赞，成了一本经典的科学史名著。但正如许多人都注意到的，这本书采用的正是他所强烈批评的那种辉格式的写法。因为他致力于要发现科学的起源，他并未试图在一个时代的总体构成中（即社会的、智力的甚至政治的构成中）去理解这个时代的科学。更令人惊讶的是，他预先便知道这种起源在何处（即在 17 世纪的科学革命中），所以他描述的只是能够表明在 17 世纪的科学中带来了近代对物理世界的看法的那些成分。例如，他根本就没有提到帕拉塞尔苏斯、海尔梅斯主义和牛顿的炼金术。他并未意识到自己正在撰写一部显然是出色的辉格式的历史！同样的，在 1944 年出版的《英国人及其历史》一书中，他也同样采取了辉格式的撰写方法。②体现在巴特菲尔德身上的这种明显的自相矛盾表明，即使是他本人在历史研究实践中，也难

---

① H. Butterfield. The Historian and the History of Science. Bulletin of the British Society for the History of Science. 1（1950）：49—57.

② G. R. Elton. Herbert Butterfield and the Study of History. The Historical Journal. 27（1984）：729—743.

以完全贯彻他自己的理论主张。因而，70年代中后期以来，人们对反辉格式研究传统的问题再次进行反思，这就是很自然的事了。

美国科学社会学家和科学史家默顿在1975年便提出："或许，在编史学中有半个世纪之久的关于辉格式原则的禁忌，已远远超越了反对那种赞扬式的当代主义的目标……对于历史，或许已经到了要求反对反辉格式倾向的时候了。"[1] 比这更早一点，美国科学史家布拉什（S. G. Brush）也曾指出，由于科学史家对反辉格式传统的接受，他们热心于把科学理论同前些个世纪的哲学与文化运动联系在一起，因而开始降低了在这些理论中技术性内容的重要性，但正是这些技术性内容才使这些理论在现代科学中有意义。这样做的结果，是在历史学家和科学教师的目标之间形成了一道鸿沟。[2] 然而，对反辉格式研究方法更为系统的反思和对巴特菲尔德的批评，主要还是出现在1979年巴特菲尔德去世之后，它们一方面来自一般历史学家，另一方面来自科学史家。

历史学家的反思与批评有的涉及《历史的辉格解释》这本书本身，如指出它严重空洞，缺少有力的历史例证等。[3] 有的则涉及历史研究中带有根本性的问题，如威耳逊（A. Wilson）和艾什普兰特（T. G. Ashplant）认为，巴特菲尔德正确地辨认出了在历史著作中普遍存在的与原来时代不符的模式，但他未能恰当地指出这种错误的实质和令人满意的补救办法。他们认为，此错误的真正根源是以当代为中心（present-centredness），即历史学家对过去的认

---

[1] R. K. Merton. Thematic Analysis in Science. Science. 188（1975）: 335—338.
[2] S. G. Brush. Should the History of Science be Rated X? Science. 183（1974）: 1164—1172.
[3] T. G. Ashplant. A. Wilson. Present-centred History and the Problem of Historical Knowledge. The Historical Journal. 31（1988）: 253—274.

识（更不用说理解）根本地依赖于历史学家的概念框架，历史学家对来自当代的"感性定向"的利用，迫使他们曲解过去。他们还进一步指出，任何编史学从来都不是中立的，这种以当代为中心不仅仅是个别历史著作的问题，它也是历史这一学科自身的结构，是在历史研究的过程中所固有的，因此，历史的推论在本质上就是有问题的。①②

由于巴特菲尔德提出的问题与科学史研究关系更为密切，因此在对其观点和影响的反思中，科学史家们尤为活跃。1979年，美国生物学史家赫尔（D. L. Hull）率先打出了"捍卫当代主义"的旗号。③ 他承认某些类型的当代主义（presentism）是人们所不希望和应该取消的，但是，他要捍卫在科学史中另外一些类型的当代主义：阅读出当代的含义、当代的推理原则，以及将经验的知识用于过去更早的时期。他认为，在这三种情况下，当代的语言、逻辑和科学不仅对探索过去是必不可少的，而且对将探索的结果与历史学家们同时代的人进行交流也是必不可少的。赫尔指出，对于历史学家，不论是在对过去的重构中，还是在向读者就这种重构进行解释时，当代的知识绝对都是至关重要的。由于历史学家在当代所处的地位，他必须要在对过去的重构中利用一切可用的证据和工具，即使这些证据和工具对于他所研究的那个时代的人们是无法了解的。此外，他还必须与当代的读者交流这些重构。历史学家对他自己的时代的了解总是要比对他所研究的时代的了解要多，而他的读者就更是如此了。这里，赫尔显然是从

---

① A. Wilson, T. G. Ashplant. Whig History and Present-centred History. The Histonical Journal. 31（1988）：1—16.

② T. G. Ashplant, A. Wilson. Present-centred History and the Problem of Historical Knowledge. The Historical Journal. 31（1988）：253—274.

③ D. L. Hull. In Defense of Presentism. Hisiory and Theory. 18（1979）：1—15.

目前西方史学界较为流行的将历史视为人类的建构,因而否认绝对历史真理的观点来捍卫当代主义的。

1983年,英国科学史家霍尔对科学史界反辉格的倾向也提出了系统的、具有代表性的看法。① 霍尔指出,《历史的辉格解释》一书没有给出任何正面的观点。它虽然告诉我们历史不应是什么样的,却没有讲历史可以是什么样的。巴特菲尔德的看法是,历史学家对历史上所发生的事情的解释不是通过一番一般的推理,而是通过对更加细节性的内容加以阐述。霍尔则认为,他不相信历史学家通过"可变焦的显微镜"所看到的"具体事实"会自动非理论化地变成"解释"。他认为在此问题上巴特菲尔德由于一种"似是而非的归纳主义"而落入陷阱。更重要的是,巴特菲尔德把辉格式的历史等同于对今日与成功的认可,相应地,辉格式的科学史就成了对科学成功的记录,它采用了当代的科学知识作为标准。霍尔旗帜鲜明地指出,在自然科学中,确实有某些东西是正确的,而另一些则是错误的。在科学的发展中,从亚里士多德到阿维森纳,到奥卡姆,到哥白尼,到伽利略……他们并不仅仅是努力要与他们批评的前辈有所不同,而是要比这些前辈更加正确。正确与错误在当代科学的发展脉络中是非常本质和重要的东西。它们并不是历史学家发明的,而是存在于文献中的。霍尔与赫尔类似地指出,科学史家无法避免已具有的优越的知识。一般历史学家对研究对象的正确与错误可以有自己的看法,但也许并不存在正确的答案,可是科学史家却总是知道正确的答案是什么。总之,霍尔认为,由于科学毕竟是进步的,因此以辉格史观为根据的科学史研究是很难被怀疑的,辉格式的进步观点不可避免地要确立在科学史中。当然,霍尔也并不赞成极端的辉格式倾向,他

---

① A. R. Hall. On Whiggism. Hisiory of Science. 21(1983):45—59.

认为，赞扬或夸大科学成就，或为了当前占优势地位的科学成就而进行宣传鼓动，这些肯定不是科学史家要做的事。

另外还有一些科学史家指出，伴随着科学史研究的职业化和极端的反辉格式倾向，科学史带有了一种排他性。科学史家对科学发展脉络前后细节的关心是正确的，但当这种关心扩展到一种偏执的程度进而排斥了最核心的内容时，就使广大对科学发展有兴趣的读者疏远了科学史。广大科学家和对科学感兴趣的人在历史方面的这种集体性记忆缺失是可怕的，因为科学没有了历史，就好像人没有了记忆。[1] 哈里森（E. Harrison）还谈到，在另一个极端，反辉格式的倾向利用了无知的长处，把当今那些对过去无用的东西抛开（正像库恩要求科学史家要忘记他们所知道的科学那样）。而在利用无知的长处时，反辉格倾向就变成了一种自命不凡的形式，即科学史家具有了一种目光短浅的优越感，无视今日科学的成就。[2]

80年代中期，美国科学史家柯恩（I. B. Cohen）在研究牛顿的著作中，站在比较公允的立场讨论了这一问题。一方面，他指出："我当然不提倡辉格式的科学史……毫无疑问，坏的、无用的或没有成果的思想同好的、有用的或富有成果的思想都是许多变革得到的结果。"另一方面，他同样明确地指出："我认为牛顿的关于炼金术的见解或他的神学信念并不值得我们像注意他的《原理》那样一页一页地仔细研究。例如，倘若牛顿没有撰写《原理》，学者们会像现在这样对牛顿炼金术的'创造精神'感兴趣吗？"[3]

纵观科学史家对此问题的反思，一个共同点就是，认为极

---

[1] C. Russell. Whigs and Professionals. Nature. 308（1984）：777—778.

[2] E. Harrison. Whigs, Prigs and Historians of Science. Nature. 329（1987）：213—214.

[3] I. B. Cohen. The Newtonian Revolution. Cambridge University Press. 1985：203.

端反辉格式的研究方法是不可能的，也是有问题的，但他们也不赞成极端辉格式的倾向，而是赞同两者的有机结合。克拉（H. Kragh）在1987年出版的《科学编史学导论》中的观点似乎是结论性的。[克拉在书中使用的术语是"与过去时代不符的"（anachronical）科学史和"按过去时代进行研究的"（diachronical）科学史。这两者含义大致相当于辉格式的和反辉格式的科学史（克拉本人也这样认为）]。他认为，科学史不仅仅是历史学家同过去这两者间的关系，还是历史学家、过去和当代公众三者间的关系。反辉格式的历史将不能起到与公众交流的作用，它将倾向于仅仅走向细节，被动地对历史资料进行描述，而忽略了分析和解释。因此，彻底反辉格式的科学史不能满足人们对历史通常的要求，它也许能真正代表过去，但它也将是古董式的，除了少数专家，大多数人都难以接近。作为一种方法论的指南和对辉格式历史的解毒剂，反辉格式的编史学是必不可少的，但它只能是一种理想。历史学家无法将他们从自己的时代中解放出来，无法完全避免当代的标准。在对一特殊时期进行研究的初期，人们无法按那个时代自身的标准作评价和选择，因为这些标准构成了还未被研究的时代的一部分，它们只能逐渐得以揭示。为了要对所研究的课题有某种观点，人们就不得不戴上眼镜，不可避免地，这副眼镜必然是当代的眼镜。克拉的结论是：在实践中，历史学家并不面临在反辉格式的和辉格式的观点之间的选择。通常两种思考方式都应存在，它们的相对权重取决于所研究的特定课题。历史学家必须具有像罗马神话中守护门户的两面神（Janus）一般的头脑，能够同时考虑彼此冲突的辉格式与反辉格式的观点。①

---

① H. Kragh. An Introduction to the Historiography of Science. Cambridge University Press. 1987: 104—107.

四、小　结

限于篇幅，本文对有关辉格式科学史问题各方观点的述评是粗线条的，未能就一些更细节性的问题（如"为什么没有……"这种历史问题在反辉格式的科学史中的位置等）进一步展开讨论，也没有利用各家著作引用大量科学史甚至一般历史的具体事例。但是，即使从这样一种概括性的回顾中，我们仍可总结出一些初步的结论。

首先，我们可以看到，巴特菲尔德的确提出了一个在历史研究中（特别是在科学史研究中）十分重要的理论问题。虽然在不同的阶段人们对此问题的看法各有不同，但对此问题提出的意义和重要性却是一致肯定的。

其次，经过几十年的思考与实践，人们对此问题的认识不断深入。目前比较一致的看法是，在科学史中，既不能采取极端辉格式的研究方法，也不能因此而走向另一个极端，去采用极端反辉格式的研究方法。我们应在这两种倾向之间保持一种适度的平衡，或者说保持某种"必要的张力"。也许只有这样，才可能对科学史的真正理解与把握。

再次，西方科学史研究的发展经历了从辉格式到反辉格式再到两者统一的过程，这是一个自然的发展过程。对反辉格式观点的全面接受，也是发展中必不可少的一个阶段。我们并不能因为现在人们已认识到在某种程度上辉格式的研究方法在科学史中无法避免，就可以心安理得地采取辉格式的研究方法。这正如萨顿等人的科学史观现在在西方虽已不再为人们普遍接受，但它对科学史学科地位的确立曾起到过不可替代的作用一样（科学史学科在我国的发展恰恰缺少这一阶段）。就科学史研究未来在我国的发展而言，对这些问题的思考将是很有借鉴意义的。

在西方，目前撰写科学史著作的主要有两大类人：一类是职业科学史家，另一类是对科学史感兴趣的科学家。如上所述，虽然近年来人们对辉格式倾向的问题有了重新认识，但伴随着科学史研究工作的职业化，专业科学史家的研究传统仍主要是倾向于反辉格式的。而对科学史有兴趣的科学家，由于没有受过正规的历史训练，再加上受科学文化教育背景的影响，则有较强的辉格式倾向。

至于我国科学史界的情况，为了更明确地说明问题，似乎以另一种方式分类更为恰当。即区分为研究中国古代科学史的科学史家，和研究西方近现代科学史的科学史家（当然这种分类并不很全面，如未提及对中国近现代科学史的研究，而这是一个近年来蓬勃兴起的研究领域，发展速度令人瞩目）。至于对西方古代至中世纪的科学史研究，国内目前则仍近乎空白。前一类科学史家的工作在我国颇有传统，工作大多相当扎实（特别是在发掘史料和考证方面）。但在对中国古代科学史的研究中，或是有意识的，或是无意识的，他们大多以西方科学成就的标准作为参照，而较少以中国特定的环境与价值标准作为研究重点。更不要说那些将宣传"爱国主义"作为中国古代科学史研究的首要目标，力图在一切研究中论证"中国第一"的人，他们往往只是致力于发现中国在多久多久以前就已有了西方近代或当代才取得的某项科学成就，而实际上，这两者的含义与内容显然是不完全一样的。就在研究中选择西方科学作为参照标准这种意义上，我们似乎可以说，他们具有较强的辉格式倾向。至于后一类科学史家，一般来说，他们的情况与西方涉足科学史的科学家们较为相似。以这些年出版的大量"科学通史"著作和教材为例，内容与西方流行的科学史著作有较大差别（例如几乎总是把科学与宗教的冲突极端尖锐化等）。这也表明，后一类科学史家的研究方法也是相当辉格式的。当然，应该说明，这里关于科学史研究在我国的情况，只是一种总体性的分析尝试，而少数中国科学史家的研究工作的确有着明显的反辉格倾向乃至更现代的意识。但就总体而言，中国科学史界似乎首先应补上反辉格式研究方法这一课。

其实，类似历史的辉格解释的问题，在我国也早就有人提出过。1930年，陈寅恪先生在《冯友兰中国哲学史上册审查报告》中，就指出："今日之谈中国古代哲学者，大抵即谈其今日自身之哲学者也。所著之中国哲学史者，即其今日自身之哲学史者也。其言论愈有条理统系，则去古人学说之真相愈远。此弊至今日之谈墨学而极矣。"[1] 只是可惜这种观点没有被进一步系统化，也没有产生广泛的影响。

---

[1] 陈寅恪. 陈寅恪史学论文选集 [M]. 上海：上海古籍出版社，1992：507.

科学编史学视野中的"科学革命"

一、"科学革命"的概念及其确立

目前,当人们谈及科学的历史发展和科学成就时,不论是在科学哲学家中还是在科学史家中,甚至在一般公众中,"科学革命"已成为一使用频率极高的术语。在我国,这些年来,尤其是随着库恩的科学哲学理论被译介之后,科学革命这个概念(或按西方常用的术语,作为科学哲学或科学史中的一个常用的"隐喻")更是有口皆碑。然而,当人们广泛地使用这一概念时,并不一定对此概念作了明确的限定,使之具有前后一贯并且为人们所共同认可的含义,这一方面影响了对科学发展描述的精确性,另一方面也引起了一些混淆、误解与争议。

可以说,科学革命首先是一个科学史中的概念,即使当科学哲学家们使用它时,也是旨在对科学发展的某种特定阶段给出形象化的描述。而在目前的科学史界,同样的,"科学革命已成为最有权威性的章节"。美国科学史家撒克里在20世纪80年代初撰写的关于科学史这一学科的历史与现状的权威性综述文章中,列举了目前科学史研究中的十大中心领域,其中第二个领域即是"科学革命"。因为"'革命'提供了一种简单又深刻的观点,与概念分析的理想主义方法极为相称。在对伽利略、笛卡尔或比如说牛顿和洛克的研究中,它为科学史家和科学哲学家提供了共同的基础。"①

除与科学哲学家相比科学史家往往是在相当不同的意义上使用科学革命概念外,科学史界内部在对此概念的理解和使用上也存在有很大的分歧,一些西方科学史家已就此问题做了比较详细的编史学研究。本文将在这些已有工作的基础上,从科学编史学的视角对有关科学革命问题的若干方面进行一些初步的评介与分析。

"科学革命"作为一个科学史的概念,经历了长期的演变过程。美国科学史家柯恩曾对此历史作了系统的考查。②③ 柯恩的结论是,与"revolution"这一最初来自天文学和数学领域的专门术语获得了现今"革命"一词含义的历史相伴,"科学革命"的概念起源于18世纪。这里略去不谈这些早期的发展。但可以简要提到的是,总的来说,在20世纪50年代以前,尽管科学革命的主题频繁出现,但这一概念还不能说在科学史和科学哲学家中已获得普遍的承认,还没有成为撰写科学史的一个核心的组织原则。而这种情况的改变,主要是在20世纪50年代以后,由三位学者的三部著作产生的影响。

第一位学者是英国历史学家巴特菲尔德,受早期如伯特(E. A. Burtt)和科瓦雷等人的影响,他在1949年出版的《近代科学的起源:1300—1800》一书中,将"第一次科学革命"(the Scientific Revolution)的概念引了进来。这一概念最初是由法国实证主义哲

---

① A. Thackray. History of Science. In: p. T. Durbin, ed. A Guide to the Culture of Science, Technology, and Medicine. The Free Press, 1980: 3—69.
② I. B. Cohen. The Eighteenth-Century Origins of the Concept of Scientific Revolution. Journal of the History of Ideas. 37 (1976): 257—288.
③ I. B. Cohen. Revolution in Science. The Belknap Press of Harvard University Press. 1985.

学家孔德提出的。由于目前在英文中,在大多数情况下这种以大写字母开头所表达的"科学革命"已具备特指的含义,因此这里将其译为"第一次科学革命",以区别于更一般意义上的科学革命（scidentific revolution 或 revolution in science）的概念。作为一个中心问题来论述,他对这场革命给予了极高的评价:"由于这场革命不仅推翻了中世纪的科学权威,就是说,它不仅以经院哲学的黯然失色,而且以亚里士多德物理学的崩溃而宣告结束。因而,它使基督教兴起和宗教改革降到仅仅是一插曲、仅仅是中世纪基督教体系内部改朝换代的等级。由于这场革命改变了物质世界的图景和人类生活本身的结构,同时也改变了甚至在处理非物质科学中的人们惯常的精神活动的特点,因而,它作为现代世界和现代精神的起源赫然耸现出来。"① 由于在这部著作出版时,正值大规模地应用了科学技术的二次世界大战之后,科学家和非科学家们对科学史、对科学中的革命以及对第一次科学革命中近代科学创立的兴趣日益增长,因此巴特费耳德这部著作生逢其时,产生了极大影响,以其结论使包括科学史家和科学哲学家在内的人们比较普遍地相信和承认了近代科学的出现是历史上的一次重要革命。②

第二位学者是英国科学史家霍尔,他于1954年发表了《科学革命:1500—1800》一书。这部书可以说是第一部以科学革命为题,全面而系统地论述第一次科学革命的专著。他深受法国科学史家科瓦雷的影响,应用了概念分析的方法来研究第一次科学革命的历史。如果说巴特费耳德是作为一位一般的历史学家而使科学革命的意识为人们所普遍接受的话,霍尔则是以一位专业科学

---

① 巴特菲尔德.近代科学的起源[M].张丽萍,郭贵春,等,译.北京:华夏出版社,1988:1—2.

② I. B. Cohen. Revolution in Science. The Belknap Press of Harvard University Press. 1985:390—391.

史家的身份为科学革命的研究奠定了基础。

第三位学者就是美国科学哲学家和科学史家库恩。他的《科学革命的结构》一书于 1962 年出版后，立即产生了广泛的影响。库恩与前两位学者的影响不同之处在于，他的著作使人们开始不仅仅关注规模巨大的第一次科学革命，而且使人们转而注意到科学中单个的、规模较小些的革命，并认识到革命在科学中的发生或许是科学发展的一种规律性特征。

二、争论：内史论与外史论，突变与连续

随着科学革命的概念为越来越多的人所接受并作为一种撰写科学史的重要组织原则，有关科学革命理论的各种争论也逐渐兴起和日趋激烈。在一般的科学史研究中，伴随着近代科学诞生的第一次科学革命，是一个最引人注目的热门研究领域，许多编史学争论也正是由此展开。它们不仅涉及科学史研究的概念与方法等方面的问题，同时也涉及对近代科学的起源、对科学的本质等重要问题的理解。由此，下面我们先就同第一次科学革命相伴的一些主要问题进行讨论。

争论的线索之一是内史论与外史论之间的分歧。这也涉及对第一次科学革命的历史研究需要解释的是什么以及怎样进行解释的问题。实际上，早在科学革命概念为人们所普遍接受的 20 世纪 50 年代之前，这种分歧就已在对近代科学产生的研究中孕育成形了。

20 世纪 20 年代，科学哲学家伯特在《近代物理科学的形而上学基础》一书中，在抨击实证主义的科学发展观，探索构成近代

科学的哲学基础时提出，在古代和中世纪的自然哲学向近代科学的转变中，关键性的假定是将终极的实在与因果效应归于数学的世界，而这种对自然的数学化完成于17世纪牛顿的工作。在此方向上，柯瓦雷又做了进一步的发展，他认为在第一次科学革命期间，根本的转变既是由于对时空的几何化的数学方法带来的，也是由于形而上学的变革带来的。[①]他确信，对于人类所有的智力活动来说，有一种根本的统一性，从而科学的发展并不是一系列独立的事件，而是与哲学、形而上学和宗教思想的转变密切相关。从伯特，到柯瓦雷，再到后来的巴特菲尔德和霍尔等人，形成了一个学派，这个学派对第一次科学革命的经典解释，主要是立足于世界观的转变，认为科学革命是一种智力的革命，是由新的看待世界和进行思考的方式带来的。"对于这些历史学家，科学在本质上就是思想，就是深刻的、大胆的、符合逻辑的、抽象的思想，而思想则最终就是哲学"。[②]

与科学革命研究中的内史论学派相对立，从苏联科学史家格森开始（虽然他本人并未使用科学革命的概念）并逐步壮大起来的外史论学派，则强调社会外部因素对科学革命的重要影响。显然，内史论者与外史论者所集中注意的是科学革命不同的侧面，其间的争论虽然长期持续下来，但也出现了相互渗透、相互补充的趋势。由于这方面论述已较多见，这里不再展开讨论。但国外近来发表的一篇论及科学革命研究的论文所提出的观点或许是值得介绍和注意的。其观点是认为，要解决这种争端，可以采用目

[①] A. R. Hall. Alexandre Koyré and the Scientific Revolution. History and Technology. 4（1987）：485—495.

[②] D. C. Lindberg. Conception of Scientific Revolution from Bacon to Butterfield. In：D.C.Lindberg，et al. ed.，Reappraisals of the Scientific Revolution. Cambridge University Press. 1990：1—26.

前知识社会学和所谓"语境主义"编史学的观点，把科学看作一种"亚文化"。首先，这种亚文化像内史论者所强调的，是相对自主的，但同时它也具有自身内部的微观社会结构与社会动力；其次，这种微观结构在许多方面又依存和受制约于外史论者们所注意的更大范围的社会结构和社会动力。①

关于科学革命编史学争论的另一突出问题，与上述内史—外史论的争论也有很多交叉相关的地方，这就是关于科学发展（起源）的"突变"与"连续性"，或者说是"革命"与"进化"观点之间的争论。

从19世纪以来，哲学和编史学中一种久远的传统，是把欧洲的历史划分为古代、中世纪和近代时期，而中世纪则被视为一座文化与智力的废墟。像孔德和休厄耳等人就典型地持有这种观点。这显然也是和当时辉格式的科学史观相一致的，如前所述，从伯特、柯瓦雷、巴特菲尔德到霍尔的这一学派，在发展了概念分析的观念论研究方法的基础上，从把握近代科学的哲学基础、世界观出发，研究近代科学的兴起。柯瓦雷在编史学中的中心作用，正是在其历史表述中，确立了17世纪的科学革命作为科学史在古代与近代之间的转折点这一概念。②霍尔甚至声称在对第一次科学革命的研究中，他是"泰然自若地遵循了实证主义甚至辉格式的观点，因为不可能在同一句话中既写到一场战争中的战胜者又写到失败者的观点"。③通过这些人的工作，一种通行的看法，就是把16—17世纪作为带来近代科学诞生的第一次科学革命

---

① J. A. Schuster. The Scientific Revolution. In: R.C.Olby, et al. eds., Companion to the History of Modern Science. Routledge. 1990: 217—242.

② A. R. Hall. Alexandre Koyré and the Scientific Revolution. History and Technology. 4 (1987): 485—495.

③ A. R. Hall. The Revolution in Science: 1500—1750. Longman Press. 1983: 2.

时期。

在 19 世纪末，另一种科学的发展观也开始逐渐出现，如像马赫、玻尔兹曼、纽科姆（S. Newcomb）（甚至 20 世纪的爱因斯坦和密立根）等科学家，就认为科学中的突破是进化（evolution）过程而不是革命过程的一部分。柯恩曾指出，这种思潮的形成，部分地是当时人们对政治与社会变革的一种反应，即他们越来越多地意识到政治革命的消极方面。①

但这种观点更明确、更有基础地出现在科学史的研究中，则源于 20 世纪初法国物理学家、哲学家同时也是科学史家迪昂的工作。迪昂对静力学起源的研究，使他注意到了 13 世纪和 14 世纪的一些学者的工作，他转而集中研究了中世纪和文艺复兴时期物理科学的发展，认为许多被称为第一次科学革命的重要工作，实际仅仅是已被中世纪学者所发展了的理论与方法的自然延伸，17 世纪只不过是这种延伸进化的暂时顶点而已。迪昂的结论是："近代有理由为之自豪的力学与物理学，是通过一系列不间断的、几乎难以觉察的改进，产生于中世纪一些学派内心中得到承认的学说。所谓的智力革命通常仅仅是缓慢和有长期准备的进化。"②

迪昂对于在中世纪和早期近代科学之间连续性的强调，被有些人称为科学编史学中的一个革命性事件。这种观点虽然在刚提出时并没有很快得到普遍承认，但随着时间的推移，在迪昂的影响之下，越来越多的科学史家转向注意中世纪的重要性，并把研

---

① I. B. Cohen. Revolution in Science. The Belknap Press of Harvard University Press. 1985: 275.

② D. C. Lindberg. Conception of Scientific Revolution from Bacon to Butterfield, In: D. C. Lindberg. et al. ed., Reappraisals of the Scientific Revolution. Cambridge University Press. 1990: 1—26.

究的目标扩展到更广的范围。沿着这一传统，一个新的学派开始形成。由此，"……对科学革命作为与不久的过去明确决裂的观点受到最初的普遍挑战，并把'中世纪问题'变成了历史研究的重要问题。"①

例如像柯瓦雷这样的革命论者，在坚持近代科学起源中思想方式的重要性时，忽视了方法的一面，甚至认为伽利略并没有做过他在《两门新科学》中所描述的斜面实验［这一问题后来已由德雷克（S. Drake）等学者纠正］。而连续论派的科学史家，如美国的克龙比（A. C. Crombie）等人，则强调研究方法的重要性，认为近代科学大部分的成功，要归功于对经常被称为"实验方法"的归纳与实验程序的应用。而至少是在定性方面，对这些方法的近代系统理解，是由13世纪的哲学家所创立的，正是这些哲学家把希腊几何学的方法转变成了近代世界的实验科学。在20世纪60年代，英国科学史家耶兹在她对布鲁诺的研究中，注意了巫术和海尔梅斯主义的重要贡献，强调了在海尔梅斯主义传统和近代科学之间的连续性因素。耶兹的工作发表后，使所谓的海尔梅斯主义传统成为英语国家科学史家中学术性争论的主题。②按照她的理解，第一次科学革命虽然是一整体的过程，但却在两个阶段上发生：第一个是在文艺复兴期间的巫术神秘主义阶段，在此阶段中，对世界的看法是以巫术的万物有灵论普遍规律作为基础的；第二个阶段是机械论诞生的经典阶段。③在此方向上，美国科

---

① A. C. Crombie. The Continuity of Scientific Developments. In：V. L. Bullongh, ed., The Scientific Revolution. Robert E.Krieger Publishing Company. 1978：100—107.

② P. Rossi. Hermeticsm. Rationality and the Scientific Revolution. In：M. L. R. Bonell. et al. eds., Reason, Experiment and Mysticism in the Scientific Revolution. Science History Publication. 1975：47—273.

③ P. Redondi. The Scientific Revolution of the 17th Century：New Perspectives. Impact of Science on Society. 160（1990）：357—367.

学史家杜布斯（A.G.Debus）发展了所谓科学革命的整体理论，认为就理解文艺复兴时期海尔梅斯主义在近代科学形成中的作用来说，其核心的编史学问题是帕拉塞尔苏斯的化学哲学，相应地，第一次科学革命的起始被向前推至15世纪中叶。① 总之，"对于在柯瓦雷之后的新一代科学史家来说，撰写科学革命的历史，意味着研究在彼此交错于不同智力名册中的文化要素之间多重的冲突"。②

从连续论引出的一种极端的看法，是根本否认革命的存在。对此观点，柯瓦雷曾给予反击："在中世纪和近代物理学发展中表面的连续性（一种由卡瓦尼和迪昂如此强调的连续性）是一种错觉。当然，一种不间断的传统确实把巴黎唯名论者的工作引导到贝尼德梯、布鲁诺、伽利略和笛卡尔等人的工作中……但由迪昂引出的结论仍是一种错觉：一场准备充分的革命仍是一场革命……"③

由连续论引出的另一种缓和些的观点，则是把第一次科学革命的起始年代不断向前推，甚至推早到13世纪。这样，就带来了确定这次科学革命年代的问题。实际上，不仅仅是革命的起始年代，就连结束年代，人们的看法也并不一致，一个典型的例子是，革命论者霍尔在20世纪50年代的开创性著作中，认为"19世纪初是一个可用的分界点，一边是在其过程中科学艰辛地相继获得了它们积累性特征的科学革命；另一边则是这种特征被成功地保

---

① 杜布斯.文艺复兴时期的人与自然［M］.陆建华，刘源，译.浙江：浙江人民出版社，1988.

② P. Redondi. The Scientific Revolution of the 17th Century: New Perspectives. Impact of Science on Society. 160（1990）: 357—367.

③ H. Kragh. An Introduction to the Historiography of Science. Cambridge University Press. 1987: 77.

存下来的现代时期"。① 相应地,他把第一次科学革命定在1500—1800年,但在80年代他将其著作重写时,却又把这次革命的年代压缩为1500—1750年,因为"当牛顿去世时,科学革命的伟大创立阶段就结束了"。② 当然,更普遍的看法,仍是把这场革命看作是在16—17世纪发生的。也有一些学者,像前面提到的耶兹那样,在此大的革命之内再做更细致的分期,如选用"自然哲学"、"各门具体的科学"和"应用技术"这三个概念范畴作为分析和历史分期的出发点,把第一次科学革命又再细分为三个时期:1. 科学的复兴阶段(1500—1600),2. 批判阶段(1590—1695),3. 形成一致和巩固阶段(1695—1790)。③

上述种种分歧的根本原因在于,对于什么是近代科学的根本特征、什么是近代科学起源的标志,以及什么是科学史所要描述和考查的内容等问题,不同的人有不同的看法。比如说,"如果批判的方法、实验和逻辑的技巧(归纳和演绎),以及实用的倾向被视为科学的本质,就导致克龙比的进化观点,在此情况下,第一次科学革命的术语就只是一空洞的标签。相反,柯瓦雷的科学观则不同,相应地,他的分歧也不同。"④ 这些问题进一步带来"科学革命"这一概念恰当与否及它所指称的对象等一系列争论。一位倾向于进化观的学者认为,历史学家利用隐喻,在很大程度上就像科学家利用模型一样,但在许多讨论中,"科学革命"的概念不再作为一种隐喻,而是被对应于某种实际存在的东西,问题只是

---

① A. R. Hall. The Science in Revolution: 1500—1800. Longmans, Green and Co., 1954: xiv.

② A. R. Hall. The Revolution in Science: 1500—1750. Longmans Press. 1983: vii.

③ J. A. Schuster. The Scientific Revolution. In: R.C.Olby, et al. eds., Companion to the History of Modern Science. Routledge. 1990: 217—242.

④ H. Kragh. An Introduction to the Historiography of Science. Cambridge University Press. 1987: 77.

何时、何处以及多长时间的问题。然而,"如果我们把隐喻看作模型的话,结果就不一样了,此时,'科学革命'不再是一个历史过程,而只是历史学家用于教育目的的一种工具"。① 科学史家克拉的观点则更洒脱:"在许多方面,对于第一次科学革命实在性、经常性讨论也许并不令人感兴趣,只要人们承认,这种问题取决于正确观察事物相互关系的能力,只要避免把 17 世纪当作科学诞生的突然时刻这种幼稚的维多利亚式观点,那么是否称此阶段为一场革命就无关紧要了。"②

三、库恩的科学革命的理论

第一次科学革命可以说是一次规模巨大的科学革命。然而,人们经常还把科学革命这一概念用于描述于不同历史时期各门具体科学学科的发展和变革。对于科学革命概念的这种用法,科学史家是有不同看法的。这同样涉及对科学革命本质的理解。如对科学革命问题有较多论述的波特(R. Porter)曾这样说:"……科学中的革命需要有对地位牢固的正统观念的推翻,本质性的内容是挑战、阻力、斗争和征服。仅仅提出新的理论,这并不构成一场革命。如果科学共同体匆匆地赞成一项革新,赞扬其优越性,这也不是一场革命。此外,革命不仅要求对旧理论的摧毁,而且

---

① T. Frangsmyr. Revolution or Evolution: How to Describe Changes in Scientific Thinking. In: W. R. Shea, ed., Revolution in Science. Science History Publication. 1988: 164—173.
② H. Kragh. An Introduction to the Historiography of Science. Cambridge University Press. 1987: 78.

> 懂一点 STS
> 鸡蛋里的骨头

还要求新理论的胜利,必须要建立一种新的秩序,有一可见的突破。革命还要以规模的宏伟和步伐的急迫为先决条件。小的、部分的革命以及长期的革命是对这一术语的滥用。"在他看来,现在人们广泛谈论的形形色色、规模种类不相同的科学革命,无异于使科学革命概念像货币一样可悲地贬值。① 持波特这种观点的科学史家不乏其人。有人就认为:"如果我们要使用'革命'这一术语,我们就只有两种选择,一种是把它用于 17 世纪的那场科学革命,另一种是只把它用于极少的场合,如哥白尼、牛顿或达尔文的革命。同时,把别的隐喻用于科学思想中的其他种类变革。否则,就有使我们的语言和文体变陈腐,使我们在对科学史的分析中丧失精致与准确的风险。"②

不过我们可以注意到的是,尽管有争议,但多数人还是在研究著作中、教科书中和其他许许多多的场合使用科学革命这个概念。我们无法回避这一现实。唯一的办法,只能是正确地辨识和理解其人在特定的场合对此概念的确切用法。如果我们自己使用这一概念,则最好也是做出自己的明确限定。在这方面,了解一下关于科学革命有代表性的理论,是颇有借鉴意义的。

库恩在其《科学革命的结构》一书中,在"范式"概念的基础上提出了"常规科学→反常→危机→科学革命→新的常规科学→……"这种发展模式。关于库恩的学说本身,因已广为人知,这里不予赘述,但我们可以注意到的是,在其学说中,"范式"的概念是一个重要的核心假定,而库恩本人也承认,"在一次革命之后,科学家是在一个完全不同的世界里工作",因而"向新的规范

---

① R. Porter. The Scientific Revolution: A Spoke in the Wheel?. In: R.Porter, et al. eds., Revolution in History. Cambridge University Press. 1986: 290—330.
② T. Frangsmyr. Revolution or Evolution: How to Describe Changes in Scientific Thinking. In: W. R. Shea, ed., Revolution in Science. Science History Publication. 1988: 164—173.

过渡的是科学革命"。① 库恩的学说可以说是产生了极其广泛的影响，对政治学、社会学甚至神学等学科都产生了一定的冲击。这些学科的研究者们广泛地引用其理论。一些历史学家们也开始尝试应用库恩的理论框架来进行研究。② 然而，令人惊讶的是，作为一位科学史家和科学哲学家，库恩的理论偏偏在科学史界遇到了明显的抵抗。从理论的角度来说，内史论者和外史论者从不同的侧面对库恩进行了批评。在内史论者看来，《结构》一书的相对主义解释和编史规则"似乎体现了一种外来的、人为的和幼稚的系统性安排，这种安排与科学思想的实际的流动与复杂的发展毫无相似之处""仿佛库恩利用他天才的想象力创造了一种人为的、幻想中的境地，而不是对科学的连续性与变革的历史结构的指南"。外史论者则提出了库恩所面对的更严重的困难。他们认为库恩过于狭隘地只限于注意科学思想的内在动力，错误地把科学共同体描述成一块孤立的飞地，人为地割断了科学与社会之间的联系。认为库恩"描述的不是实际存在的联系，而是在今天有关科学方法论观点的基础上，觉得应该存在的联系"。由于要建立一种科学发展的普适的理论模式，库恩引入了一些先验的假定，这样，在研究科学变革时，"在此特定时期如此重要的外部因素，或是完全消失了，或是在其格式塔转变中变得几乎不可辨认了"。因此，"历史学家在把它当作一个没有疑问、未经受挑战的模式来引用，以描述在一个近乎孤立的、自主的共同体中智力起作用的方式时，应该谨慎"。③

---

① 库恩. 科学革命的结构 [M]. 李宝恒, 纪树立, 译. 上海：上海科学技术出版社，1980：75，111.
② D. A. Hollinger. T. S. Kuhn's Theory of Science and Its Implication for History. The American Historical Review. 78（1973）：370—393.
③ T. M. Brown. Putting Paradigms Into History. Marxist Perspectives. 3（1980）：34—63.

除了这种理论性较强的分析和批评，还有其他的不同看法和意见。如有人认为，某些科学在一定时期内并无一定的"范式"，以及并非每一次科学革命都伴随着"危机"等。一般说来，科学史家更注重一种理论在指导其历史研究时的实用性。然而，"令人惊奇的是，几乎不存在库恩式的科学史的范例"。因而，"人们可以得出结论说，与《结构》相联系的学说不论在别处怎样，它们并没有成为科学史中的范式学说。"[1] 为了具体说明这种情况，我们不妨看看库恩本人的例子。

库恩早在其1957年的《哥白尼革命》一书中，就谈到，他相信"历史研究可以带来一种对科学研究的结构与功能的新理解"。[2] 由于他在《科学革命的结构》一书中提出了独特的科学革命理论，又由于他曾长期从事量子物理学史档案的收集整理工作，所以在1978年当其研究量子理论早期史的《黑体辐射与量子不连续性，1894—1912》一书出版时，就尤为引起人们的注意了。正如美国科学史家克莱因（M. J. Klein）等人所言，"因为就这一术语的任何定义而言，量子物理学的创立都可以称为一场科学革命，所以我们就可以很有理由预期库恩的新著在学术上会是卡尔·马克思的《路易·波拿巴的雾月十八日》的后续。在此书中，这位关于革命性变革的理论家将根据他的一般范畴来分析一场特定的革命，利用这些范畴来改进我们对所谈论的事件的历史理解，同时澄清其意义。但库恩并没有写出另一部《雾月十八日》。"相反，结果却是，"仿佛《科学革命的结构》一书从未写出过一般。人们所熟悉的范式、常规科学、范例、解疑、反常、危机、非常科学和不

---

[1] N. Reingold. Through Paradigm—Land to a Normal History of Science. Social Studies of Science. 10（1980）：475—496.

[2] T. S. Kuhn. The Copernican Revolution. Harvard University Press. 1957：ix.

可通约性等概念，在此书中根本找不到。"① 因此，总的来说"科学史家们发现，库恩的理论在作为一种组织他们的发现的工具方面用处不大"。② 一个例外是：美国科学史家布拉什曾提到，"与我许多同事不同，我很愿意采纳库恩的模式作为单个一门科学中典型革命的近似描述"，当然他也承认"此模式不大适合于包括许多门学科朴素作用的科学革命"。③

由于库恩在其科学革命理论中对"范式"及"不可通约性"等概念的使用带来了广泛的争论，近来库恩转向语言学时不再使用"范式"概念，而代之以分类学（taxonomy）、辞典（lexicon）等概念来说明其理论。④ 但如果参照上述科学史家批评的立足点，就会发现，至少对于科学史的实际研究来说，这一"转向"并未使该理论的问题得到根本解决。

四、柯恩的科学革命理论与判据

那么，究竟什么才是比较适用于科学史实际研究的科学革命理论呢？应该承认，这样的理论并不多见。科学史家们或许更习惯于做实证性的具体历史研究，似乎较少明确抽象出带有某种规律性的科学革命编史模式。正因为如此，美国科学史家柯恩在

---

① M. J. Klein. et al., Paradigm Lost? . Isis, 70（1979）：429—440.
② N. Reingold. Through Paradigm—Land to a Normal History of Science. Social Studies of Science. 10（1980）：475—496.
③ S. G. Brush. The History of Modern Science：A Guide to the Second Scientific Revolution, 1800—1950. Iowa State University Press. 1988：5.
④ 金吾伦 . 托马斯·库恩的理论转向［J］.自然辩证法通讯，1991（1）：21—27.

其《科学中的革命》一书中所提出的科学革命理论就格外引人注目了。①

柯恩提出，所有的科学革命都具有4个主要的、明确可分而且前后相继的阶段。第一个阶段是"智力革命"（intellectual revolution）阶段。它是革命的开始，由一个或一群人的创造性活动构成。这些活动通常是在与其他科学家的共同体没有相互交流的情况下做出的，其内容一般是流行的科学观点的根本性转变。虽然这些革新一般来自原有科学的基质，并且可能同当时已被接受的科学哲学、科学模式和科学标准的某些准则密切相关，但在新的科学观点中以一种革命性的潜力而表现出来的创造性活动，总倾向于个人性的。随之而来的第二个阶段，为"个人承诺"阶段。此时新的发现或新的规律被记录在个人的笔记本、书信、报告或论文草稿中，但尚未发表。此时，革命仍只是个人性的。第三个阶段是所谓"纸面上的革命"（revolution in paper），在此阶段，新观点进入科学共同体成员的交流，如把新观点向朋友、助手和同事传播，并进而送交正式发表，向更广大的科学界传播。

柯恩指出，在这前三个阶段中的任何一个阶段，科学革命都可能会失败，最初发现者的私人文件也许将在档案中积满尘土，待很久以后为人所知时，要引起革命已为时太晚。但只要完成了这一阶段，革命性的观点得到传播，一场科学革命就有可能发生。再有，科学中的大多数失败的革命都没有超出"纸面上的革命"这一阶段，或是由于没有在科学共同体中获得足够的支持，或是由于与实验的结果相矛盾。

如果新的、革命性的理论或发现在发表之后，有相当多的科

---

① I. B. Cohen. Revolution in Science. The Belknap Press of Harvard University Press. 1985: 28—47.

学家相信并接受，并开始以革命性的新方式来从事其科学研究，这时，就进入了第四个（也是最后一个）阶段，即"科学中的革命"阶段，此时，才能说一场真正意义上的科学革命发生了。当然，从"纸面上的革命"过渡发展到"科学中的革命"，也许需要很长的时间。

库恩关于科学革命的理论中，至少是由于其核心概念"范式"的含混与不确定性，使科学史家在具体的历史研究中难以应用其理论。与之相反，柯恩在提出了上述偏重于逻辑性分析的科学革命各阶段的模式之后，相应地给出了在科学史中具体判断一场科学革命是否发生了的历史判据。这种判据一共有前后相关的四类组成。第一类是当时目击者的表态，即在当时的科学家或非科学家们来看，某一新的理论或发现是否被认为是革命的、划时代的。第二类是对后来有关这一问题的历史记录的考查。如当时的科学论文或教科书是否表现出对新的理论或发现的接受。（一个典型的例子就是，哥白尼的理论在当时并未为人们所普遍接受，因而柯恩根据这一判据认为，当时并不存在一场"哥白尼革命"，如果我们一定要用这种说法，并按现在的理解，"哥白尼革命"也只是到牛顿的时代才完成。）第三类判据是历史学家（不论过去的还是现代的），尤其是科学史家和哲学史家们的判断，即他们是否把某一新理论或发现说成是革命。第四类判据是现代在有关领域中工作的科学家们的观点。

在这四类判据中，柯恩认为第一类判据的权重最大，因为后来的判断更多反映了革命的长期效果，或者说是革命之后的科学史，而当时的评价则为当时正在发生的事提供了最直接的洞察。当然，由于历史变迁，这类证据也许会佚失，因此它们是判断科学革命是否发生的充分而非必要的条件。如果对一场科学革命的考查顺利地通过了这四种判据的检验，那么我们自然可以确认这场科学革命的存在。

正像有人注意到的,柯恩在他研究科学革命的专著中,曾提到了66场不同的科学或智力革命。① 实际上,柯恩并未对构成一场科学革命到底是什么给出简单的定义。他认为:"在历史方面重要的是,在近代科学存在的4个世纪中,科学家和科学的观察者们倾向于称某些事件为革命。"② 正是以此为着眼点,柯恩运用他的科学革命阶段理论和判据,逐一自恰地对那些被人们称为革命的事件的历史进行了具体而实在的分析。对于柯恩的理论人们当然也可以提出不同的看法,但他这种使其理论具有很强的可操作性,并将理论诉诸具体历史研究实践的工作的方式,无疑表现出一种科学史家独特的研究风格。

五、科学革命的分期与中国科学

最后,我们再来简要地讨论两个涉及科学革命概念并使我们感兴趣的问题。

第一个问题是更高层次的科学革命分期问题。这不是就每一具体科学学科中的科学革命,而是就科学整体意义上的科学革命而言。因为我们前面较详细讨论的第一次科学革命即是就包容许多学科的科学整体而言。20世纪60年代初,库恩最先引入了第

---

① T. Frangsmyr. Revolution or Evolution: How to Describe Changes in Scientific Thinking. In: W. R. Shea, ed., Revolution in Science. Science History Publication. 1988: 164—173.

② I. B. Cohen. Revolution in Science. The Belknap Press of Harvard University Press. 1985: 41.

二次科学革命的概念："在1800年到1850年，在许多物理科学部门，特别是一些被当作物理学的那些领域的一系列研究中，研究工作的特点有过一个重要的改变。这就是我把培根式物理科学的数学化称作第二次科学革命的一个原因。"① 此后，沿着类似的思路，人们对相对于第一次科学革命的其他科学革命也进行了分类和分期研究。

这方面也有差异巨大的分歧，这里我们只试举有代表性的一两例。布拉什把第二次科学革命的时期作了大幅度的扩充：即1800—1950年，并认为"在西欧的文明中只见到过两次这种规模的完整科学革命"。② 柯恩则主要从科学建制的发展着眼，把革命分为4次，第一次科学革命对应于科学共同体的兴起；第二次科学革命是从19世纪初到19世纪末，对应于科学的职业化和科研机构的增加；第三次科学革命是从19世纪末到20世纪初，对应于工业实验室的出现和科学研究大规模地用于生产；第四次科学革命始于二次大战，特征是政府对科研的大规模资助及集体的研究方式。像这样一些分期的观点，自然是值得我们注意的。

另一个可以简要讨论的问题，关系到与中国科学发展相关的所谓"李约瑟难题"。这一难题实际上是两个问题：1.为什么近代科学唯独兴起于伽利略时代的西方？ 2.公元前1世纪到公元15世纪，为什么中国文明在应用关于自然的知识到实际人类需要方面远远领先于西方？笔者没有系统地查阅李约瑟的著作，但从其他人的引文中，均未见到李约瑟把科学革命直接同中国科学发展相联系的论述。美国科学史家席文（N.Sivin）认为，问题1"意味

---

① 库恩.必要的张力[M].纪树立，范岱年，等，译.福建：福建人民出版社，1981：17.

② S. G. Brush. The History of Modern Science：A Guide to the Second Scientific Revolution, 1800—1950. Iowa State University Press. 1988.

> 懂一点 STS
> 鸡蛋里的骨头

着人们必须研究别的地方为什么未能发生科学革命,"这样,"李约瑟难题"就变成了另一种形式的提法:"为什么中国没有发生科学革命?"① 对此,席文的看法之一是"历史上为何未发生某事"不是一个可以系统地去研究,更不是会有一个具体答案的问题。令我们感兴趣的是席文认为17世纪的中国的确有自己的科学革命!"大约1630年,西方的数学和数学天文学开始传入中国……一些中国学者,迅速响应,他们着手改变中国研究天文学的方法。大刀阔斧而又持之以恒地矫正了人们应如何去理解天体运动的观念,他们改变了关于哪种概念、工具和方法是至关重要的看法,于是几何三角基本上取代了传统的数值或代数演算。确认行星的转动以及行星与地球的相对距离一类问题,第一次受到了重视。中国天文学家第一次开始相信数学模型可以解释和预测各种天体现象。这些变化等于天文学中的一场概念革命。"关于"李约瑟问题"与中国是否发生过科学革命,三言两语难以说清,但从席文的论述中,我们的确又一次看到了"科学革命"概念的多义性,以及含混地、不加限定地使用这一概念可能会掉入陷阱。

---

① 席文.为什么中国没有发生科学革命?——或它真的没有发生吗?[J].科学与哲学,1984(1):5—43.

科学哲学对科学史意味着什么？

　　鞋：跟婚姻一样神秘，舒不舒服，只有脚知道。让别人看见脚趾头时，那鞋也该换了。
　　黄永玉：《力求严肃认真思考的札记》

一、"权宜的婚姻"

　　20世纪70年代初，科学哲学家拉卡托斯（I. Lakatos）在他的"科学史及其合理重建"一文中，开篇便转用著名哲学家康德的说法，提出"没有科学史的科学哲学是空洞的；没有科学哲学的科学史是盲目的"。[①] 关于科学哲学和科学史这两门学科之间的关系问题，此名言可以说是表述了某些科学哲学家心目中的一种理想，然而，这也仅仅是"某些""科学哲学家"的"一种理想"而已。在现实当中这种双向的关系是严重不对称的。因为，一方面，除了久远的历史不谈，自20世纪60年代末起，主要是由于科学哲学中历史主义学派的出现，国外学者对此问题进行了颇多的讨论，但参与讨论者绝大多数系哲学家，且讨论的主要关注点是科学史

---

① 拉卡托斯. 科学研究纲领方法论 [M]. 兰征，译. 上海：上海译文出版社，1986: 141.

对科学哲学的作用；另一方面，科学史家却对科学哲学表现出空前的冷漠态度。加之，即使在科学哲学家当中，对科学史和科学哲学之间的关系或其间的相互作用，看法也彼此相去甚远。所以说，在这一重要问题上人们还远未得出较一致的结论，问题远未令人满意地得到解决。70年代初，有人认为科学哲学与科学史之间的关系并不亲密，而将其比作"权宜的婚姻"，① 这种比喻后来为许多人所采用，尽管依然看法不一。正如美国科学哲学家劳丹（L. Laudan）近来所说的："科学哲学家（至少是在其行列中的许多人）变得确信，只有当联合起来研究时，科学史和科学哲学才会有意义。相反，在科学史家当中普遍盛行的观点，大致是说应该迅速地把提出联姻的哲学求婚者打发走。"② 这种情况表明，从科学史家的角度来看，在科学史和科学哲学这两门学科之间是隔着一道鸿沟的。

为大多数科学哲学家所争论不休的科学史对科学哲学的作用问题，实在是一个极复杂的问题，对此，这里不打算过多讨论。本文所要探讨的是从科学史一方来看，科学哲学对科学史的作用、影响、意义何在。当然，鉴于科学史家们对此问题发表的见解甚少，许多问题只是模糊地浮现在科学哲学家讨论的字里行间，这给此探讨带来了相当的困难。另外需要说明的是，这里所讲的科学哲学，是指那些被称为"科学哲学家"的人们提出的理论和观点，而不是指科学史的研究对象即科学家的哲学思想，后者当然是属于科学思想史研究的恰当领域。

---

① R. N. Giere. History and Philosophy of Science: Intimate Relationship or Marriage of Convenience?. British Journal for the Philosophy of Science. 24（1972）：282—297.

② L. Laudan. The History of Science and the Philosophy of Science. In：R.C.Olby，et al. eds.，Companion to the History of Modern Science. Routledge. 1990：7—59.

二、历史的回顾

首先,我们可以从对科学史和科学哲学相关的发展历史极有选择性的简要回顾中,来看看这两门学科之间关系的变化。

正如笔者在其他文章中曾谈到的,接近现代意义上的科学史的历史并不久远。我们大致可以追溯到伴随18世纪启蒙运动而出现的学科史,在这种学科史中,历史的叙述和解释是根据一种作为前提的认识论理论来构造的。从而,出现了这样一种传统:历史被用于举例说明支配人类思想进步的抽象认识原则,被用于各种意识形态的目的。①

到19世纪,科学史和科学哲学这两门学科都变得更加繁荣。在科学史方面,上述的传统被继承下来并得以发扬。实际上,此期间许多有重要影响的学者跨两个领域,既是历史学家又是哲学家。以在科学史发展史中占有重要地位的、写出了被誉为第一部"综合性科学史"或"科学通史"的英国学者休厄耳为例,他就认为,应该从哲学的观点来写历史,而哲学的观点则在此过程中经受了检验。休厄耳意识到,这是一种关于科学史、科学哲学及其间相互关系的全新概念:科学史和科学哲学辩证地相互作用,在提供观点的过程中,科学哲学使纯粹的历史事实转变为科学史成为可能,反过来,科学史的可信性则为作为科学史出发点的哲学体系提供了检验。历史以这种方式而成为宏伟的"综合"。这也就是说,休厄耳所追求的,不仅是明确地表述人们获得科学的方式,而且是通过在哲学上重构各门归纳科学的出现来将他新获得的观点诉诸历史的

---

① P. Wood. Philosophy of Science in Relation to History of Science and Medicine. In: P. Corsi, et al. eds., Information Sources in the History of Science and Medicine. Butterworth Scientific. 1983: 116—133.

检验。① 当时其他一些同样在这两个领域产生了重要影响的人物，像马赫、迪昂等，也是以与休厄耳类似的方式工作的。

但是，到20世纪初，情况开始发生了变化。从表面上看，科学史家似乎仍在坚持科学哲学与科学史的重要联系。美国科学家萨顿很早就曾指出，历史研究是我们的手段和必不可少的工具，因此我们要不断地发挥它的效力，但这并不是目的，目的在于研究科学的哲学，在于获得对人和自然的更完善的认识。但是，萨顿本人在其科学史的实践中，并未有意识地去做科学哲学的工作，而是主要致力于一种"综合性的"新人文主义的科学史。

其实，早在19世纪时，另一位受到孔德思想的影响，并在后来被誉为"第一位""实际上的科学史家"的坦纳里就已注意到，一些科学哲学家在深入研究古代科学家或培根和笛卡儿这样的人物的思想时，他们自己的思考使他们离开了实际的历史，并因而变得"非历史"了。因而，坦纳里曾告诫历史学家们要提防"科学的哲学"。②

从科学哲学一方来说，与科学史的分离真正的出现，是伴随着20世纪20年代以来逻辑实证主义的兴起和它在20世纪30年代以后发展为所谓的逻辑经验主义，并成为科学哲学的主流。这种新的科学哲学在性质上变得与科学史无关，它在发现的语境（context of discovery）和辩护的语境（context of justification）之间做出区分，并致力于对后者的研究，试图通过利用形式逻辑的技巧来改革哲学，避开科学方法的传统问题，去分析科学术语的意义、科学解释的结构和科学定律的逻辑地位。

同样是在30年代，虽然科学史研究在西方作为一种职业建制

---

① M. Fisch, William Whewell. Philosopher of Science. Clarendon Press. 1991: 111.
② H. Butterfield. The History of Science and the Study of History. Harvard Library Bulletin. 13（1959）: 329—347.

尚不成熟，但构成其基础和决定其研究主题与方法的史学理论准备已在形成。这种准备体现在几个方面，第一，是英国历史学家巴特菲尔德（H. Butterfield）在1931年出版的《历史的辉格解释》一书，对于改变以往科学史中以现代科学的标准来研究过去"成功"的科学的做法，此书在更广泛的史学理论背景中奠定了基础。第二，是苏联学者格森在1931年发表的《牛顿〈原理〉的社会经济根源》一文，它对科学史中"外史"研究的出现在一定程度上产生了重要的影响。第三，从另一线索出发，对于科学史外史的研究的兴起带来了更大促进的，是美国科学史家和科学社会学家默顿1938年发表的长篇论文《17世纪英国的科学、技术与社会》。第四，是法国科学史家科瓦雷等人的观念论的编史纲领，对后来科学思想史、新的科学"内史"的研究的出现有着直接的影响。当然，并不是说以上几个方面的影响当时马上就在科学史家的研究中普遍体现出来，但它们确实是为后来科学史的发展奠定了基础。20世纪50年代以后，在美国科学史家"职业化"的过程中，这些影响的效果开始逐渐体现出来，科学家阵营开始确立了独特的工作方式与评价标准。从此，科学史愈发远离了科学哲学。

三、科学哲学家对科学史的关注

在很长的时间中，逻辑经验主义虽然一直是科学哲学的主流，但与之有所不同的理论也开始出现，其中一个非常重要的学派，是从20世纪30年代起出现的英国科学哲学家波普（K. R. Popper）的方法论的证伪主义理论。波普既反对科学哲学中的逻辑实证主义和逻辑经验主义，也反对传统的归纳主义。基于"证伪"这一重要的基本概念,波普试图制订科学家在研究或发现过程中应当遵守的规律,认为只有符合这些规范的科学行为才是合理的。自50年代以来,波普的学说可以说是对逻辑经验主义哲学最有影响的替代者之一。然而,除在推测历史方面偶尔尝试外,波普并不诉诸历史的证据来证明其立场,因为他相信方法论是不能以经验研究作为基础的。

但与波普有所不同的是,他的追随者们却不断地求助于历史的记载,以表明证伪主义的方法论准确地表征了科学进步的方式。这方面最有代表性的工作,是美国科学哲学家阿加西(J. Agassi)在60年代初出版的《论科学编史学》一书。① 在此书中,阿加西从波普学派的观点出发,批判了当时为绝大多数科学史家所采纳的归纳主义和约定论的编史学假定。阿加西对归纳主义编史学把科学史按现代科学的标准写成"黑白分明"的历史这种做法的批判与科学史界对反辉格式历史解释的接受形成了某种呼应,但与他此书的标题所暗示的相反,他在此书和随后的一些工作中,主要的目的实际上是大量地利用历史事例来对波普的科学哲学观点进行更深入的说明。也就是说,阿加西的基本取向仍是哲学的,而不是历史的。

到20世纪60年代初,科学哲学中相当有影响的历史主义学派开始出现,从而使科学哲学家恢复了对科学史的关心。其实,早在50年代初,这一学派中的重要代表人物汉森(N. R. Hanson)就已在名著《发现的模式》中强调:"对任何科学的、有益的哲学讨论,依赖于彻底通晓这一科学的历史与现状。"② 而这一学派中最有影响的人物,则是从科学史研究转向科学哲学研究的美国

---

① J. Agassi. Towards An Historiography of Science. Mouton and Co., 1963.
② 汉森. 发现的模式 [M]. 邢新力, 等, 译. 北京: 中国国际广播出版社, 1988: 4.

学者库恩。库恩在60年代初出版的《科学革命的结构》一书中，提出了一种崭新的科学发展的动力学。他求助于科学共同体的本质来阐明支配科学理论变革的机制，勾画了一幅由常规科学、反常、危机和科学革命等一系列相继环节构成的科学发展图景。关于科学哲学历史学派中的重要代表人物，当然还可以提到美国科学哲学家费耶阿本德（P. Feyerabend）、图尔明（S. Toulmin）、劳丹、夏皮尔（D. Shapere）等许多人。由于国内对有关历史主义科学哲学的介绍已经很多，这里就不再对这些人的有关理论予以转述了。

但英国科学哲学家拉卡托斯则是一个非常特别的人物，一方面，他面对库恩理论中的种种困难，在对波普学说批判的基础上力图进一步发展波普的观点，提出了基于精致证伪主义的研究纲领方法论；另一方面，他又常常被划归到所谓较弱意义上的历史主义之列。他的科学哲学理论明确地涉及科学史的编史纲领问题，尤其是在《科学史及其合理重建》一文中[1]，在对归纳主义、约定主义和方法论证伪主义的批判之后，他提出了基于研究纲领方法论的编史理论，把科学史构想为一部在相继的研究纲领之间竞争的编年史，并根据与这种"合理重建"的一致与否来区分"内部史"和"外部史"。当然，拉卡托斯工作的目的仍是哲学的而不是历史的，但他却提醒说，"没有某种理论'偏见'的历史是不可能的"。因而，"科学史家反过来应该认真注意科学哲学，并决定他的内部历史要建立在哪一种方法论上"。

科学哲学家麦克马林（E. McMullin）在对科学史与科学哲学关系的讨论中，曾很有启发性地对科学哲学进行了分类。[2] 在这

---

[1] 拉卡托斯.科学研究纲领方法论[M].兰征，译.上海：上海译文出版社，1986：141—191.

[2] E. McMullin. The History and Philosophy of Science：A Taxonomy. In：R.H.Stuewer, ed., Historical and Philosophical Perspectives of Science. Gordon and Breach. 1989：12—67.

种分类中，一类是所谓的"外在论的科学哲学"，它们经常是作为规范而出现的，其理由不是来自对科学家实际遵循的方法的审查。更细致一些，外在论的科学哲学又可根据其不同的出发点再分为"形而上学的科学哲学"和"逻辑的科学哲学"两个子类。另一类科学哲学是"内在论的科学哲学"，它们的理由是基于对科学家过去和现在怎样工作的"内在的"描述。这种分类对于我们理解科学史与不同类型的科学哲学的关系或许是有帮助的。显然，与科学史可能相关的只是内在论的科学哲学。在这种划分中，逻辑经验主义甚至波普的学说都被划在外在论的科学哲学之列，而历史主义则当然地属于内在论的科学哲学之列了。此外，也有人将科学哲学干脆更为一般地划分为逻辑主义和历史主义两类。当然，像这样的划分都是一种理想化的极端情形，而实际工作的哲学家则大多处于其间的某个位置上。

四、法国传统

正如美国科学史家柯恩所注意到的，就哲学家所做的对科学的历史研究来说，法国人的工作尤为引人注目。[1]虽然这些工作处在英美科学哲学主流之外，很长一段时间内在法国以外影响并不很大，但近年来已逐渐引起英美学者们的注意。鉴于国内对之少有评介，在此似乎值得依据有关文献[2]稍作一些介绍。当然，限于篇幅，这里只能简要地提及其中最重要的几个人的工作。

---

[1] I. B. Cohen. History and Philosophy of Science. In: F. Suppe, ed., The Structure of Scientific Theories. University of Illinois Press. 1974：308—349.

[2] G. Gutting. Continental Philosophy and the History of Science. In: R. C. Olby, et al., eds., Companion to the History of Modern Science. Routledge. 1990：127—147.

如前所述，在法国，孔德开创了一种将科学史与科学哲学紧密联系的传统。在孔德之后，这种传统在迪昂、彭加勒（H. Poincare）、梅耶森（E. Meyerson）、科瓦雷等人的工作中得以延续下来。如果严格地与科学哲学联系的话，20世纪20年代以来，这一传统中的核心人物是巴歇拉尔（G. Bachelard）、康吉海姆（G. Ganguihem）和福柯（M. Foucault）等人。

巴歇拉尔的工作可以说是通过对科学史的反思而理解理由与合理性之本质的尝试。他认为，严格地讲并不存在像科学史这样一种东西，存在的只是关于科学工作的不同领域的历史。相应地，哲学从它对科学史的反思中，不能指望去揭示一种单个的、统一的合理性概念，它所能发现的将只是合理性的各种"领域"。由于巴歇拉尔要从科学史出发来研究科学哲学，因此他的科学哲学的核心就是他的科学变革模式，而这一模式是围绕着"认识论的分裂"、"认识论的障碍"和"认识论的行动"这三个关键的认识论范畴建立起来的。认识论的分裂既指科学知识从常识的经验和信仰中分裂出来甚至与之相抵触的方式，也指在两种科学概念化之间发生的分裂。相应地，认识论的障碍则对应于任何阻止认识论分裂的概念或方法，它通过旧观点的惯性阻碍科学的进步，而认识论的行动则与之相抗衡，认识论的行动是一种变革，并具有积极的价值，代表了我们在科学说明中的一种改进。

巴歇拉尔认为，目前的科学代表了一种毫无疑问地超过了其过去的进步，科学史家可以恰当地利用目前的标准和价值来评判过去，把科学的过去明确地区分为"过时了的"历史和被当前的评判标准所"认可的历史"。但这并不等同于辉格式的科学史方法。因为，首先，巴歇拉尔式的历史并不试图以当前的概念来理解过去的科学；其次，在他看来，也并不存在关于目前的科学是永远不变地恰当的假定。当然，对所有这些抽象的哲学观点，他均是与具体的历史相联系来进行论述的。总之，巴歇拉尔这种对科学变革的说明使他抛弃了科学发展的连续性，却依然承认科学的进步，即同以前的观点可确定的正确性范畴相比，后来的观点具有更广泛的视野。在这种意义上，每个后来的框架都将代表超过前任框架的进步。

康吉海姆是巴歇拉尔的继承者，他的工作代表了巴歇拉尔的工作在某些方面的扩展和深化。巴歇拉尔对科学的反思主要是针对物理科学的，而康吉海姆的注意力则集中在生物学和医学科学方面。对康吉海姆来说，科学史主要是概念的历史，而不是术语、现象甚至理论的历史，重要的是将解释资料的概念同说明概念的理论区分开。一个概念向我们提供了对一现象最初的理解，使我们能以一种在科学上有用的方式来阐述怎样说明这一现象的问题，但概念在理论上是"多价的"，由此他可以做出对于在不同层次上起作用的概念的形成和变化的历史说明。

具有特色的是，康吉海姆极为强调他的科学概念史并不自命具有科学的地位。与英美科学哲学家们将历史作为检验方法论原则和科学发展模式的实验室的观点不同，他提出了作为法庭的科学史模式。法庭评判的准则，派生于当前的科学（以巴歇拉尔的方式）所依据的认识论分析。基于这种模式，科学史不是一个科学学科，恰恰是因为它明确地、规范地把科学分析的价值中立倾向的特征排除在外。

康吉海姆认为他的科学概念史取消了许多科学史家所关注的对重要的科学发展先驱者的搜寻。因为如果这种搜寻进行到极限，科学将不再有历史，所有的科学成就会都出现在某个最初的黄金时代。他论证说，对先驱者的"发现"通常是基于不承认在表面相似的阐述背后本质性的概念差异。当然，这并不意味着否认需要理解早期科学工作者对后来科学工作的影响。像这样的看法，对于我国多数中国古代科学史的研究应是有借鉴意义的。

深受巴歇拉尔和康吉海姆影响的另一重要法国哲学家和历史学家是福柯。巴歇拉尔和康吉海姆主要研究物理科学和生命科学，而福柯则主要关注像心理学和社会科学这样的"人文科学"，关心在对人文科学当代自我认识的重要方面提出批判的怀疑。为此，福柯现已成为西方人文科学界研究的热点人物。他更是所谓"后现代主义"的重要代表。但他的"科学史"研究与我们所习见的科学史的确相距太远，这里就不再展开讨论了。

五、科学史家的态度

如前所述，伴随着20世纪50年代以后科学史家的职业化过程，科学史已形成了一个有自己独特标准和研究方法的自主学科。因而，尽管60年代以来科学哲学中历史主义学派在其科学哲学理论中强调科学史的重要性，但这基本上是局限于科学哲学家阵营内部的活动。科学史家对有关的科学哲学却大多不屑一顾，有时甚至可以用"反感"一词来表征他们的态度。[1] 科学史家这种态度的产生当然不是平白无故的。为了较方便地对此分析，我们可以从两方面来展开讨论：其一是科学史家对由科学哲学家们写出的"科学史"的看法，其二是这两门学科的差异。当然，这两个方面彼此也是密切相关的。

我们先来讨论第一个方面，显然，在这种讨论中，以几个具

---

[1] J. E. Murdoch. Utility versus Truth: At Least on Reflection on the Importance of the Philosophy of Science for the History of Science. In: J. Hintikka, et al., eds., Pisa Conference Proceedings. Vol. II. D. Reidel Publishing Gompany. 1980: 311—319.

体的例子来进行说明是较为直接、明确和恰当的。

美国科学史家柯恩曾谈到过波普对牛顿的有关研究。① 波普在研究"牛顿的理论"与"伽利略的理论"或"开普勒的理论"的关系时,指出牛顿的理论远非仅仅是另外两个理论的结合。因为我们只有在拥有了牛顿的理论之后,才能看出另外两个理论在什么意义上是它的近似。波普的结论是,这表明逻辑的方法,不论是归纳的还是演绎的,都不能带来从伽利略或开普勒的理论向牛顿动力学的飞跃,只有独创性才能完成这种飞跃。对于波普的这项工作,柯恩肯定了它的启发性教益,即科学哲学家的洞察力怎样为历史学家提出富有成果的问题,但其意义也就仅此而已。柯恩除了详细地论证了波普的研究对历史材料的引证方面存在的种种问题,他还明确地指出,这一事例表明,我们不应假定科学哲学家是在撰写具有历史基础的或是以历史取向进行分析的历史。波普在提出牛顿的理论与其前在理论之间不可能有严格的逻辑联系之后,他的任务就完成了,因为他并不是历史学家。相反,历史学家们则必须要进行下一阶段的研究。因为牛顿是知道开普勒第三定律修正了的形式的,那么,原始形式的开普勒第三定律在牛顿动力学理论发展中到底起了什么作用,牛顿在《原理》中是怎样讨论这一问题的……总之,历史学家要分析的是牛顿在自己的理论发展中或在《原理》对这一理论的表述中究竟怎样利用了开普勒的定律,而波普则未作这样的分析。因而,波普的研究并不是科学史家心目中的历史研究。

另一个例子与拉卡托斯有关。拉卡托斯在论证科学研究纲领理论时,曾写道:"我认为,在撰写一个历史上的案例研究时,应

---

① I. B. Cohen. History and Philosophy of Science. In: F.Suppe, ed., The Structure of Scientific Theories. University of Illinois Press. 1974: 308—349.

采取下述步骤：（1）做出合理重建；（2）尝试将合理重建同实际历史进行比较，并对合理重建的缺乏历史真实性和实际历史的缺乏合理性做出批评。"① 实际上，这里已明确地表示出，他据其哲学理论做出的历史的合理重建并非是真实的（实际的）历史。这一点也明确地体现在他对玻尔的案例研究中："1913 年玻尔可能根本没有想到电子自旋的可能性……然而，历史学家用事后之明鉴来描述玻尔纲领时，应将电子自旋包括在纲领中，因为电子自旋与纲领的最初大纲很自然地相符。"② 对于这种连作者本人也否认是真实历史的工作，自然无须按严格的历史标准来对之评判了。因为就连科学哲学家也意识到，"这种技巧方法的结果并不是历史，也不是用历史来给关于科学的理论提出根据，事实上，它与历史几乎没有什么关系。"③ 但是，正是在拉卡托斯理论的促进下，1976 年，豪森（C. Howson）编辑了一本题为《物理科学中的方法与评价》的论文集。正如编者在前言中所讲的，这组文章是"利用取自物理科学史中的案例研究，来阐明科学哲学中的新近重要发展，即'科学研究纲领的方法论'"。④ 这些案例研究分别是："原子论与热力学"、"托马斯·杨和对牛顿光学的'反驳'"、"为什么氧代替了燃素？"、"为什么爱因斯坦的纲领取代了洛伦兹的纲领？"以及"对阿伏伽德罗假说的否定"。在一篇对此书的评论中，库恩认为至少其中大部分文章是不错的，但出现这种情况的"原因之一，显然在于作者并没有使用拉卡托斯的历史理论所签发的'许

---

① 拉卡托斯.科学研究纲领方法论［M］.兰征，译.上海：上海译文出版社，1986：73.
② 拉卡托斯.科学研究纲领方法论［M］.兰征，译.上海：上海译文出版社，1986：16.
③ E. McMullin. History and Philosophy of Science. A Marriage of Convenience?. In: R.S.Cohen, et al., eds., PSA 1974. BSFS Vol.32. D.Reidel Publishing Company. 1976: 585—601.
④ C. Howson. ed., Method and Appraisal in the Physical Sciences. Cambridge University Press. 1976: vii.

可证',而是遵循关于历史责任的通常规范"。"这些事例作为历史,还是比较旧式的,属于一种远在研究纲领方法论以前的传统。""同拉卡托斯的预期相反,《方法和评价》中的事例研究并未说明研究纲领方法论对历史实践的有效影响。"库恩甚至认为,那种要按哲学理论去"重建"历史的做法,"可能会成为编造历史的借口"。①

最后一个例子可能更典型。70年代初,科学哲学家阿加西和伯克森(W. Berkson)分别出版了《作为自然哲学家的法拉第》和《力场》这两本书。他们均是波普学说的追随者。这两本书也正是典型的"为阐述一种哲学而写作的历史"。对此,美国对法拉第有深入研究的科学史家威廉斯(L. P. Williams)写了一篇著名的、经常为人引用的书评,标题竟是"应该允许哲学家撰写历史吗?"②同样威廉斯详细指出了两位作者在引证史实方面的诸多严重错误,认为这两部著作充其量只是"历史小说"而已。他评论说:"哲学家们对观念、观念的逻辑联系及其逻辑推论感兴趣;而这些观念从何而来,它们是怎样地发展,以及怎样为一些自称是受了其影响的人所解释,对这些问题哲学家们似乎就不感兴趣了。因此,在分析一个体系时,他们是最出色的;但正如我们所见,当试图要说明一个体系的演化时,他们就差劲多了……他们倾向于回答问题——即我处在某某人的位置上会怎样去做,而这是一种完全不同的工作。"他认为,与这两位作者不同的是,历史学家必须整体地考虑有关法拉第的事实,而不能随意地挑选适合其论点的那些事实,不论这些论点可能会是多么的有独创性和迷人。因而,威廉斯对他在标题中提出的问题毫不含糊地给出了"No"的答案。

---

① 库恩. 腿脚行动不便者与盲人:科学史与科学哲学[J]. 自然科学哲学问题丛刊. 1981(2): 13—20.
② P. L. Williams. Should Philosophers Be Allowed to Write History? . British Journal for the Philosophy of Science. 26(1965): 241—253.

从以上几个例子可以看出，科学史家对科学哲学家撰写的"科学史"不予承认的主要理由在于：1. 哲学家由于缺乏历史的训练，不能按历史学家专业标准的要求处理史料；2. 哲学家撰写历史的出发点、目的、工作方式、研究的重点问题等方面与历史学家大不相同，因此，写出的历史自然也就不符合历史学家们的标准了。正像反对科学哲学与科学史有亲密关系的哲学家吉尔（R. M. Giere）所承认的那样，"对探索过程的关注并不使人自动地变成历史学家"。① 如果说，第 1 个问题还是有可能解决的话，那么，第 2 类差异就显得是更为本质和更难以消除的了。正是在此意义上，库恩才谈到"为哲学而写的历史，往往不是历史"。这种情况对我们的提醒至少是，当我们阅读或参考一部科学史著作时，对作者的身份、出发点和该"历史"所属类型的鉴别应是必不可少的。

还应提到，其实像这里所举的历史学家对哲学家的"历史研究"做出激烈反应的例子并不多见，在更多的情况下，历史学家所采取的做法干脆是对之不予理睬。

六、科学哲学与科学史的关系

现在来讨论本章最为核心的问题，即科学哲学对科学家是否有用。鉴于大多数科学史家在实际中确实拒斥或不理睬科学哲学（即使是历史学派的科学哲学），这对上述问题的讨论又可转为去问为什么会有这种情况出现，或者追究这种情况出现的部分理

---

① R. N. Giere. History and Philosophy of Science: Intimate Relationship or Marriage of Convenience? . British Journal for the Philosophy of Science. 24（1972）：282—297.

由——这两门学科的差异何在？

首先可以考虑的是关于研究目的与结果的普遍性和特殊性的问题。从19世纪的孔德、休厄耳，到20世纪初的萨顿等科学史家，均强调综合性科学史的重要性，再加上迪昂、马赫等人，他们的目标是要构造一种准确的、包括一切科学的理论。由于这种对普遍性的追求，因此他们将对科学的逻辑的分析编织到对其历史的叙述中去。这也是当时他们与科学哲学关系密切的一个重要原因。然而，西方在20世纪50年代科学史家职业化的发展过程中，在职业科学史家当中，科学史研究的风格发生了重要的转变，因而，要在科学史（或"历史"）这一术语的现代意义上称上述那些老一代科学史家的工作为"历史"，就显得不甚恰当或是一种"误解"了。①

我们可以通过一些科学史家和科学哲学家的描述，来看看目前职业科学史家的工作方式及与科学哲学家工作方式的差异。柯恩曾这样讲：

> 批判的哲学家倾向于利用其当今立场的"优越性"，来表明过去的科学著作中或被他说成是在过去出现的科学思想中的局限与谬误；而科学史家的工作，则是要使自己沉浸在以前科学家的著作中，这种如此完全的沉浸，使他们变得熟悉过去时代的环境与问题。只有以这种方式，而不是以与时代不符的逻辑分析式哲学分析的方式，历史学家才能充分认识过去时代科学思想的本质，才能真正感到有把握去解释过去的科学家对其所作所为可能具有的看法。与哲学家不同，历史学家的目标必

---

① L. Laudan. et al., Scientific Change: Philosophical Models and Historical Research. Synthese. 69（1986）: 141—223.

须是，要看看他对于过去某些时代的情况以及他所研究人物的思想的特质，他是否能做出准确的描述。①

强调科学史对科学哲学的重要性的哲学家布里安（R. M. Burian）也指出：

> ……历史研究是具体的、描述性的。它钻研细节，试图理解复杂的特殊性和复杂相关的个人与事件的特殊性。相应地，它使用不同的技巧，而这些技巧在抽象的科学哲学中是无用的。历史学家处于面对在科学传统、社会与智力背景、人际冲突、宗教和神学的考虑等当中实际上是缠绕无隙的网络中。……"一切都是潜在地相关的。"从技术性的科学哲学抽象、规范的观点来看，这种无处不在的潜在关联是令人讨厌的。哲学家必须把"不相关的"（"偶然的"、"外在的"）细节从许多历史研究的本体中排除出去，以便获得对理想的科学的结构和控制它们准则的抽象说明。②

对于科学史家所表现出来的对现有科学哲学的无视，科学哲学家劳丹带着困惑向倾向于认识问题的科学史家询问时，他得到的答复是："历史学家的职责，就是宁愿以叙述的形式就一特定的事件讲述首尾一贯的故事"，"把各不相同而且独一无二的事件纳入某种统括一切的模式或宏伟设计之中，这不是历史学的任务的一部分。"因为在历史学家看来，"构造或评价有关过去的'理

---

① I. B. Cohen. History and Philosophy of Science. In: F. Suppe, ed., The Structure of Scientific Theories. University of Illinois Press. 1974: 308—349.

② R. M. Burian. More than a Marriage of Convenience: On the Inextricability of History and Philosophy of Science. Philosophy of Science. 44（1977）: 1—42.

论'，这不是历史探索的合理范围"。① 具有科学史家和科学哲学家二重身份的库恩也曾说："大多数历史研究的最后成品是对过去特殊事件的一种叙述……历史叙述必须使所描述的事件看起来合理，也易于理解。……历史是一种解释性事业，而且几乎无须明确地概括就可以起解释作用。……哲学家的目标主要是明确的概括及范围广泛的概括。……他的目标是找出在一切时间地点都是真的东西，并加以陈述，而不是了解特定时间地点所发生的事件。"②

从以上这些引文中，我们已可较清楚地看出科学史和科学哲学之间在所追求的目的和工作方法方面的巨大差异：科学哲学追求的是一种理想化的、普适的、规范的、抽象的概括，科学史则强调历史丰富的复杂性和特殊性，强调要深入具体的历史细节中去做出一贯的、可信的叙述。实际上，科学史家的这种追求是与他们对反辉格式的历史研究法的普遍接受密切相关的。因为，按照是否"参照今日"来撰写过去的判据，"今日"不仅包括当代的科学标准，广义地讲，自然也包括当代的哲学标准。以参照今日科学哲学标准的方式写出的科学史，就很可能是另一种辉格式的科学史了。或者，更加极端的，真若按某些科学哲学家的方式，写出来的就会是那种"应该如此"（as it should be）而非"实际怎样"（as it was）的历史了。这当然是科学史家不情愿的。

但是，像拉卡托斯这样的科学哲学家强调说，"没有某种理论'偏见'的历史是不可能的"。③ 这确实是一个较难反驳的观点。

---

① C. Howson. ed., Method and Appraisal in the Physical Sciences. Cambridge University Press. 1976.
② 库恩. 必要和张力［M］. 纪树立，等，译. 福建：福建人民出版社，1981：5.
③ 拉卡托斯. 科学研究纲领方法论［M］. 兰征，译. 上海：上海译文出版社，1986：166.

"因为没有人能撰写他不知如何识别的东西的历史,所以所有的科学史必然都不言而喻地预先假定了对科学的看法,至少是某种看法。""在心目中没有一种隐含的或明确的科学图景,人们就无法写出任何科学史。"① 何况在撰写历史时,无法回避对"事实"的"选择"问题,而若有选择存在,则隐含着:若这种选择不是任意的,就必须依照某种"理论"或"标准"来进行。

在联系到科学哲学对科学史的作用方面,人们对此问题有着不同的回答方式。第一种方式是,对科学哲学家们构想出的让科学史家运用科学哲学的方式提出疑问。例如在拉卡托斯那里,要用其方法论的观点去写科学史,而这种被规范地说明的科学史反过来又作为对其方法论的检验,于是便构成了一种逻辑循环。第二种方式是,科学史家必定要依赖于科学哲学的观点有两方面的问题:1. 为了记录和解释过去的科学,科学史家所需的理论并不一定就要是由科学哲学家所提出的理论,就像他们近来的工作所表明的那样,为了分析的框架他们也很可能会转向社会学或社会人类学,而不是转向科学哲学;2. 这一假定一般性地暗示了历史的解释在结构上是演绎的,并且可以用亨普尔(C. G. Hempel)的"覆盖定律"模式来分析,而这种模式是受到历史学家广泛批评的。② 第三种方式是,从根本上怀疑那种可用的科学哲学"规范"是否存在,例如,科学史家柯恩认为:"对历史启示的本质性分析揭示出,对于做出发现来说,没有简单的或可用的规则"。"我们发现

---

① E. Agazzi. What Have the History and Philosophy of Science to Do for One Another?. In: J. Hintikka, et al., eds., Pisa Conference Proceedings. Vol.II. D. Reidel Publishing Company. 1980: 241—248.
② P. Wood. Philosophy of Science in Relation to History of Science and Medicine. In: P. Corsi, et al. eds., Information Sources in the History of Science and Medicine. Butterworth Scientific. 1983: 116—133.

科学家们是在黑暗中摸索，利用突然闪现的来自直觉或灵感的偶然启发"。① 而针对某些科学哲学家认为存在的"合理性判据"，科学史家克拉明确地指出："一种与科学史的教益相协调的绝对的合理性判据并不存在。"② 这样的看法与科学哲学家费耶阿本德的观点倒是颇为接近的。第四种方式则是，像美国科学史家费诺乔罗（M. A. Finnochiaro）在《作为解释的科学史》一书中所说的，并非科学史实践不应完全不受哲学的指导，只是迄今为止，所有希望担任这个角色的人都没有成功，为此科学史需要新的批判的哲学，这种哲学应当说明科学史这一学科是对过去一些事件给予特殊的历史说明的一系列谅解文献。正因为如此，无论是为了寻求科学史中的解释，还是为了论证已找到的解释，科学史家都没有必要去理会科学哲学的原理。③

实际上，我们至少是可以接受第四种回答的。面对同一学科、同一人物乃至同一问题的历史，科学史家之间也有诸多的、有时甚至是严重的分歧和争论，这的确表明科学史家对历史的观察未必没有"理论负载"。谈到另一层次上科学史家接受科学哲学的困难，劳丹认为存在技术语言方面的困难，④ 柯恩认为科学史家为了做出正确判断，需要全面了解科学哲学中所有重要的进展，而这似乎超出了科学史家的哲学能力。⑤ 但这些困难从原则上来讲都应是可以解决的。更关键、更本质的问题是，目前似乎仍无一个能令科学史家满意、真正与现有的历史研究方式相协调并能适用于

---

①⑤ I. B. Cohen. History and Philosophy of Science. In: F. Suppe, ed., The Structure of Scientific Theories. University of Illinois Press. 1974: 308—349.

② H. Kragh. An Introduction to the Historiography of Science. Cambridge University Press. 1987: 66.

③ 科萨列娃. 科学哲学与科学史的相互关系 [J]. 科学史译丛. 1988（4）: 42—49.

④ L. Laudan, et al., Scientific Change: Philosophical Models and Historical Research. Synthese. 69（1986）: 141—223.

各种复杂历史细节的科学哲学理论。这或许是科学史家留给科学哲学家们的一项在短期内所无法解决的巨大难题。但这一难题不解决,科学史家也只好以一种隐含的、缺少明确意识的科学图景作为其理论框架了。当然,这样做也许不得不付出代价,但问题在于,对于拉卡托斯的命题,还有另一种不同的、否定的表述形式:"由教条的和自命不凡的科学哲学支持的科学史要冒双倍盲目的风险,而由党派的科学史支持的科学哲学要同时冒盲目和空洞的风险!"①

最后,我们也许还可以简要地提及科学史家默多克(J. E. Murdoch)提出的科学哲学对科学史的"一种重要性"。② 默多克认为,哲学家的讨论几乎从来不与历史学家的工作"相符",但科学哲学对科学史的重要性恰恰在于这种"不符"。因为它能使历史学家意识到那些被应用了哲学教条的历史的本来、实际的特征,而若没有通过应用哲学教条并导致"不符",人们也许就不会意识到这些特征。换句话说,哲学正是因其带来与历史的"不符"而成为有价值的、启发历史分析的"工具"。令人啼笑皆非的是,科学哲学对科学史的这样一种"重要性",与大多数历史学派科学哲学家原来的设想实在是相去太远了。

---

① E. Agazzi. What Have the History and Philosophy of Science to Do for One Another?. In: J. Hintikka, et al., eds., Pisa Conference Proceedings. Vol. II. D. Reidel Publishing Company. 1980: 241—248.
② J. E. Murdoch. Utility versus Truth: At Least on Reflection on the Importance of the Philosophy of Science for the History of Science. In: J. Hintikka, et al., eds., Pisa Conference Proceedings. Vol.II. D. Reidel Publishing Company. 1980: 311—319.

女性主义与科学史

一、背景：女性主义与科学

近几十年来，在西方，作为一种社会政治运动，女权主义致力于妇女在经济和政治等方面获得平等的权利和地位，在社会上产生了重要的影响。从这种社会政治运动中，也派生出了女性主义的学术研究，运用女性主义特有的观点和立场，将关注的焦点对准了范围广泛的各门学科。最先，女性主义的研究主要是集中在像文学、艺术批评和历史之类的人文领域，近几十年，伴随着女性科学家人数的增多，当代妇女运动对妇女就业地位的关注，及认识到当代科学批判理论中对性别因素的忽视，女性主义对科学哲学、科学史、科学社会学和科学技术与社会的研究也逐渐发展起来。

对于与科学相关的女性主义研究工作，不同的人从不同的角度有不同的分类。例如，罗塞（S. V. Rosser）区分了6种不同的范畴，它们分别是：1.科学中的教学和课程设置；2.科学中女性的历史；3.科学中女性的地位（定量的社会学研究）；4.女性主义的科学批判；5.女性的科学（即关于是否女性从事科学与男性不同，包括女性从事的科学经常被定义为非科学，及由于女性科学家采用的独特方法和据这些方法提出的理论，可能在性质上不同于男性科学家的方法和理论等）；6.女性主义的科学理论。①

主要与上述这种分类中的第4类,即女性主义的科学批判相关,在女性主义科学哲学家哈丁(S.Harding)的分类中,女性主义对科学的研究可大致分成5种,简要地讲,就是:1. 平等研究(或者说为什么没有更多的女性科学家);2. 对生物学的利用和滥用在种族主义、同性恋和性别歧视研究中的作用的研究;3. 一种客观的、与价值无关的科学的可能性;4. 将科学作为一种社会的文本来阅读的研究;5. 女性主义的科学哲学,特别是认识论的研究。② 而更多地从科学史的角度出发,女性主义科学史家希宾格尔(L.Schiebinger)将此领域中的研究总结为4类:1. 对在科学史中被遗忘了的女性科学家的寻找;2. 辨识在社会和科学的结构中阻碍女性从事科学的障碍;3. 考查科学怎样规定以及怎样错误地规定了女性的本质;4. 分析科学的男性本质,研究在科学的规范和方法中由性别而带来的扭曲。③

当然,还可以有不同的分类。这正从一个方面说明了目前在女性主义对科学的研究中观点与方法的多样性。同时,这些不同的研究范畴和方法,也是彼此密切相关的。但对于其他的研究而言,科学史的研究可以说是最为根本性的,是其他研究的基础。或许正是由于这种原因,目前,将焦点指向女性的科学史研究正逐渐成为西方科学史研究领域中的"热点"。本章将对这种新动向的背景和现状作一考察。当然,鉴于有关工作的数量巨大〔在

---

① S. V. Rosser. Feminist Scholarship in the Science: Where Are We Now and When Can We Expect a Theoretical Breakthrough?. In: N. Tuana, ed., Feminism and Science. Indiana University Press. 1989: 3—16.

② S. Harding. The Science Question in Feminism. Cornell University Press. 1986: 19—24.

③ L. Schiebinger. The History and Philosophy of Women in Science: A Review Essay. Signs. 12(1987). No.2: 305—332.

1993年由美国威斯康星大学编的一本关于科学、保健和技术中女性的历史研究文献指南中，就收录有2 500多部（篇）著作[①]，这种考察很难是全面的，只能涉及少数最有特色和较有影响的女性主义科学史研究工作。

二、编史传统的转变

随便翻开任何一本科学史，人们都会发现，其中所提到的科学家绝大多数是男性。因而，关于科学中女性历史研究的一种最原始的方法，就是致力于寻找那些被遗忘了的女性科学家，考察她们对科学的贡献，在历史中恢复她们的地位。但是，关于女性与科学的问题，并不是一个新问题。早在15世纪，女性学者克里斯廷·德皮赞（Christine de Pizan）就明确地提出了女性是否在科学和艺术中做出了独创性贡献的问题，并对此给出了肯定的回答。更在此之前，在14世纪，薄伽丘（G.Boccaccio）曾在著作中收入了104位女性的简传。从14世纪到19世纪，百科全书的形式一直是关于科学中女性的历史最常见类型的著作，其编者们把这作为一种策略，以论证和证明女性能获得了不起的成就，并应为科学机构所接纳。但以往的著作基本上是由局外人撰写，并只将科学中的女性作为其中一部分内容而已。直到18世纪末，第一部专门记录在自然科学和医学中女性成就的百科全书才问世。1786年，法国天文学家拉朗德（J. Lalande）在《为

---

① P. H. Weisbard. ed., The History of Women and Science, Health, and Technology: A Bibliographic Guide to the Professions and the Disciplines. 2nd edition. University of Wisconsin System Women's Studies Librarian. 1993.

女士而写的天文学》一书中，第一次包括了女性天文学家的简史。19世纪30年代，德国医学博士哈莱斯（C.F.Harless）的《妇女对自然科学、保健和康复的贡献》一书，也填补了他认为在当时的科学史中存在的空白（当然，哈莱斯虽然强调男人和女人有平等的从事科学的能力，但他也指出了在男人和女人在与自然的关系之间及在其科学方法之间存在着差别）。1913年，在美国的天主教神父赞姆（J. A. Zahm）以笔名发表了第一部较为详尽地论述科学中女性的专著《科学中的妇女》，对当时有关女性从事科学的能力问题的讨论进行了总结，集中关注的是19世纪颅相学者的论点——即女性的大脑太小，不适于进行科学的推理。在早期其他相关著作的基础上，他也讨论了在数学、天文学、物理学、化学、医学和考古学中女性的成就。当然，也还有其他一些类似的工作。但早期的这些研究毕竟是零星的，而且均非专业的科学史家所为。即使在20世纪20—30年代科学史作为一门独立的学科建立起来，并在随后向外史的转向中，声称要研究科学与社会的关系，但对于女性在科学中的角色及特殊性，并未予以特别的关注。有人就指出，像默顿在20世纪30年代在对科学社会史的著名研究中，曾指出皇家学会62%的初创成员是清教徒，但却并未探讨另一或许更为惊人的事实，即在皇家学会的早期成员中，甚至在整个17世纪的科学学术界，男性的比例占到了100%。

在20世纪40年代到50年代，对科学中女性的研究，基本上仍是由专业科学史界以外的人来做的。这种情况到了70年代才有了改变。出现了许多关于女性科学家个人的传记研究，它们既记录了这些女性的生活，也评价了她们的科学贡献，并注意探讨这样一些问题，如是什么激发了她们最初对科学的兴趣，她们怎样进入科学界及怎样做出了科学贡献，她们的成就在多大范围的科学家共同体中获得承认。

从整个科学史学科的发展来看，这种情况的出现相当自然。因为现在科学史家也同样注意研究非西方传统的科学或少数民族的科学历史，对女性科学家的关注则与此是相似的，尽管这些对非主流科学的历史的研究本身也还未成为科学史研究中的主流。但是，在这种传统中的研究还不能说是严格意义上的女性主义科学史研究，它们也面临着自身的问题。首先，致力于发掘被遗忘的女性科学家的历史研究当然是有意义的，但不论这种工作多么细致，可以预料，所发掘出来的女性科学家的人数，同男性科学家相比，仍将只占极小的比例，从而无法回答诸如为什么女性科学家如此之少等问题，充其量只是一种"补偿性的历史"。其次，美国科学史家撒克里曾把"伟人（great men）"研究列为目前科学史研究的中心领域之一，这里的用词本身就反映了一种性别的差别。"关于女性科学家的大部分著作符合这种'男性伟人（great men）的历史'的模式，只是以女性替代了男性。我们有许多关于伟大的女性科学家的传记。而这些女性科学家传记研究大部分是把玛丽亚·居里或罗莎琳德·富兰克林的成就置于男性的世界之中，并在事实上展示了女性对所定义的主流科学做出的重要贡献。然而，它们关注的仍是作为例外的女性——那些反抗传统而在一个本质上是男性的世界中拥有突出地位的女性。"[1] 也就是说，利用这种传统科学史研究的方法，虽然研究的对象换成了女性，但仍然是以一种男性的准则作为衡量杰出的标准，仍属于一种作为主流的"男性"的科学史范畴。

80年代初，美国女科学史家罗西特（M. W. Rossiter）出版的

---

[1] L. Schiebinger. The History and Philosophy of Women in Science: A Review Essay. Signs. 12（1987）. No.2: 305—332.

《美国女性科学家：直到 1940 年的斗争与策略》[1]一书，代表了编史方法的一种转向，可视为是从传统的女性科学史研究向典型的女性主义科学史研究发展中的一种过渡形式。不同于按"男性标准"的传统的"补偿式"发掘模式，罗西特将视角转向普通的女性科学家，她不仅恢复了在美国科学中女性的存在，而且把这种存在与更为一般的教育和就业中的趋势相联系，并对由于双重标准的存在和其他在科学共同体中的社会障碍，导致女性科学家蒙受过低的承认进行了考察。对于罗西特来说，女性从事低级的工作（像在实验室和天文台中当助手），作为低等的教授，或局限于像化妆品化学这样的"女性的"科学领域，已不再是简单直接的历史事实，而成了要对之进行分析和解释的特殊、有问题的现象。通过一种不断提问的态度，她要寻求的是使女性处于从属地位的原因，要揭示美国的科学是一种具有有限适应性的男性统治的建制，并体现了一种批判性的编史倾向。正因为此，罗西特的研究成了一部奠基性的著作。

三、"社会性别"（gender）与科学

但是，像罗西特这样的著作，还没有一种完整的女性主义理论贯穿始终。对于女性主义科学史研究的进一步发展，关键性的是在 20 世纪 70 年代由美国女性主义者引入的区别于天然生物性别的"gender"这一重要概念。因为在女性主义者看来，女性不是

---

[1] M. W. Rossiter. Women Scientists in America: Struggles and Strategies to 1940. Johns Hopkins University Press. 1982.

天生的，而是被造就的。gender 就是指在生物性别（sex）的基础上，社会和文化构造的一种性别，我们这里权将其译为"社会性别"（应指出，也有少数女性主义者否认这种社会构造的关系而认为 gender 是生物学构造的）。生物性别对应于"男性"（male）和"女性"（female），而社会性别则对应于 masculine 和 feminine。实际上，这几个词以往较多地被用于描述语言中的词性，而语言则正是一种社会文化的产物。引入社会性别这一概念最初的目的，是为了突出非生物的社会和文化因素在成年男人和女人的发展中的重要性，即作为社会文化的准则，它引导了个体的男人和女人的心理—社会发展。随后，女性主义者又转向注意作为一种文化结构的社会性别，在男人和女人之间的社会及生物性别关系中，它起了一种组织的作用。这种转变，"构成了当代女性主义理论的特征"。[①] 从另一种意义上讲，社会性别概念的引进也避免了女性主义所反对的生物决定论问题。

那么，女性主义如何与对科学史的研究发生关系呢？方式有多种。一种常见的方式就是，女性主义学者注意到，在西方的文化传统中，存在一系列影响深远的二分法，将理性与情感、心灵与自然、客观与主观、公众与私人、工作与家庭等对立起来。这种二元的划分一直延续至今，并影响了我们的认识方式和科学。在这种隐喻的方式中，这一系列二元划分中的前者，往往与男性相联系，而后者则与女性相联系。在引入社会性别之后，在女性主义学者那里，其联系就成了与相应的社会性别的联系。这样，女性主义者就可以利用隐喻的方法来做相应的研究。探讨这些隐喻在科学理论和实践的实际发展中的作用，就成为女性主义科学史和科学哲学研究中的重要内容。[②] 正如女性主义学者若尔当诺

---

①② E. F. Keller. Gender and Science: 1990. In: The Great Ideas Today. Enc. Brittanica. 1990: 68—93.

娃（L. Jordanova）所总结的："……利用社会性别的概念，是更大的思想研究方法的一个方面。……社会性别是重要的，因为它是一个基本的范畴，它表达了某些对人们有普遍重要性的东西，表达了人们对他们自己和他们的世界进行体验和提出理论的方式。""社会性别显然不是谈论女性的另一种方式……它是一个分析的范畴……是一种组织经验的方式，是一种表述系统，是对特殊种类关系的一种隐喻。""……传统的编史学带有强烈的科学主义成分……近来关于社会性别的研究有助于暴露这种科学主义，它为此领域提供了进一步的洞见，正是因为科学知识本身是相当核心地环绕着社会性别的。"从而，"社会性别可以出色地被证明是一种有力的工具，用来提供更有批判性的认识。"①

四、关于近代科学的起源

在女性主义对科学史的各种研究中，近代科学的起源可以说是一个引人注目的重要课题。正如女性主义哲学家哈丁所分析的，以往的科学史编史方法，是从内史发展到外史，内史的局限性自不必多讲，但传统的外史由于没有把社会性别的因素包括在内，没有留下足够的本体论和认识论空间，以供考察在社会性别之间的社会联系对人们的观念和实践的影响，从而也是有缺陷的。至于在库恩之后发展起来的对科学的社会研究，则提供了更多的机会，使人们能够用社会性别作为一种分析的范畴。因而，传统

---

① L. Jordanova. Gender and the Historiography of Science. British Journal for the History of Science. 26（1993）: 469—483.

的关于近代科学诞生的"标准"故事，实际上是一种"神话"。[①] 那么，女性主义学者究竟是怎样利用社会性别的概念来研究近代科学的起源呢？在这里，我们可以举出其中几项最有代表性的工作。

1980年，麦钱特（C. Merchant）出版了《自然之死》一书。[②] 此书的副标题为"女性、生态与科学革命"。它也可算是一本所谓"生态女性主义"（Ecofeminist）的早期著作。一些生态女性主义者呼吁由女性带来一场生态的革命，来解决我们面临的生态问题，为此，作为这种立场的基础，生态女性主义者便需要考察历史上女性与自然概念之间的联系。这可以说是一本别有特色的科学概念史著作，作者认为，自然和女性的概念都是历史和社会的构造物，她详尽地追溯了"自然"这一概念在历史上（从古希腊到近代科学革命时期）的演变，以及在对自然概念的构造和在社会变革之间的联系。当然，这是从女性主义，或者说生态女性主义的视角来审视的。因为作者认为，不论在西方还是在非西方的文化中，以隐喻的方式，传统里都把自然与女性联系起来（在拉丁语和其他中世纪和近代的欧洲语言中，自然也都是阴性的名词）。但在16世纪和17世纪的科学革命中，同有生命的女性地球相关的有机的宇宙图景让位于机械论的世界观。在这种机械论的自然观中，自然被新构造成一无生命的、被动的、要为人类所支配和控制的对象。在一种新的隐喻中，自然被比作机器。由于自然要服从机械论的准则，近代科学不得不扼杀在隐喻中与阴性相关的自然中。这样，在麦钱特看来，对于那些近代科学奠基者们的贡献，

---

① S. Harding. The Science Question in Feminism. Cornell University Press. 1986: 197—216.

② C. Merchant. The Death of Nature: Women, Ecology and the Scientific Revolution. Harper and Row. 1980.

就需要进行重新评价。当然，性别和与性别相联系的语言对文化意识形态的影响，及对世界图景的形成的影响，在这样的历史研究中也是占有重要的地位的。

希宾格尔曾在美国哈佛大学以"妇女与近代科学的起源"作为其博士论文的题目。1989年，她出版的《头脑没有性别吗？》的专著[1]（其副标题为"在近代科学起源中的女性"）也是一部女性主义科学史的重要著作。作者声称，她写该书的目的，是要探讨在科学和被定义为"阴性"的西方文化之间长期存在的失和。就妇女来说，是什么东西使得男性科学家害怕女性的闯入？就科学来说，是什么使得它易于受到这种恐惧的影响？为了回答这些问题，希宾格尔分析了17世纪和18世纪近代科学在欧洲的起源，尤其是关注那些导致女性被排斥的环境因素。为此，她先是考察了作为科学与社会之中介的科学机构，注意在17世纪的大学和其他科学机构中社会性别的边界问题是怎样被解决的。随后，研究了在为社会所规定的社会性别边界里作为具体历史角色的女性。她也考察了生物科学在对女性的研究中怎样误解了生物性别与社会性别，及这些科学上的误解怎样被用作反对女性从事科学的论据。最后，她还探讨了阴性和阳性的文化含义，及对社会性别的理解怎样渗透到对女性从事科学的能力问题的争论中。正如有人所评论的，[2] 希宾格尔这部著作真正的力量在于，它强调了两个不那么被人普遍认识的问题：首先，人们常讲，女性被排斥在追求知识的积极角色之外，但在历史上实际并非总是如此，这只是在特定的时代发展起来的有意限制的产物；其次，从培根、笛卡尔和新

---

[1] L. Schiebinger. The Mind has no Sex? Women in the Origins of Modern Science. Harvard University Press. 1989.

[2] R. Porter. Women as Subjects and Objects of Scientific and Scholarly Work. Mineral. 30（1992）：117—120.

科学的时代开始,一种新的认识论被构造出来,强调一种"科学的方法",这种方法把科学的东西等同于"真实"的知识,这种性质是抽象的、逻辑严格的、有穿透力的,被说成具有阳性性质,而那些被认为是阴性的思维特征的直觉等方法,则被认为是不适当的。

与上述两部著作相比,女性主义科学哲学家和科学史家凯勒(E. F. Keller)的历史研究虽然在方法上显得要粗略一些,但却更鲜明和有代表性地体现了女性主义理论的色彩。她在1985年出版的《对社会性别与科学的反思》一书,[①] 被认为是女性主义科学研究的重要奠基之作。该书的第一部分,是对心灵和自然之关系的历史考察。她的考察同样是从古希腊开始,始于柏拉图这位对后世有重要影响的哲学家,认为他是西方思想史中第一位明确地、系统地利用性隐喻于求知问题的人。基于当时的性与社会性别的意识形态和柏拉图的隐喻,凯勒考察了这种隐喻在柏拉图的认识论策略中的作用。但与此相比,更引人注目的,则是凯勒对培根的研究,因为培根是"第一个而且最为生动地明确表述了在科学知识和力量(power)之间等式的人"。从培根的性隐喻的言论中,凯勒看到了导致男性对自然的支配和统治的根源,因为培根曾要求"在行动中对自然发号施令",而且在培根的眼中,正是科学这种人类的知识和人类的力量能满足这一要求。在培根利用社会性别的隐喻来表述阳性的心灵与阴性的自然的关系时,他提到,在"在心灵和自然之间建立一种贞洁的、合法的婚姻",要让自然为人类服务,成为人类的奴仆,为人类所征服。这样,培根可以说是"提供了一种语言,从中,后来几代的科学家抽取了更为一致的合法性支配的隐喻"。

---

① E. F. Keller. Reflections on Gender and Science. Yale University Press. 1985.

凯勒认为，如果说近代科学涉及，并有助于形成一种特殊的社会与政治语境的（context）话，那么，它也同样涉及并有助于形成一种特殊的社会性别的意识形态。她要论证的是，不注意在科学事业的价值、目标、理论和方法的形成中早期科学话语里盛行的社会性别隐喻所起的作用，就不能恰当地理解近代科学的发展。为此，凯勒考察了在英国皇家学会建立前的某些争论。当时，自然哲学家们对"新科学"含义的看法并不一致，存在炼金术的哲学和机械论的哲学争论。在炼金术的传统中，物质的自然充斥了精神，它要求心、脑、手的结合；与此相反，机械论的哲学寻求将物质与精神相分离。除了一般的意识形态，社会性别的意识形态也对在不同的科学观之间的竞争施加了选择压力。最终，机械论的哲学占了上风。1662年，皇家学会的建立，标志着近代科学的建制化。皇家学会的秘书奥尔登伯格（H. Oldenburg）就宣称，学会的意图是"要弘扬一种阳性的哲学……凭借这种哲学，男性的头脑可因坚实的真理而变得更尊贵"。因此，凯勒认为，近代科学革命对当时工业资本主义所要求的在社会性别间的分化，既做出了反应，也提供了支持。在反应方面，相应于在男人和女人、公众和私人、工作和家庭之间越来越大的分化，近代科学也采纳了在心灵与自然、理性与情感、客观与主观之间更大的分化。理性和客观性的概念，以及要支配自然的意愿，支持了一种特殊的科学观，同时也支持了一种新的阳性规定的建制。这样，科学被卷入了一种占统治地位的神话的记忆，把客观性、理性和心灵归为男性（阳性）的，把主观性、情感和自然归为女性（阴性）的。而实际上，客观性和主观性、理性的情感本是作为人类美德而共同具有的性质。也就是说，在近代科学的发展中，人类经验自身的这些方面被歪曲了。

> 懂一点 STS
> 鸡蛋里的骨头

五、当代科学史：案例研究

如果说，在女性主义对近代科学起源的研究中，发现近代科学在形成阶段受到社会性别隐喻的重要影响，那么，在当今科学的研究中，社会文化的意识形态又是怎样的起作用呢？不同的女性主义学者有不同的回答。如凯勒，就更多地借助话语理论，强调科学研究中的语境对科研选题等的影响。当然，传统中像主观与客观、理性与情感等的二分法仍在起作用。在这方面，凯勒对女遗传学家、诺贝尔奖获得者麦克林托克（B. McClintock）的案例研究《对有机体的情感》一书[①]是颇有代表性的。

麦克林托克长期致力于玉米细胞遗传学的研究，在50年代初发现了在玉米染色体中遗传因子的"转座"，但这一重要的发现却长期因不为遗传学家共同体所理解而被忽视。直到30年后，随着分子生物学的发展，对基因转座的重新发现，才使麦克林托克的工作的重要性得到广泛的承认。她最终因此在1983年获得了诺贝尔奖。在这本传记中，与以往的研究不同，凯勒并没有使用女性主义惯用的术语，但她所真正要向读者表述的观点，散布在全书的字里行间。基于对麦克林托克的大量访谈，在对其生平、工作、遭遇和科学背景的历史考察中，凯勒要展示的，是一位女性遗传学家以独特的、与主流科学不同的方式来进行研究的故事。这也涉及人与自然的关系问题。在麦克林托克的研究工作中，主体与客体，或者观察者与被观察对象不再截然分开，她强调人们必须有时间去看，去"倾听"材料的说话，强调对生命有机体的"情感"，正是这种情感（而不是对自然的"支配"）扩展了她的想象力："凡是你能想象得出的任何事情，你都能够发现"，以至于，

[①] E. F. Keller. A Feeling for the Organism: The Life and Work of Barbara McClintock. Freeman. 1983；中译本：情有独钟．赵台安，赵振尧，译．北京：三联书店，1987.

"每次在草地上散步时,我都感到很抱歉,因为我知道小草正冲着我尖叫"。而这种对情感、对直觉、对和谐的理解力的强调,恰恰和标准的科学中要求的理性与情感、心灵与自然的分离相反。(在该书中译本的序中,对"情有独钟"中之"情"与"钟"的解释,恰好是对凯勒书名的一种误解。)这种方法上的差异,才是遗传学共同体排斥她的原因,使得麦克林托克的支持者们直到今天也几乎没有真正理解她所说的内容。凯勒承认对此书人们会有误读,因为她要讲的并不是一个关于孤独的先驱者的故事,她要讲的是科学方法的多样性和差异,是一个女子反对传统的科学和传统的社会性别意识形态的故事。麦克林托克并不否认现有的标准科学方法为我们提供了有用和正确的关系,但它们还不是真理,也绝不是获得知识的唯一途径,她相信还有其他正确的方法可以用于认识自然。而她所采用的那些方法,则正是历史上对"阳性"的命名中从科学中被排斥出去的。凯勒的这部以传记形式来研究在不同类型的科学实践中的差异的著作,在女性主义者中被广泛地引用,成为一部女性主义科学史的经典。

六、小结与分析

从上面的介绍可以看出,同女性主义的科学哲学等研究一样,女性主义的科学史研究在本质上也有一种科学批判的取向。这与目前在西方科学史界存在的某种后现代主义潮流是一致的。对此,赞同者、怀疑者、反对者各有人在。例如,有赞同者认为:"女性主义编史学的倾向……构成了一组新的、有潜在力量的科学史研究方法。它们与有马克思主义取向的、科学社会史的方法有许多共同之处，也吸收了在这一领域中不断增加的语言分析方法……它们增添了一组概念与问题，而这不仅仅是对现有途径和方法的简单补充。"① 至少，我们可以说，它们为科学史研究提供了新的视角、新的问题和新的分析维度。

女性主义学者的一个较共同的特点，是为建立一种新的科学而斗争。在女性主义看来，现有的科学，其价值观乃至理论知识是由一种权利关系构造的，显然不是中性的。因此，在女性主义关于科学的理论中一再出现的计划之一，就是设想一种与现有的科学不同的科学。凯勒把它描述为"与社会性别无关的科学"，哈丁称之为"后继的科学"，而也有人干脆称之为"女性主义的科学"。② 这种倾向显然也加重了其批判色彩。女性主义科学史的研究者较多地利用了现代的话语理论（它本身就是注重探讨在语言与意识、知识、意义、权利、机构、行为、仪式和文明制度之间互动关系的理论）、精神分析理论，注重对隐喻的分析等，而这些研究方法显然是不为传统的科学史家所使用和有争议的。由于它的理论导向异常明显，同以往由纯科学哲学家做的哲学式的史学研究面临的问题是类似的。而且，相对来说，涉及具体有力例证的研究数目也还不多。这些因素自然会导致了人们接受它们时的阻力。一位史学家曾批评说，女性主义科学史的观点，在证据上是软弱无力和在历史上是站不住脚的，它只能阻碍而不是有助于改善女性在社会中的地位。像麦克林托克的例子，在科学史上是经常发生的事，因为当时某些其他领域可能是兴趣的中心，而她本人也并非像凯勒所说的那样，倒是属于那种久远的、值得尊重的、与怪僻的个性相联系的科学天才的传统。总之，"……人们可

---

① J. R. R. Christie. Feminism and the History of Science. In: R. C. Olby. et al., eds., Companion to History of Modern Science. Routledge. 1990: 100—109.

② N. Tanio. Gendering the History of Science. Nuncius. 6 (1991). No.2: 295—305.

以引出许多与社会性别理论相矛盾的历史事实。……我相信,社会性别与科学的理论,当涉及具体事实时是无力的……女性主义理论家通过提出社会性别的问题,就引起学者和教育家的注意来说,是做了重要的工作,但是,在讨论社会性别与科学时若能更具体一点,更依据事实一点,而不是那么空想,那将会是有帮助的。"①

从事实际工作的科学家对女性主义的态度也应引起我们的注意。有人指出:"极少有女科学家致力于科学中的女性主义理论或对科学的女性主义批判。"② 更耐人寻味的是,麦克林托克本人总是声称,她自己从未读过那本关于她的著名传记!

此外,我们可以提到女性主义科学史研究中的另一局限,对社会性别的分析研究主要限于西方文化的传统。1988年,女性主义科学史家希宾格尔谈道:"我们还没有关于中国古典科学的社会性别的研究,也没有关于印度次大陆的妇女,及关于非洲或中美洲和南美洲的科学中妇女(或社会性别)的研究。"③ 当然,如果女性主义科学史确有生命力的话,这些研究的出现也只是时间的问题而已。

最后,应该提到的是,对于女性主义,人们往往容易望文生义地产生许多误解,过分看重与女性天然性别的联系。当然,由于历史的原因,女性主义是从女权运动发展而来,其源于追求妇女权利和男女平等的出发点决定了它对女性和性别问题的特殊关注。但在作为更学术化的后来的发展中,特别是通过社会性别概

---

① A. H. Koblitz. A Historian Look at Gender and Science. International Journal of Science Education. 9(1987). No.3: 399—407.
② R. Bleier. A Decade of Feminist Critiques in the Natural Sciences. Signs. 14(1988): 186—195.
③ L. Schiebinger. Reply to Rose. Signs. 13(1988): 380—384.

念的引进，已将天然性别置于较次要的地位，更多研究探讨的是作为社会文化建构产物的社会性别。作为较理想化的女性主义，而不是那种激进的女性主义（或女权主义），以追求平等和权利作为最基本的出发点，要达到的目标并非是彻底将男女的地位颠倒过来，而且这种彻底的颠倒也是与出发点相悖的。它更多强调的，是用边缘人群的视角来对传统进行重新审视和批判，并力图通过这种审视和批判，提出新的重建方案，以改变存在着严重问题乃至危机的现状。只是由于历史的缘故（既包括社会发展的历史也包括女性主义学术发展的历史），长期处于被压迫状态的女性才成为这种边缘人群中的"主角"，女性主义学说才以现在这种面目出现。但在某种意义上讲，是可以将女性主义中的"女性"置换为含义更广的"边缘人群"而不失其理论意义的。这或许可以说是对女性主义的一种更现代、更全面的理解。

懂一点 STS

科学哲学、科学史及科学文化专题研究

声子与实在

一

在科学实在论的诸多争论中,物理学中的"理论实体"的实在性问题,或者说,物理学理论中核心术语的指称问题,是哲学家们热衷谈论的。而在这些谈论中,对粒子物理学中"基本粒子"(如电子、中子、质子、光子、中微子乃至夸克等)则更是频繁地被当作具体的案例来探讨其实在性,以支持或反对这种或那种实在论或反实在论的理论。诚然,理论物理学家或实验物理学家对那些构成世界的基本"砖石"的研究,无论从对象、层次还是从目的或兴趣上来讲,都更能引起对实在论(或反实在论)感兴趣的哲学家们的关注,这是不难理解的。但物理学却并非仅此一支。在当今世界上,绝大多数的物理学家们是在所谓的凝聚态物理学(condensed matter physics)领域中工作。他们工作的目标虽然表面上看来,与实用要近一些,不像研究"基本粒子"的物理学家那么纯粹地是为了认识和了解自然,但基础仍是建筑在对凝聚态物质的本质性的认识之上,其工作方法也独具特色。例如,凝聚态物理学中的"准粒子"(quasiparticle)概念,就是一个值得深入进行哲学探讨的概念。它可以说是凝聚态物理学中重要的"核心术语"之一。但遗憾的是,哲学家们却往往忽视了这一领域中的问题。这里,我们就将以一种有代表性的准粒子——声子(phonon)

作为案例,通过它与"真实"粒子(如电子、光子等)的比较,就其实在性问题做初步探讨。

二

首先,我们需要谈谈固体中的"元激发"(elementary excitation)和"准粒子"这两个概念。[为了讨论的方便,我们将讨论的范围限制在固体物理学(其范围要小于凝聚态物理学)之内]。所谓固体中的元激发,可以简要地定义为"固体中某种振动或波的能量量子"。① 更详细一点地讲,就是指"固体中具有确定的能量和相应的动量或准动量的基本的激发单元"。因为"固体中包含大量的电子和核,它们的运动十分复杂。一种有效的描写方法是,认为固体中的激发态是由一些元激发组成。固体中的元激发是微观粒子在特定的相互作用下产生的集体运动状态的量子"。② 至于准粒子的概念,则既与元激发密切相关,又有一些定义不一致的地方,例如,一种表述是:准粒子是"元激发的一种表示,用以描写多粒子体系的激发态的基本激发单元""每个元激发相当于一个准粒子"。③ 美国著名固体物理学家、诺贝尔奖获得者安德森(P. W. Anderson)形象地指出:"在固体物理或多体物理中的准粒子概念,与高能物理学家们的'物理的'或'穿了衣服的'重整化粒子的概念密切相关,而与在非重整化理论中出现的'裸'粒子相

---

① 龚昌德.固体中的元激发[M]//中国大百科全书.物理学·I.北京:中国大百科全书出版社,1987:435.
②③ 科学出版社名词室.物理学词典(下册)[M].北京:科学出版社,1988:12—29.

反。"① 而在国内关于"元激发"和"准粒子"概念之关系的一场争论中，我国物理学家郝柏林认为："对于各种宏观物体，常常可以有这种类比，用'出现了几个元激发'来描述整个物体处于某种低激发态。在这种意义上，'元激发'和'准粒子'往往用作同义语。"然而，"更确切些的做法，宜把与低激发态直接相关的准粒子称为元激发，而把准粒子一词留作意义更广泛的概念。"②

这样，在一种分类中，我们可以把"粒子"分成三类，③ 即 1. "真实"粒子，如通常所谈的电子、光子等；2. 集体激发（collective excitation）的量子，如后面将讨论的声子；3. 所谓"穿了衣服"的粒子。对于最后一类粒子，可以举"极化子"（polaron）为例。比如，电子在极性介质中将受到屏蔽，因为它周围会有感应产生的极化云，这种感应的极化云又将随带电粒子一起运动，而这种由电子及周围的极化云组成的整体就是"极化子"的一种。它的许多性质已与通常概念中的电子有所不同，例如，它的有效质量就与"裸"电子的质量不同。实际上，2、3 两类"粒子"都可以归属于"准粒子"这一大类。但由于在第 3 类中，比如说在"极化子"的情形下，毕竟还有"真实"的电子作为其"核心"，因此就与"实在"问题更有意义的讨论而言，我们对第 2 类中的准粒子（即"固体中某种振动或波的量子"）更感兴趣，这一类准粒子也种类繁多，如有声子、磁振子（magnon）、极化激元（polariton）、等离激元（plasmon）等（值得注意的是，这些准粒子的中文译名虽然并不都以"子"结尾，但在英文中的名称却都是以"-on"作为后缀的）。

---

① P. W. Andorson. Quasiparticles. in Concise Encyclopedia of Solid State Physics. R. G. Lerner and G. L. Trigy eds., Addison — Wesley Publishing Company. 1983：222.
② 郝柏林. 关于宏观物体中的"元激发"和"准粒子"[J]. 自然 .1981（4）：683.
③ C. T. Walker. Who Named the -ON's? . Am. J. Phys., 38.（1970）：1380.

> 懂一点 STS
> 鸡蛋里的骨头

基于以上的讨论，又由于声子"或许代表了固体中最简单的元激发"，[1] 而且除了较易于理解之外，声子概念的应用也更广泛，其许多属性都可类推到其他准粒子，因而，这就是我们选择声子这一典型的准粒子来进行细致分析的主要理由。

三

需要再次强调的是，为使问题简化，我们这里只限于讨论固体中的声子。而比如像液氦中的声子，在一些性质上与固体中的声子有所不同，则不在讨论之列。

在这种限制下，按照最简明的定义，声子就是"晶格振动的简正模能量量子"。对此，我们可以更详细地予以解释。在固体物理学的概念中，结晶态固体中的原子或分子是按一定的规律排列在晶格上的。在晶体中，原子并非是静止的，它们总是围绕着其平衡位置在做不断的振动。另一方面，这些原子又通过其间的相互作用力而联系在一起，即它们各自的振动不是彼此独立的。原子之间的相互作用力一般可以很好地近似为弹性力。形象地讲，若把原子比作小球的话，整个晶体犹如由许多规则排列的小球构成，而小球之间又彼此由弹簧连接起来，从而每个原子的振动都要牵动周围的原子，使振动以弹性波的形式在晶体中传播。这种振动在理论上可以认为是一系列基本的振动（即简正振动）的叠加。当原子振动的振幅与原子间距的比值很小时（这在一般情况下总是固体中在定量上高度正确的原子运动图像），如果我们在

---

[1] D. Pines. Elementary Excitation in Solids. W.A.Benjamin. Inc.，1964：19.

原子振动的势能展开式中只取到平方项的话（这即所谓的简谐近似），那么，这些组成晶体中弹性波的各个基本的简正振动就是彼此独立的。换句话说，每一种简正振动模式实际上就是一种具有特定的频率 ω、波长 λ 和一定传播方向的弹性波，整个系统也就相当于由一系列相互独立的谐振子构成。在经典理论中，这些谐振子的能量将是连续的，但按照量子力学，它们的能量则必须是量子化的，只能取 ω 的整数倍，即 $E_n=(n+1/2)\hbar\omega$（其中 $1/2\hbar\omega$ 为零点能）。这样，相应的能态 E_n 就可以认为是由 n 个能量为 $\hbar\omega$ 的"激发量子"相加而成。而这种量子化了的弹性波的最小单位就叫声子。

对此，苏联物理学家阿布里科索夫（A. A. Abrikosov）等人讲得很清楚："知道频谱、能级和晶格原子位移（振子坐标）的矩阵元后，至少在原则上完全可能算得振动晶格的热力学和动力学特征。然而实际上更为方便的办法，是利用从量子力学对应原理得出的另一个等价图像，来代替耦合振子图像。由对应原理知道，每个平面波相当于运动着的'粒子'的集合。……晶格激发态可以设想成这些'粒子'的总和（它们称为声子），它们在物体体积内自由运动。"[1]

根据国外学者的考证，[2][3] 声子的构想是由苏联物理学家塔姆（I. G. Tamm）于 1930 年在一篇论述固体中分子光散射的量子理论的论文中最先提出的。塔姆提出，如果人们类比光量子的概念而使用"弹性量子"的概念的话，就可以形象地描述量子力学计算中本质性的部分。至于"声子"这一名称，则是由苏联物理学家

---

[1] A. A. 阿布里科索夫，等. 统计物理学中的量子场论方法 [M]. 郝柏林，译. 北京：科学出版社，1963：3.

[2] C. T. Walker. Who Named the -ON's? . Am. J. Phys., 38. 1970：1380.

[3] H. Maris and R. T. Beyer. Older than She Looks. Phys. Today. 1970. Feb.：19.

夫伦克耳（J. Frenkel）在 1932 年完成的《波动力学基础理论》一书中首次提出的。夫伦克耳在此书中，将其第 37 节的标题取为"'声子'气体及其与电子气体相互作用的理论"，他也同样指出："正如对光和电子一样，可以把声波同我们将称之为'声子'的某些粒子联系起来，并通过对于相对应的'声子'的研究，来取代对于构成了这些波的热振动的研究。"[①]

从这里我们可以看出，实际上物理学家们是类比电磁场与光子的关系来引入声子的。因为，我们都已经很熟悉了，对于频率为 ω 的电磁辐射，能态 E_n 相当于存在有 n 个能量为 $h\omega$ 的光子。光子的思想是由著名物理学家爱因斯坦于 1905 年在其对光电效应的研究中提出的（虽然"光子"这一名称出现要晚得多），光子与电磁辐射相对应，是电磁场的量子，在提出声子概念的 20 世纪 30 年代，光子的存在已为物理学家们所接受。正是在这种情况下，物理学家们采用类比的方法，从理论上构造出了声子这一概念，它对应于弹性波的量子。

四

从理论上构造出来的声子，并没有被物理学家们认为像光子和电子那样是"真实"的粒子，而被认为是一种准粒子。但是，声子却似乎具有"真实"的量子粒子的所有属性（当然其间也有差异，这在后面将谈到）。对此，我们可以再作些讨论。

[①] J. Frenkel. Wave Mechanics, Elementary Theory. Oxford University Press. 2nd., 1936: 267.

物理学家们在类比光子的过程中从理论上构造出来的声子，自旋为零，是玻色子，因而它们的数目是不守恒的。一方面，随着温度的升高，固体中原子的振动加剧，相应地声子数目也将增多。另一方面，声子也可以在碰撞过程中被产生和消灭。实际上，在简谐近似下，声子之间没有相互作用，即它们之间不会发生碰撞，其平均自由程为无穷大。然而，因简谐近似只是一种理想情况，在实际固体中，晶格原子作用力非谐成分将导致声子与声子之间的散射。而晶体中的缺陷或电子等也会与声子之间发生散射。此时，声子的平均自由程将变为有限值。

由此，人们可以人为地把固体中的原子与代表原子振动的声子分开考虑，很方便地把固体看作是包含有"声子气体"的容器。在简谐近似下，这种"声子气体"是理想的，这对应于我们通常的理想气体概念；而考虑到非谐作用时，由于声子间有相互作用，则它们对应于某种实际气体。当然，差别在于真实气体中的分子数是守恒的，而声子气体中的声子数是不守恒的。但在同处理电磁辐射场时利用的"光子气体"的比较中，声子气体与光子气体在这一点上又是具有相同性质的（均是由玻色子构成的"气体"，均服从玻色—爱因斯坦统计）。因而，引入声子气体的概念不仅使整个物理图像更加清晰、形象，而且可以使物理学家将量子统计力学的许多处理方法用于固体问题。

当把声子作为固体中的粒子来看待时，就可以应用粒子的图像来解释许多物理现象。例如，两个声子碰撞后，会产生一个新的声子。当这种碰撞过程分别满足能量守恒定律和通常的动量守恒定律时，这种过程被称为正常过程（normal process），它对于固体中热平衡的建立是重要的。而当在另一些情况下，新产生的声子不遵从通常的动量守恒定律，而向反向传播时，此过程被称为反转过程（umklapp process），利用它可以有效地解释固体中的热阻现象。除此之外，利用诸如像声子与声子、声子与电子、声子与光子之间的相互作用，还可以有效地解释固体中一系列重要的热学、电学、磁学和光学现象。

还可以简要提到，在固体中，一个晶格最小的周期单元称为晶格的原胞。在严格的考虑中，实际上，当原胞中包含有 S 个原子时，晶格的振动可按其简正模分解成 3NS 种弹性波（N 为固体中原胞的数目）。相应地，晶格原子的振动就对应于 3NS 种不同类型的声子（它们彼此间有所不同，但这种差异对这里的讨论并不重要）。

五

实际上，我们这里更感兴趣的是就声子的案例而讨论实在论的问题。美国哲学家哈金曾在对实验与科学实在论的讨论中指出："哲学家标准的'理论实体'是电子。"① 而他则进一步要论述电子如何已成为实验实体或实验者的实体。的确，在科学实在论的讨论中，电子是经常被引用的例子。然而，按前面对粒子的分类，电子与光子等"真实粒子"是与像声子这样的准粒子相对的。在此意义上，即相对于讨论声子这种准粒子的实在性而言，谈论电子的实在性与谈论光子的实在性可以说是等价的（它们均为"真实粒子"）。而声子又是类比光子而被引入到物理学中，所以，进一步考虑一下声子与光子以及声子与电子之间的相似性，是十分

---

① I. 哈金. 实验与科学实在论 [M] // 中国社会科学院哲学研究所自然辩证法研究室. 国外自然科学哲学问题. 北京：中国社会科学出版社，1991：43.

必要的。

首先，声子是固体中振动的简正模式的能量量子。"由于简正模式是在整个晶格中传播的平面波，因而与此相应的声子不是局域粒子；因为动量 hK 是精确的，所以根据测不准原理，不能确定其位置。然而，完全像光子和电子一样，通过频率和波长稍有差异的模式的组合，我们可以构成一个相当好的局域波包……这样的一个波包表征以群速度 dω/dk 运动的相当好的局域声子。所以，我们可以把声子作为测不准原理限制范围内的局域粒子来处理。"[1]

其次，虽然光子的名称出现于1926年，但至少就我们今天回过头来看，1905年爱因斯坦是用了光子的思想解释了光电效应，而1923年发现的康普顿效应（实际上也就是光子和电子之间的散射），通过对光子具有能量和动量，以及光子和电子在散射过程中满足能量和动量守恒规律的证实，而成为证明光具有粒子性的重要实验之一，也就是说（如果使用后来的名称的话），在物理学家中（而非就哲学家而言）基本上肯定了光子是一种"真实的粒子"。当然，物理学家们也可以用别的实验方法更"直接"地"检测"到光子。在固体中，使用声子的图像，则可认为电子被声子散射是金属电阻的一个主要原因，如果说，这还只是一种理论描述的话，那么，从实验上来讲，也可以说是能"检测"到声子的。例如，在特定的超声实验中，物理学家们确实通过用两个狭窄的超声束在相互作用中产生第三个声子束的手段，优美地演示了两个声子通过相互作用而产生第三个声子的现象。[2] 更明确的是，物理学家们还在实验中，利用声子对中子的非弹性散射，而确定

---

[1] H. E. Hall. 固体物理学 [M]. 刘志远, 张增顺, 译. 北京: 高等教育出版社, 1983: 73.

[2] C. 基泰尔. 固体物理导论 [M]. 杨顺华, 等, 译. 北京: 科学出版社, 1979: 157—158.

了声子的色散关系 ω（K）①。

再次，在"真实粒子"中，可能发生在不同种粒子之间的"转化"。例如，能量超过 1.02 兆电子伏的光子在原子核场的作用下，可以转化为一个电子和一个正电子，我们也可以发现，在铁磁体中的一个声子可以衰变成为一对磁振子。② 除典型的对应外，还有像一个声子可以衰变成为一对不同类型的声子，一个电子也可以吸收或发射出一个声子等的转变过程。

最后，我们还可以举出一个在声子和光子之间更为复杂，然而其哲学意义也许更深刻的相似对应。

在量子场论的理解中，粒子之间的相互作用是通过交换中间传递子而实现的。在电磁相互作用中，当我们考虑两个电子之间的库仑散射时，两个电子之间是通过交换一个光子而实现了相互作用的。其中一个电子先辐射出一个光子 γ，然后，这个光子又被另一个电子吸收。通过这样一个以光子作为中间媒介的过程，这两个电子之间在散射中发生了动量和能量的交换。然而，此过程中在电子间产生相互作用的光子 γ 是所谓的"虚光子"。它的特征是，在第一个电子放出 γ 而 γ 尚未被第二个电子所吸收的中间过程中，能量守恒定律不再得到满足，而这是由测不准关系

$$\Delta E \Delta t \approx h$$

所决定的。由此可以很容易地从理论上推论出，虚光子是不可能被观测到的。如果说对于像实际光子之类的粒子的实在性问题尚可讨论的话，那么，虚光子的概念可以说给对光子实在性问题的哲学讨论更增加了复杂性。

---

① C. 基泰尔. 固体物理导论 [M]. 杨顺华，等，译. 北京：科学出版社，1979：135—136.

② M. I. Keganov and I. M. Lifshits. Quasiparticles. MIR Publishers. 1979：63.

在上面的例子中，如果把光子γ换成声子q的话，那么，所描述的过程就成了电子与电子之间在电子-声子相互作用下的散射。同样的，由其中一个电子放出并由另一个电子吸收的也是虚声子，中间过程能量同样不守恒，虚声子同样不能被观测到。这种电子-声子的相互作用过程是具有重要物理意义的。因为在某些情况下，这种相互作用的过程能够在两个电子间产生一种弱吸收力，[1]它是超导BCS微观理论的基础前提。这样，除实际光子与"实际"声子之间的对应相似外，我们又看到了虚光子与虚声子之间的对应相似。

六

科学实在论流派众多，理论也是形形色色。仅仅何为科学实在论这一问题，就远非是简短几句话所能全面概括的。然而，至少在一种朴素的说法中，科学实在论认为科学所给予我们的关于世界的图景是真的，而且它所设定的实体确实存在。或按哲学家塞拉斯的说法，即"有好理由接受一个理论就是有好理由相信该理论所设定的实体是实在的。"[2]这里，其实也有若干不易澄清的问题。例如，如何才算是"理论设定的实体"呢？像声子这样的准粒子算不算？而且，像关于电子之类"真实"粒子的实在论的争论，经常是涉及理论实体的经验可参照物将随科学理论的变化而改变的问题，但声子无此问题，可见它对实在论的讨论将是一个

---

[1] A. C. 罗斯-英尼斯，E. H. 罗德里克. 超导电性导论[M]. 章立源，毕金献，译. 北京：人民教育出版社，1981：112—114.

[2] B. 范弗拉森. 拯救现象[J]. 孙永平，译. 自然科学哲学问题 .1989（3）：15.

有启发性的新案例。

从前面的讨论中，我们可以看到，物理学家们在最初引入声子概念时（或者说是后来的初学者在初学这一概念时），显然是明确地意识到声子仅仅是一种理论构造的。它们显然只是对固体中原子的集体运动状况的一种描述。然而，在此之后，当这一概念被用于实际物理问题后，声子就仿佛自主地逐渐变得实在起来。人们几乎可以不再考虑它的实在性问题，而只要把它像"真实"粒子一样对待就行了，并由此能够有效地解决物理问题，且使理论"有好理由"被接受。从而，物理学家们在此过程中（即由"发明"此概念到使用它的过程中），似乎是前后矛盾的。

再者，使人们难以理解的是，即使人们在使用声子概念的过程中，仍念念不忘它是从理论上构造出来的概念的情况下，却偏偏又不得不承认，"一个声子具有一个量子粒子所有的属性"。[1] 这一点，在前面对声子的性质及与光子的对比中，已很明显地展现出来了。哲学家哈金曾把实在论分为两种基本类型：关于理论的实在论和关于实体的实在论，并认为绝大部分物理学家是关于实体的实在论者[2]，那么，当实验物理学家在着手以声子为对象的实验，例如，利用中子与声子的散射来从实验上去测定声子的色散关系时，又该如何看待声子这种在理论上也许尚要被认为是"不实在"的对象的实在性呢？

诚然，物理学家们也承认，准粒子与"真实粒子"之间是有某种差异的。苏联物理学家卡加诺夫等人曾明确指出，准粒子与真实粒子的区别在于它们存在的"场所"[3]，即真实粒子可以存在

---

[1] M. I. Keganov and I. M. Lifshits. Quasiparticles. MIR Publishers. 1979：29.

[2] I. 哈金. 实验与科学实在论 [M] // 中国社会科学院哲学研究所自然辩证法研究室. 国外自然科学哲学问题. 北京：中国社会科学出版社，1991：43.

[3] M. I. Keganov and I. M. Lifshits. Quasiparticles. MIR Publishers. 1979：27—28.

（指运动、碰撞、转化等）于真空中，而准粒子则只能存在于一个由真实粒子构成的宏观体系内部，例如，一个声子是不能游离于固体之外的。这种差异也反映在声子的动量表述上。我们前面所讲的声子的动量（hK，K 为波矢）实际上严格地应称为准动量。它们在相互作用中遵循的守恒定律与通常的动量守恒是有所不同的，这恰恰反映了固体中晶格的周期性。但是，即使有这些差异，如果我们再限制得严一些，即只限于讨论固体之内的范围。那么，在此范围之内，准粒子与真实粒子之间在实在性上的差异又何在呢？我国物理学家郝柏林也曾谈到准粒子不能离开"环境"独立存在的问题，然而他接着便又指出，准粒子"作为物理对象的确定性，并不亚于任何'基本'粒子"。①

人们在对真实粒子的实在性的实在论或反实在论的哲学讨论中，不论是肯定还是否定它，其前提背景至少是有人在一开始相信它们是实在的。但是，声子这一具有特殊性的案例的引入，将使问题更加复杂化。声子（或更广泛地讲准粒子）与真实粒子（在特定的限制下）在实在性上难以区分的情况，将有可能使人们以新的眼光来看待原有的对真实粒子的实在性的讨论。这也正如夫伦克耳在其最先给出了声子这一名称时在声子一词之下的脚注中所言："这丝毫不是要以此来转达这样一种印象，即这种声子具有真实的存在；相反，引入声子的可能性倒使人怀疑对于光子的真实存在的信念。"②

---

① 郝柏林. 谈谈统计物理学的对象和方法 [J]. 自然杂志 1980(3): 649.
② J. Frenkel. Wave Mechanics, Elementary Theory. Oxford University Press. 2nd., 1936: 267—268.

懂一点 STS
鸡蛋里的骨头

《墨经》与阿基米德杠杆原理比较

在科学史，特别是古代科学史中，杠杆原理的发现是一个重要的事件。实际上，杠杆是人类最早使用的工具之一，人类对杠杆的利用，或许可以追溯到原始人社会。考古发现，"新石器时代的人们已在实践中懂得了杠杆的经验法则"。① 中国先秦时期利用广泛的衡器和桔槔等也是对杠杆的应用。古代埃及人也早就已熟悉了将杠杆作为工具来使用。如果说，迄今为止，在考古发掘中，在中国出土的最早的等臂天平是属于公元前4—公元前3世纪的话，在埃及出土的最早的等臂天平则属于公元前5000年左右。② 然而，对杠杆的利用与明确地将杠杆原理准确表述出来是两件不同的事。对于后者，在大多数中国科学史著作中，人们往往乐于提到在问世于约公元前5—公元前4世纪的《墨经》中对"杠杆原理"的论述，而在许多西方科学史著作中，则被提及的往往是古希腊的亚里士多德学派在《力学》中和阿基米德（Archimedes，公元前287—公元前212年）在《论平面的平衡》中对杠杆原理的"证明"。前者因为根据的是亚里士多德的运动理论，与现代观点有较大不同，所以阿基米德的证明更为著名。

曾有中国学者讲："有了已出土的不等臂秤的实物，再加上墨

---

① 戴念祖. 中国力学史 [M]. 河北：河北教育出版社，1988：196.
② O. Pedersen and M. Pihl. Early Physics and Astronomy. Elsevier. 1974: 103—104.

家对它的力学分析,我们完全可以肯定,在当时中国已经发现了杠杆原理,而这一发现较之古希腊的阿基米德要早二百多年。可见墨家在科学上的贡献是十分了不起的。"① 但是,如果我们将《墨经》与阿基米德的《论平面的平衡》中对"杠杆原理"之论述相比较的话,就会发现,像这种说法实际上是忽略了两者之间某些重要的差异。考虑到静力学是科学史上最早出现的代表性科学学科之一,对这些差异的注意,不仅对科学史的准确叙述有意义,而且对理解古代中国与古代希腊对科学理想的不同追求、不同的科学形态、不同的科学思维方式,以及这些差异对后来科学发展的可能影响,或许将会有一定的启发作用的。

一

在《墨经》中,以秤为例对杠杆原理的探讨如下:

《经下》:衡而必正,说在得。②

《经说下》:衡,加重于一旁,必捶,权重不相若也。相衡则本短标长。两加焉,重相若,则标必下,标得权也。③

国内诸家对《墨经》此条的断读与校释各有不同。这里以戴念祖在《中国力学史》中的解释为例。④ 捶:垂;标:秤杆之细小端;本:秤杆之粗大端;第一个"权"字:秤锤;第二个"权"

---

① 申先甲,等.物理学史简编[M].山东:山东教育出版社,1985:70.
② 谭戒甫.墨辩发微[M].北京:中华书局,1964:260.
③ 中国科学院自然科学史研究所.钱宝琮科学史论文选集[M].北京:科学出版社,1983:484.
④ 戴念祖.中国力学史[M].河北:河北教育出版社,1988:201—203.

字:"权力"(此处戴氏采用了钱宝琮的观点)。由此,《墨经》的此条可释为,当秤平衡时,在本端加重,则本端要下垂,此时权与重物二者不相当。若在本端加重后秤是平衡的,则秤必是本短标长。在本短标长的平衡情况下,两边加上相等的重物,标端必下垂,因为此时标端得到了较大的"权力"。

尽管国内诸家对《墨经》中此条的解释各异,但一个共同点则是认为《墨经》此条以秤为例对杠杆原理作了阐述。但我们应该注意到的是,这里实际上是以秤为特例对杠杆原理所做的定性的论述。戴念祖也承认,"《说》文对阿基米德杠杆原理的各种情形都讨论到了。唯一的不足,是墨家没有给我们留下数量关系的叙述"。但他认为"其原因可能和墨家的文风、书简的困难等各种条件有关"的看法,似只能作猜测来看待。此外,钱宝琮在对"权"字独特分析的基础上曾讲:"《经说》里的'权重'相当于现代力学里的力矩……我们认为:《墨经》的作者在简单机械的研究中已有力矩的初步认识。"这种看法也似过于牵强。

二

阿基米德的《论平面的平衡》,开篇便提出了 7 条实际上是作为公理的"假定"①,它们分别是:

(1)[距支点]距离相等的相等重物处于平衡;[距支点]距离不等的相等重物不处于平衡,而是趋向于在距离更大一端的

---

① M. R. Cohen and I. E. Drabkin. eds., A Source Book in Greek Science. Harvard University Press. 1958: 186—187.

重物。

（2）当处于［距支点］特定距离的重物处于平衡时，若添加某重量于其中一重物，则这些重物不处于平衡，而是趋向于被添加重量的重物。

（3）类似地，如果从其中一重物中取走某重量，则它们不处于平衡，而是趋向于未被取走重量的重物。

（4）当重量相等且相似的平面图形若彼此叠置则彼此重合时，它们的重心也同样重合。

（5）在重量不相等但相似的图形中，重心将处于相似的位置。对于相似的图形，处于相似的位置是指，若从它们向相同的角度画直线，则这些直线对于对应的边也构成相同的角度。

（6）若处在［距支点］特定距离的某些物体处于平衡中，则［另一些］与其重量相等处在相同距离的物体也将处于平衡。

（7）在任何其周界在同［一］方向是凹形的图形中，重心必定处在图形之中。

以上述 7 个假定或"公理"作为前提，阿基米德证明了 7 个"命题"和两个推论。其中前 3 个命题涉及对杠杆原理的定性描述。它们是：（1）在［距支点］等距平衡的重物重量相等；（2）在［距支点］距离相等重量不相等的重物将不平衡，而是趋向于重量较大的重物；（3）重量不相等的重物将在［距支点］不相等的距离上平衡，重量较大的重物处在距离较小的一端。虽然假定（1）、（2）、（3）和命题（1）、（2）、（3）构成了对杠杆原理的定性描述，但阿基米德对杠杆原理定量表述的证明是在其命题（6）（两物体的重量可通约）和（7）（两物体的重量不可通约）中。为了证明命题（6），还要用到命题（5）和推论（2）：若重量相等物体的各自重心等距地处在一条直线上，则体系的重心将重合于中间物体的重心上；若偶数物体各自的重心等距地处在一条直线上，且若中间的两个物体重量相等，同时［在两边］与中间两物体等距的物体分别重量相等，则体系的重心是中间两物体重心连线的中点。

下面我们先来较为详细地看看阿基米德对命题（6）的证明。

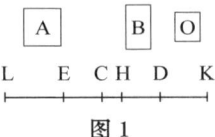

图1

设两物体 A 和 B 的重量是可通约的，如图 1 所示，A 和 B 分别是它们的重心。作一为 C 所分割的直线 DE，使：

$$A:B=DC:CE$$

这时所要证明的是，若将 A 置于 E，B 置于 D，则 C 是 A、B 两物体共同的重心。

由于 A、B 是可通约的，因此 DC、CE 也是可通约的。令 N 为 DC 和 CE 的一个公约数。作 DH、DK 等于 CE，作 EL 等于 CD。因为 DH=CE，故 EH 等于 CD。且 LH 为 E 所平分，HK 为 D 所平分。从而，LH 和 HK 包含偶数倍的 N。另取一量 O，使 A 包含 O 的倍数等于 LH 包含 N 的倍数，从而

$$A:O = LH:N$$

但

$$B:A = CE:DC = HK:LH,$$

于是，B:O = HK:N，或者说，B 包含 O 的倍数等于 HK 包含 N 的倍数，从而，O 是 A 和 B 的公约数。

把 LH、HK 分成长度等于 N 的等份，把 A、B 分成重量等于 O 的等份。A 的各部分的数目将等于 LH 的各部分的数目，B 的各部分的数目将等于 HK 的各部分的数目。分别置 A 的各部分于 LH 等于 N 的各部分的中点，置 B 的各部分于 HK 等于 N 的各部分的

中点。则在 LH 上等距放置的 A 的各部分总体的重心将在 LH 的中点 E［据命题（5）、推论（2）］，沿 HK 等距放置的 B 的各部分总体的重心将在 HK 的中点 D。由此我们可以假定 A 自身置于 E，B 自身置于 D。

但是，由 A 和 B 重量等于 O 的各部分构成的整个体系是一个由偶数的物体沿 LK 等距放置的体系。由于 LE=CD，EC=DK，LC=CK，所以 C 是 LK 的中点。因而，C 是这个沿 LK 排列的体系的重心。

因此，作用于 E 的 A 和作用于 D 的 B 平衡于 C 点。

以上就是阿基米德对于其命题（6）的证明，下面我们来看看对命题（7）的证明。

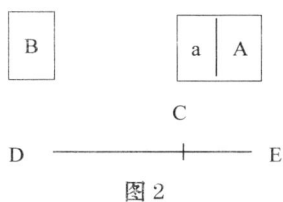

图 2

设有两物体的重量是不可通约的，令它们分别为（A+a）和 B，如图 2 所示，令直线 DE 为 C 所分割，并使：

（A+a）：B=DC：CE

若置（A+a）于 E 并置 B 于 D 不能使它们对于 C 平衡，则对于与 B 平衡来说，（A+a）或是过重，或是不够重。

设（A+a）过重，从（A+a）中取走一小部分重量 a，a 要小于使余下各部分与 B 平衡所需的减小量，又要使余下的部分 A 和 B 是可通约的。

于是，由于 A、B 是可通约的，而且 A：B < DC：CE，A 和 B 将不处于平衡［命题（6）］，D 将下垂。但这是不可能的，因为

从（A+a）取走的减小 a 是一不足以带来平衡的减小，所以 E 仍将下垂。

因而，对于与 B 平衡，（A+a）不是过重。类似地，可证对于与（A+a）平衡，B 也不是过重。

于是，（A+a）和 B 两者的重心在 C。

这样，阿基米德就普遍地证明了杠杆原理。

三

前面，分别考察了《墨经》中对杠杆原理的叙述和阿基米德的《论平面的平衡》中对杠杆原理的证明。我们会注意到，阿基米德从公理出发的证明是非常严谨的。实际上，阿基米德采用的是一种纯几何学式的证明。为了叙述的方便和易于理解，我们前面的假定（6）、命题（5）、推论（2）、命题（6）、命题（7）中使用了"物体"一词，而阿基米德在相应的地方使用的则是"量"（Magnitude）这个词，也就是说，他是以一定"量"的平面图形代表物体来做抽象证明。不同面积的平面可代表不同形状、不同重量的物体。假定（6）表面上看上去像是逻辑重复，但实际上它等同于假定：影响物体平衡的只是其重量和重心，不是其形状。阿基米德在对杠杆原理的证明中，实际上是利用了这一隐含的假定。当然，正像有人所讨论的，阿基米德所提出的 7 个假定或公理，实际上可以用为数更少的、表述更明确、更完备的 5 个公理来代替，但这已是站在现代的观点来看了。[①] 至于阿基米德所提出的

[①] O. Pedersen and M. Pihl. Early Physics and Astronomy. Elsevier. 1974：106.

假定是在什么程度上导源于经验，以及在做出证明之前杠杆原理在什么程度上被预先假定了，马赫、迪昂和其他许多学者曾有广泛的讨论，鉴于问题的复杂，这里暂不展开论述，但至少我们知道阿基米德也是一位著名的发明家，而不仅仅是纯数学家，因此他提出的假定背后当有相当的经验基础。不过这里我们关注的是，阿基米德并未仅仅停留在经验阶段。不仅阿基米德，古希腊还有亚里士多德学派对杠杆原理的"证明"。如前所述，对杠杆的实际应用可以追溯到更早，但古希腊的学者并不想立即作为经验结果来接受杠杆原理，而是在当时很强的数学倾向之下，要对之诉诸严格的证明。所以荷兰科学史家弗伯斯等认为，阿基米德的证明除了非常巧妙，在力学史上是十分重要的，因为"它开辟了一个自然科学分支进行数学研究的道路，对以后的发展具有强大的推动作用"。①

相应地，在这种对比之下，《墨经》中对杠杆原理的阐述就显得十分不同了。《墨经》只是将实践中得到应用的杠杆原理加以定性的总结和描述而已，这只是相当于阿基米德作为前提所用的部分公理。在杜石然等人编著的《中国科学技术史稿》曾这样讲："……我们可以看到墨家在科学上的贡献是很大的，尤其是他们所注重的实验手段，他们从具体事物中抽象出概念的科学方法，反映着春秋战国时期人们在开拓科学发展的道路上的新思想和新进展。可惜墨家所注重的实验手段与新开辟的这样一个对科学发展（特别是抽象科学）很有利的方向，在后世没有很好地继承与发展，其原因是很值得深入探讨的。"② 但在比较中我们可以发现，墨家的"抽象"与阿基米德的"抽象"程度是相当不同的。

---

① R.J.弗伯斯，等.科学技术史［M］.北京：求实出版社，1985：41.
② 杜石然，等.中国科学技术史稿［M］.北京：科学出版社，1984：124.

除去各种外部因素不谈，仅就内史而论，在科学发展的早期，有无一种强有力的数学抽象传统，有无一种对于严密理论体系的追求，就像表现在阿基米德对杠杆原理的证明中那样（从基本公理出发演绎出全部理论内容），对于后来的科学发展当有不可忽略的影响。

据说，阿基米德曾讲过一个有名的警句："给我一个可依靠的支点，我就能挪动地球。"而对科学的发展，追求数学抽象和公理体系的传统或许也是一个必要的支点。

科学哲学、科学史及科学文化专题研究

对1986—1987年高温超导体发现的历史再考察*

1986—1987年间在超导研究领域中出现的重要突破,在世界范围内带来了科学史中罕见的激烈竞争。至今,在拉开了7年"历史距离"之后,关于这段历史,许多当事人和一些记者已发表了不少著述,但其间说法不一致之处颇多,而前几年科学史家撰写的这段历史,限于当时可得的材料,现在看来也不够详尽和全面。① 基于现有的资料,以及笔者近来对中、日、美参与了当时工作的带头科学家所做的访谈,本文将首先回顾有关历史背景,然后对从1986年突破出现到1987年初液氮温区超导体最初发现的历史重新进行梳理,并在最后对此段竞争中出现的若干问题进行简要的讨论。

---

* 本工作得到了美国"美中学术交流委员会"(Committee on Scholarly Communication with China)的资助,使笔者得以在美国作为期半年的相关访问。研究期间完成了本文的大部分工作,本工作亦得到了美国物理学会下属的物理学史中心(Center for History of Physics,AIP)的部分资助。本文写作得到了 Lawrence Badash 教授的指导和王作跃博士的帮助。赵忠贤教授、田中昭二教授、北沢宏一教授和朱经武教授在百忙中接受了笔者的访谈。另有一位不知名的新加坡朋友热心寄赠了有关资料。在此作者特致谢意。

① 如:P. F. Dahl. Superconductivity:Its Historical Roots and Development from Mercury to the Ceramic Oxides. AIP. 1992:294—303. 又如:刘兵,章立源. 超导物理学发展简史[M]. 陕西:陕西科学技术出版社,1988:123—127。

懂一点 STS
鸡蛋里的骨头

一、背景与突破的开端

几十年来，阻碍超导电性得以广泛应用的最重大的障碍之一，就是已知超导体的临界转变温度（Tc）太低。虽经众多科学家在此方向的多年努力，但自从 1973 年在铌三锗中发现 23K 的临界转变温度之后，这一纪录一直保持了 13 年之久。如此之低的温度，通常要用代价昂贵的液氦手段才能获得，而对液氮温区（77K 以上）超导体的发现，则似乎成了一个难以实现的梦想。超导研究一度曾处于低潮。但是，1986 年，终于在对氧化物超导体的研究中出现了转机。

在国际商业机器公司（IBM）苏黎世研究实验室工作的瑞士科学家缪勒（A. Müller）可以说是超导研究领域中的一位"新手"。直到 1978 年他去 IBM 在美国的一家研究实验室作休假研究时，才接触到超导问题，并对氧化物超导体的研究产生了兴趣。1964 年，人们发现了第一个氧化物超导体，即锶钛氧化物，但 Tc 只有 0.3K。1975 年由斯莱特（A. W. Sleight）等人发现的 Tc 为 14K 的钡铅铋氧化物超导体，虽然吸引了若干科学家的注意力，但一时也未再有更惊人的进展。1983 年夏，缪勒邀请并说服了在同一实验室工作的贝德诺兹（J. G. Bednorz）一起进行研究，虽然对更年轻些的贝德诺兹来说，高温超导体的探索是不易有成果因而颇具"风险"的，但他还是在完成其他主要工作之外的业余时间与缪勒一道从事这项工作。

缪勒和贝德诺兹的最初设想是，在某些具有可导致畸变的所谓 Jahn-Teller 效应的氧化物中进行寻找。在两年多的时间里，他们先研究了镧镍氧化物系统，但没有成功。1985 年，在读到了法国科学家米歇尔（C. Michel）等人对钡镧铜氧化物所做的研究后，他们又将注意力转向这种含铜的氧化物。① 很快地，1986 年 1 月，他们在自己制备的钡镧铜氧样品中，利用电阻测量观察到了 30K 左右的起始转变温度。② 这是一个绝对令人兴奋又有些难以置信的结果。但为了保险起见，经验丰富的缪勒还是坚持继续重复实验，直到 4 月中旬，他们才向《物理学杂志》送交了论文。该论文于 4 月 17 日为杂志收到，论文被谨慎地题为《钡镧铜氧系统中可能的高 Tc 超导电性》。③ 由于要进一步确认他们发现的是超导电性，除电阻测量外，尚需测量其样品的迈斯纳效应，但当时他们手头甚至没有可用的仪器。定购的仪器到 8 月份才到货。④ 贝德诺兹和缪勒迅速调试好仪器，果然进一步的磁测量支持了他们原来的结论，当报道新结果的第二篇论文寄到《欧洲物理快报》时，已是 10 月 22 日了。⑤

在超导史上，曾多次有人宣称发现了高温超导体，但最终均以结果无法为他人所重复或被证伪而告终。由此大多数科学家对大多数发现高温超导体的报道总是持怀疑态度。很自然地，与对待重大科研发现的常规做法不同，贝德诺兹和缪勒除了送交论文去发表，他们没有再以任何其他的方式来公布这项划时代的成果。

---

① J. G. 贝德诺兹，K. A. 米勒. 钙钛矿型氧化物——实现高温超导的新途径［M］// 高学贤，译. 自然科学年鉴（1987）. 上海：上海翻译出版公司，1990：4.1—4.17.

② 按照 Hazen 的说法（R. M. Hazen. Superconductors: The Breakthrough. Unwin. 1988：xxvii），得此确切结果的日期为 1986 年 1 月 27 日（由于各地时差及日期的不同，本文中所用日期均指事件发生地的日期）。

③ J. G. Bednorz and K. A. Muller. Possible high Tc Superconductivity in the Ba-La-Cu-O system. Z.Phys.64B. 1987：189—193.

④ B. Schechter. The Path of No Resistance: The Revolution in Superconductivity. Simon and Schuster. 1989：83.

⑤ J. G. Bednorz. et al. Susceptibility Measurement Support High Tc Superconductivity in the Ba-La-Cu-O system. Europhys. Lett.，1987：379—382.

当然，据一份文献所讲，在等待测量迈斯纳效应的仪器到达的这段时间中，他们曾有少数几次向为数不多的人介绍其工作，但听众的反应"充其量只是不冷不热"而已。① 他们的第一篇文章直到9月份才正式发表（而他们第二篇关于磁测量的论文的问世已是1987年的事了），因此，在过了半年之后，广大的物理学界才有可能了解其工作。

按照贝德诺兹和缪勒原来的估计，别人对他们的工作的证实和接受恐怕至少要用2—3年的时间。② 此时，贝德诺兹和缪勒在超导物理学界并不是知名人物，其论文所发表的杂志也算不上是发表超导研究工作的最权威刊物，再加上历史上的教训，大多数超导物理学家或是并未留意到其工作，或是持怀疑态度。但是，在中国、日本和美国，毕竟有少数科学家敏锐地迅速抓住了这一难得的机会，正是由于他们的证实和进一步研究，使得事态后来发展的速度远远地超出了贝德诺兹和缪勒最初的预期。

二、反　应

9月底，中国科学院物理研究所的赵忠贤在物理所的图书馆中读到了贝德诺兹和缪勒刚刚发表的文章。③ 基于长期研究高温超导的背景，赵忠贤在回忆当时的想法时说："我认为缪勒的想法

---

① B. Schechter. The Path of No Resistance：The Revolution in Superconductivity. Simon and Schuster. 1989：83.
② K. A. Muller and J. G. Bednorz. The Discovery of a Class of High-Temperature Superconductors. Science. 237（1987）：1133—1139.
③ 1994年5月19日笔者对赵忠贤的访谈。

是有道理的。尽管对于真正的机制还不清楚，但我认为存在 Cu_3+ 与 Cu_2+ 之间的巡游电子将导致具有 Jahn-Teller 效应的 Cu_2+ 与无 Jahn-Teller 效应的 Cu_3+ 交替变化，从而将有利于造成很强的点阵不稳定，而又不引起结构相变。这将有利于超导体的临界温度。"[1] 正是根据这种将结构的不稳定与高温超导相联系的推理，赵忠贤相信了贝德诺兹和缪勒的结果，马上找人联系和筹备，于10月中旬和陈立泉等人合作开始了研究工作。同时，他也将自己的看法通知了国内外的一些同事。

在日本，反应也同样迅速而且更富有戏剧性。9月份，日本电子技术实验室的科学家就获得了消息，而且试图重复贝德诺兹和缪勒的实验，但没有成功。[2] 10月4日，在一次由文部省组织的关于超导材料的会议上，日本大学的关沢和子将贝德诺兹和缪勒文章的事告诉了同在参加会议的东京大学的北沢宏一，但后者并未相信这是真的，只是随后将此事随便地告诉了同事而已。直到11月初，他手下的研究助理高木英典找到了内田慎一和北沢宏一教授，建议将重复贝德诺兹和缪勒的工作作为本科生毕业论文的课题，因当时本科生已完成了研究生入学考试，正准备开始做论文。北沢宏一虽然同意，但他此时甚至忘记了论文的出处，再度查寻找到后，他建议用更简单的方法来合成材料。[3] 实验从11月6日开始，出人意料之外的是，仅仅在11月13日，北沢宏一就接到了高木英典的电话，得知本科生金沢尚一已成功地用磁测量证实了贝德诺兹和缪勒的结果。此后，东京大学的研

---

[1] 赵忠贤1987年在第三次世界科学院物理学奖获奖仪式上的发言。
[2] 1994年1月5日笔者对北沢宏一的访谈。
[3] K. Kitazawa. The First 5 Years of the High Temperature Superconductivity: Cultural Differences between the US and Japan. in Japanese/American Technological Inovation. ed. by W. D. Kingery. Elsevier. 1991: 119—127.

究工作才迅速全面展开。而金沢尚一也被人们类比灰姑娘而称为"灰小子"。① 这是国际上第一次对贝德诺兹和缪勒的工作的独立证实。11月19日，该研究小组的负责人田中昭二在日本举行的一次全部由日本人参加的会议上，首次简要地报告了他们的工作，由此迅速地引发了日本对高温超导体研究的热潮。② 他们首篇报道对钡镧铜氧高温超导体（其样品起始转变温度约为30K）的迈斯纳效应测量的论文，于11月22日被日本的《日本应用物理》杂志收到。③ 11月28日的《朝日新闻》对此也作了报道，将这一消息传向了世界。在此之前，东京大学工业化学系的另一个研究小组致力于新材料的研究，该小组的岸尾光二等人于12月18日发现了锶镧铜氧和钙镧铜氧的超导电性，虽然后者的转变温度只有18K，但锶镧铜氧却达到了37K的起始转变温度和33K的零电阻温度。他们还以笛木和雄教授的名义在12月23日递交了专利申请，这也是世界上第一份关于高温超导材料的专利申请。④ 有关的论文于11月22日也寄交到了日本的《化学快报》⑤。

在美国，是休斯敦大学的朱经武领先一步。11月6日，朱经武才首次读到了贝德诺兹和缪勒的论文，虽然在时间上要晚于中国和日本的科学家，但他立即召集了手下的研究人员并宣布，停

---

① Interview with Koichi Kitazawa. Supercurrents. March. 1989: 13—29.
② 1993年1月4日笔者对田中昭二的访谈。
③ S. Uchida. et al. High Tc Superconductivity of La-Ba-Cu Oxides. Japanese Journal of Appled Physics. 26（1987）: L1—L2.
④ K. Kitazawa. The First 5 Years of the High Temperature Superconductivity: Cultural Differences between the US and Japan. in Japanese / American Technological Inovation. ed. by W. D. Kingery. Elsevier. 1991: 119—127.
⑤ K. Kishio. et al. New High Temperature Superconducting Oxides. $(La_{1-x}Sr_x)_2CuO_{4-\delta}$ and $(La_{1-x}Ca_x)_2CuO_{4-\delta}$. Chemistry Letters. 1987: 429—432.

下一切工作，马上开始对钡镧铜氧超导体的研究。① 至于他相信的理由，在访谈中，他承认当时在物理上并没有什么推理，"我们当时一直在做钡铅铋氧化物，我们一直觉得在氧化物里搞超导是很有希望的，所以我们一看到他们的文章就绝对相信，虽然当时那些报道的结果量的还不是那么仔细。"② 他们的工作准备进展迅速，两三天内就开始了实验。到11月下旬，休斯敦小组得到了肯定的结果。在11月25日，他们甚至在钡镧铜氧样品中观察到了73K的超导转变，虽然这结果并不稳定，在第二天就消失而无法再现了，但这一迹象无疑更增强了他们的信心，成了新的动力。

12月初，材料研究学会的秋季年会（简称MRS会议）在美国的波士顿召开，其中的超导讨论会是在4—5日举行。碰巧北泽宏一和朱经武都参加了这次会议。据北泽宏一的回忆，或许是由于《朝日新闻》的报道，当时关于日本研究高温超导体的传言已不胫而走。③ 当他刚到达波士顿时，便有人询问，他的回答是："是的"，"非常有趣"。为此，他打电话给田中昭二，问是否可以在会上讲此新材料，但因为当时日本尚未确定新超导体的确切组分，田中坚持不要讲。因此，12月4日，北泽宏一只是在报告中按原计划讲了关于钡铅铋氧化物超导体的工作。之后，朱经武亦是报告有关氧化物超导体的工作，但在发言的最后，他简要地提到了休斯敦小组近来电阻测量的结果支持了贝德诺兹和缪勒的工作。这一消息的宣布当即引起与会者的兴趣和疑问。在此情况下，北泽宏一也终于按捺不住，在对朱经武报告的提问和评论时，上前宣布

---

① R. M. Hazen. Superconductors: The Breakthrough. Unwin. 1988: 19—23.
② 1994年3月15日笔者对朱经武的电话访谈。
③ 1994年1月5日笔者对北泽宏一的访谈。

了日本科学家自10月以来对新超导体所做的电阻和磁测量的结果。因为有了日本对迈斯纳效应的测量结果，使得这一证实更为令人信服。于是北沢宏一被要求并安排在5日专门就日本的工作再作一报告。但此时他却仍未得到田中的许可。适逢在日本时间4日的中午，日本方面最终确定了新超导体的组分，并在电阻测量中得到了零电阻温度为23K的新结果，于是在预定的报告时间之前，通过频繁的电话联系，田中终于同意了让北沢宏一报告。[1] 在5日的会议上，北沢宏一全面地介绍了日本的工作。

利用高压手段来研究超导也是朱经武的长项。12日，朱经武向权威的刊物《物理评论快报》寄出了关于在高压下的钡镧铜氧中发现起始临界转变温度为40K的论文。[2] 在MRS会议上，朱经武还找到了他原来的学生，在阿拉巴马大学工作的吴茂昆，邀请他一起工作。12月14日，吴茂昆小组通过替换成分，在锶镧铜氧中发现了39K的超导转变。到12月的第三周，朱经武领导的休斯敦小组在高压下又将钡镧铜氧的起始临界转变温度提高到了52.5K，并再次观察到了70K超导的迹象。[3] 关于这一新的结果的论文，于12月30日寄到了《科学》杂志。[4] 与此同时，贝尔实验室的卡瓦（R. J. Cava）等人也进展迅速地在锶镧铜氧中发现了36K的超导转变，并在29日将论文寄到了《物理评论快报》。[5]

---

[1] 1993年1月4日笔者对田中昭二的访谈。

[2] C. W. Chu. et al. Evidence for Superconductivity above 40K in the La-Ba-Cu-O Compound System. phys. Rev. lett. 58（1987）：405—407.

[3] R. M. Hazen. Superconductors: The Breakthrough. Unwin. 1988：43—44.

[4] C. W. Chu. et al. Superconductivity at 52.5K in the Lanthanum-Barium—Copper—Oxide system. Science. 235（1987）：567—569.

[5] R. J. Cava. et al. Bulk Superconductivity at 36K in $La_{1.8}Sr_{0.2}CuO_4$. Phys. Rev.Lett.，58（1987）：408—410.

虽然朱经武等人的第一篇论文到达《物理评论快报》的时间要早两个星期，但由于被要求修改等的拖延，直到1月份才与卡瓦等人的论文发表在同一期杂志上，但这也给了他们以机会，能够在1月6日添加的附注中，提到了对70K超导迹象的观察和吴茂昆小组对锶镧铜氧超导性的发现。12月30日，在休斯敦的新闻发布会上，朱经武总结了前段的工作，也简要提到了对70K迹象的观察。①12月31日，在美国的报刊中，《纽约时报》首次报道了休斯敦大学和贝尔实验室在高温超导研究方面的最新进展，包括70K的可能。②

中国方面的工作这段时间相对慢了一些，但也很快地跟了上来。到12月20日左右，赵忠贤等人也已在锶镧铜氧中实现了起始温度为48.6K的超导转变，并在钡镧铜氧中看到了70K的超导迹象，遗憾的是70K的超导迹象也是在热循环之后便消失而无法重复了。正是因为有了这个70K的迹象，他们才并没有像常规那样地接着马上就写文章和做结构分析，而是全力地试图重复70K的超导。③直到1987年1月17日，他们有关钡镧铜氧46.3K和锶镧铜氧48.6K起始超导转变的研究论文才送交到《科学通报》。④但在12月27日，《人民日报》就报道了发现70K超导体的消息。⑤

---

① R. M. Hazen. Superconductors: The Breakthrough. Unwin. 1988: 45.
② W. Sullivan. 2 Groups Report a Breakthrough in Field of Electrical Conductivity. New York Times. Dec.31. 1986.
③ 1994年5月19日笔者对赵忠贤的访谈。
④ 赵忠贤，等. Sr（Ba）-La-Cu氧化物的高临界温度超导电性［J］.科学通报，32（1987）：177—179.
⑤ 张继民，等.我国发现迄今世界转变温度最高的超导体［N］.人民日报，1986-12-26.

三、跃上液氮温区

在上面提到的工作中,除贝德诺兹和缪勒的第一篇论文外,其他工作的正式发表都是在1987年1月以后,但由于在会议上的宣布和新闻媒介的报道,发现高温超导体的消息早已传遍世界。众多科学家已投身到这项研究中来,并向着更高的目标,即做出液氮温区超导体而奋斗。竞争已趋于白热化。

此时,朱经武小组的工作仍处于领先地位。他们通过前段的高压研究,认识到应替换其他的元素,以及试做单晶,但一时又没有成功。于是,朱经武认为:"我们看看旧的日期,好早就已经看到有70K的迹象,而且70K迹象产生时往往在多相的样品中……所以我们决定找一个方法做一个样品,使得它经过热处理之后里面有一个不同成分的分布。如果我们运气好就可以看到高温。所以就特别做了一个样品,还是一个镧钡铜氧的样品,然后我们就看到了高温。这一个我记得很清楚,是1月12日。"[①] 只是在第二天再测量时,结果又完全消失了。但就是在12日,朱经武还是正式提交了一份关于许多氧化物,包括钇钡铜氧在内的超导专利申请,尽管此时,其中许多物质还并未成功地做成稳定的超导体。

作为朱经武的合作者,阿拉巴马大学的吴茂昆等人也在忙于新材料的研究。1月17日,吴茂昆手下的研究生阿斯伯恩(J. Ashburn)在一份家庭作业的背面草草地做了一项计算,在作了若干不同元素对晶格结构和临界温度的影响的假定后,他的计算预言钇钡铜氧将是最佳的超导体候选者。但当时他们手头没有现成的钇,于是吴茂昆便去其他部门借了一些来。1月28日钇钡

---

① 1994年3月15日笔者对朱经武的电话访谈。

铜氧样品按计算的比例被合成。① 1月29日下午，测量开始，在新合成的钇钡铜氧样品中，居然发现了起始转变温度达90K左右的超导电性（不过人们后来认识到这种超导体的组分与原初的计算预言并不一致）。吴茂昆立即通过电话将这一消息告诉了在休斯敦的朱经武。到这天晚上时，阿斯伯恩又合成了更多的材料，其测量结果更加理想。第2天，即1月30日，吴茂昆和阿斯伯恩便带着他们的样品飞抵休斯敦，以便用那里更精密的设备来重复检验这一结果。② 在休斯敦，这一结果果然被证实，又经改变制备条件的进一步努力，2月5日，朱经武便将两篇有关的研究论文寄往《物理评论快报》，分别报道了在常压和高压下钇钡铜氧的高温超导电性。③ 这就是人们对液氮温区超导体的首次发现！

2月16日，在休斯敦举行了新闻发布会。在会上，朱经武宣布了发现液氮温区超导体的重要消息，但没有公布新超导体的成分，并解释说，细节要到3月2日《物理评论快报》上的文章正式发表时才能公开。④ 但出乎朱经武预料的是，未经他同意，休斯敦大学理学院的院长温斯坦（R.Weinstein）将这一秘密泄露给了当地报纸的记者。当天，当地《休斯敦纪事报》的报道将新超导体的成分泄露了出去。⑤ 但幸运的是，几乎没有什么物理学家注意

---

① R. Pool. Superconductor Credits Bypass Alabama. Science. 241（1988）：655—657.

② B.Schechter. The Path of No Resistance：The Revolution in Superconductry. Simom and Schuster. 1989：92—93.

③ M. K. Wu. et al. Superconductivity at 93K in a New Mixed—Phase Y-Ba-Cu-O Compound System at Ambient Pressure. Phys.Rev.Lett.，58（1987）：908—910；P.H.Hor. et al. High-Pressure Study of the New Y-Ba-Cu-O Superconducting Compound System. Phys, Rev. Lett.，58（1987）：911—912.

④ R. M. Hazen. Superconductors：The Breakthrough. Unwin. 1988：70.

⑤ C. Byars. Discovery May Earn Billions. Nobel for UH. Hostoun Chronicle. Feb.16，1987.

到这份地方报纸上的报道。

在2月18—19日于日本伊东市举行的一次讨论氧化物超导体的会议上，鹿见岛诚一宣布说，他在东京大学的同事水上忍领导的小组已发现了一种临界温度高达80K的新超导体。①但这种超导体的成分并未公布。实际上，这就是他们独立于朱经武等人发现的在液氮温区之上的钇钡铜氧超导体。他们的论文于2月23日寄到《日本应用物理》杂志，并于4月份才发表。②总的来说，除了北沢宏一在MRS会议上的宣布，日本科学家的工作大多是在日本国内宣布的，而且其论文又正式发表得较晚，这在一定程度上影响了外界对日本工作的了解。

在中国方面，由于1986年12月底在钡镧铜氧中发现了70K的超导迹象，赵忠贤等人主要集中精力于重复这一结果，尽管当时所里搞理论的人和一些年轻人提出了掺杂和替换元素的设想，但由于工作条件太差，烧样品的炉子不够，低温测量也困难，便拖延了一些时间。③大约到1987年1月底，赵忠贤等人开始怀疑杂质的问题。因为当时做有70K迹象的样品时所用的原料竟是从仓库中找来的1956年生产的，含有较多杂质。而后来用较纯原料做出的样品，转变温度全在30K左右。于是他们坚持在多相材料中寻找，并替换其他成分。他们在与国内外同行的交流中也曾就这些想法交换了意见。当组里有人从《美国之音》中听到了朱经武在2月16日（美国时间）新闻发布会上宣布发现90K超导体的消息时，赵忠贤等人反而觉得减轻了压力，因为这证明他们正在

---

① S.Tanaka, Research on High—Tc Superconductivity in Japan, Physics Today, December, (1987): 53—57.

② S. Kikami, et al, High Transition Temperature Superconductor: Y-Ba-Cu Oxide, Japanese Journal of Applied Physics, 26 (1987): 314—315.

③ 1994年5月21日赵忠贤给笔者的信。

做的工作是有道理的。当然，这里也有遗憾。① 终于，2月19日，他们在钇钡铜氧中发现了起始温度高于100K，中点温度为92.8K的超导转变。与以前不同，这一次，他们迅速地在第二天就将论文写成并寄出，并办理申请专利。《科学通报》于2月21日收到论文，② 但专利申请却没有成功，因国外已申请在先了。

中国科学家此时的另一项明智决定是，在2月24日召开了新闻发布会，正式公布了赵忠贤等人的成果和新超导体的成分。2月25日的《人民日报》头版刊登了这一消息。③ 这是首次对液氮温区超导体成分的正式公布。

刊有朱经武等人论文的3月2日号的《物理评论快报》也提前在2月25日就为美国东海岸的许多实验室所得到。在此情况下，2月26日下午，朱经武在美国西海岸的加州大学圣巴巴拉分校也宣布了新超导体的成分。④ 尽管如此，包括考虑到在《休斯敦纪事报》上刊载的非正式消息，在世界范围内，影响最大、流传最广的还是《人民日报》的报道。例如，正是在听到《人民日报》报道的消息后，美国贝尔通讯实验室的化学家特拉斯康（J-M. Tarascon）才想起自己早在1月3日就曾制备了5块钇钡铜氧样品而从未对之做超导测试，此时，只经几个小时的测试，便发现其中竟有两块是超导的！有关的论文被赶在2月27日（周五，美国的周末）前送往《物理评论快报》编辑部，虽然信使没能在下午5点关门前赶至，但他还是设法吸引了一位迟走的工作人员的注意，

---

① 1994年9月14日笔者对赵忠贤的访谈。
② 赵忠贤，等. Ba-Y-Cu氧化物液氮温区的超导电性［J］. 科学通报 .32（1987）：412—414.
③ 我国超导体研究又获重大突破，发现绝对温度百度以上的超导体. 人民日报，1987-2-25.
④ R.M. Hazen. Superconductors：The Breakthrough. Unwin. 1988：73.

终于在论文上盖上了 2 月 27 日收到的印记,从而创下了论文送交速度的一项新纪录。①

当然,在第一种液氮温区超导体发现的激励下,更多的科学家随后又陆续发现了许多其他的液氮温区超导体,超导临界转变温度不断得到提高,对高温超导体的基础研究和应用研究也不断深入,但限于篇幅,本文不再进一步讨论。

四、竞争中的几个问题

在如前所述的这段时间中,世界范围内探索高温超导体的竞争的激烈程度,是科学史中罕见的。这里不仅在意识上有对诺贝尔奖之类荣誉的竞争,更有潜在的巨大商业价值的诱惑,竞争名次和优先权的时间标度,甚至是以小时来计算的,而且已不是像通常那样按论文发表的日期先后,各种大众媒介亦成了重要的传播手段。同时,在此特殊时期的科研竞争中,也出现了一些较有争议、值得进行科学社会学家研究并且在科学史的叙述中无法回避的问题。这里,择其重要者作简要讨论如下。

首先是两个在《科学》杂志上都曾有过讨论的问题:一涉及朱经武在递交论文中对符号的使用,②另一涉及公众在荣誉上对工作参与者的承认。③

当钇钡铜氧液氮温区超导体刚刚被发现时,朱经武马上就与《物理评论快报》编辑部联系协商。为了防止泄密,他先是提出是

---

① R. M. Hazen. Superconductors: The Breakthrough. Unwin. 1988: 73.
② G. Kolata. Yb or Not Yb? That Is the Question. Science. 236(1987): 663—664.
③ R. Pool. Superconductor Credits Bypass Alabama. Science. 241(1988): 655—657.

否可不经评审而发表,在这一要求被否定后,又提出是否可在论文中用星号来代替关键的化学信息,到排字前再补上正确的公式,这一要求又被再次否定了。最后达成的协议是,由作者和编辑共同认可(而不是像通常那样对作者保密)的两位评审人来评审。当然,朱经武坚持在论文正式发表前,论文中的信息绝不能泄露出去。[①] 论文由秘书打印好后,用快递分别向编辑部和评审人寄出,于6日便寄到收件人手中。四天之内,两篇论文就通过了评审并付排。除再由朱经武保留一份外,组中的其他人都没有看到论文。不过,这两篇论文中数十处代表元素钇的符号Y却被打印成了元素镱的符号Yb,表示组分的数字系数1也被打印成了4。但不出几日,果然有信息被泄露了出去,关于镱的传言四处传播。关于打印错误是怎样发现的,有不同版本的说法,但共同的是,直到2月18日论文马上就要付印前,朱经武才打电话给编辑部,说有打字错误并做了更正。

由多人论及的此事,可以分几个方面来讨论。首先,这是否真是一打字错误?按一位声称曾采访过阿斯伯恩的作者的说法,据吴茂昆的学生阿斯伯恩的回忆,在休斯敦大学确曾有一次由朱经武、吴茂昆和朱经武的几位学生参加的会议,讨论为防止泄密而在论文中采用"打字错误"的事。[②] 在访谈中向朱经武问及此事时,朱经武的回答是:"我现在还是不想作评论。因为不管你怎么讲,人家都不相信你,人家想别的。我想以后大家会慢慢清楚的。"[③] 其次,这一消息到底是怎样泄露出去的?当论文在周四(2月4日)寄出后,周末传言就甚至已传到了欧洲!黑曾(R. Hazen)在其书中详细地分析了多种的可能性,在各个环节中,至

---

①② B. Schechter. The Path of No Resistance: The Revolution in Superconductivity. Simon and Schuster. 1989:98.

③ 1994年3月15日笔者对朱经武的电话访谈。

少有 25 人可能读到论文，此外还有更多其他偶然泄密的可能，如编辑部的计算机登录系统防范并不严密而有可能让他人通过计算机联网而得知论文内容等。事情的真相至今仍是一个难以确证的谜。再次，如果"打字错误"是有意设计的，那么这种做法从科研伦理规范上应如何评价？从常规上说，有意做假当然不对，但事实是信息确实被泄露了出去，不管是偶然的失误还是有意的设计，符号 Yb 确实保护了朱经武的利益。这可以说是向科学社会学家提出了一个两难的问题。正如一位 IBM 的研究人员所说的那样："坦率地讲，如果我是朱经武的话，在发表之前我甚至不会将化合物写入论文。人就是人，像这样的结果必定是要泄露出去的。"[1] 有趣的是，与此相反，在《休斯敦记事报》上泄露的真实成分倒没有成为传播广泛的传言。再则，虽然那些听信传言转向研究镱的人会心怀不满，除了浪费时间，纯镱氧化物的价格也不菲，但日后人们却发现，镱钡铜氧竟然也是液氮温区超导体，只是当时人们（包括朱经武）没有成功而已。

在笔者对北泽宏一作访谈时，北泽宏一提到他们在《人民日报》上读到赵忠贤等中国科学家发现液氮温区超导体，成分是镱钡铜氧，这一消息来源使得许多日本的研究者去做镱钡铜氧。[2] 为此，笔者专门再次查阅了载有这一报道的《人民日报》国内版和海外版，发现所印内容中讲的成分确系钇钡铜氧，而非镱钡铜氧。故这种说法和解释是不对的。本文前面提到的美国科学家根据《人民日报》的报道做成钇钡铜氧超导体的事例也证明了这一点。

如前所述，最初的液氮温区超导体是由朱经武的合作者、阿拉巴马大学吴茂昆小组制出的，但后来在传播媒介和公众舆论

---

[1] G. Kolata. Yb or Not Yb? That Is the Question. Science. 236 (1987): 663—664.
[2] 1994 年 1 月 5 日笔者对北泽宏一的访谈。

中，荣誉的光环却集中地罩在了朱经武身上。后来，对于吴茂昆小组工作的独立性和朱经武在其中的作用等，又出现了不同的说法。也有人为吴茂昆打抱不平。① 但事实上朱经武本人的做法并无不当之处。在发表的关于常压下钇钡铜氧超导电性的论文中，他将吴茂昆小组的人员署名在休斯敦小组的人员之前，而自己则名列最后。至于公共舆论的问题，则可视为是科学社会学中"马太效应"的一个典型案例。其实，在这场竞争中，类似的问题不仅于此。在日本东京大学的研究中，最初制备钡镧铜氧超导体和以电阻法测出23K超导转变的，分别是两位本科生，但在发表的文章中却没有他们的署名。笔者就此问及北沢宏一时，他讲：只因为他们是本科生，如果他们是研究生的话，我们就会将他们署名了。

朱经武的合作者之一，参与了超导体结构测定的黑曾在他回忆这场竞争的书中，针对中国几次获得成果和宣布成果都是在朱经武获得成果后不久，数次暗示有人将秘密消息传到中国。他特意提到在2月16日休斯敦的新闻发布会上一位姓杜的中国外交官也来出席，并认为他可能会注意到《休斯敦纪事报》上的报道。黑曾在书中还提到，有证据表明在休斯敦大学物理系中有工业间谍存在。但在访谈中，朱经武则表示不愿谈及这个问题。

在笔者对赵忠贤的访谈中，赵忠贤谈到，在做钇钡铜氧的过程中，他们是在探索的工作中认识到像杂质和多相等的作用，从而独立地发现了钇钡铜氧超导体。"如果我们在开始的时候，在对外交往中，不是那么缺少经验，不是那么天真，如果我们的实验条件再稍稍好那么一点的话，那就会是由我们发现，而不仅仅是'独立'发现液氮温区超导体了，因为我们最早认识到缪勒的工作

---

① R. Pool. Superconductor Credits Bypass Alabama. Science. 241（1988）: 655—657.

的意义和杂质的作用。"①

最后,贝德诺兹和缪勒因其重要发现仅仅在一年后便获得了 1987 年度的诺贝尔物理学奖。按照一种说法,其他人未能获奖是因其发现的宣布均在 1987 年 1 月 31 日的提名截止日期之后。② 无论如何,评奖委员会的这种抉择毕竟免除了众多可能的争议。当然,对于未来高温超导体的研究者们来说,诺贝尔奖的大门仍敞开着。

---

① 1994 年 9 月 14 日笔者对赵忠贤的访谈。
② R. M. Hazen. Superconductors: The Breakthrough. Unwin. 1988: 256.

科学哲学、科学史及科学文化专题研究

玻尔与超导物理学 *

尼耳斯·玻尔（Niels Bohr，1885—1962）是 20 世纪最著名的物理学家之一。超导物理学也是 20 世纪物理学中最重要的发展领域之一。一方面，虽然玻尔对于物理学最重要的贡献并不在超导物理学领域，但他却曾很早就对超导的理论研究产生兴趣，物理学家卡西米尔（H. G. B. Casimir，1909—2000）甚至说玻尔"对超导现象的迷恋是至死不渝的"。① 因此，考察玻尔在超导物理学方面的探索，对于玻尔研究来说将是有意义的。另一方面，虽然从目前的观点来看玻尔对超导的探索，并不在超导理论的历史发展的主线之内，也算不上成功，但是在超导物理学的发展中，失败的探索可谓不计其数，对于"失败"工作的研究在科学史中本应占有一席之地，而在这种研究中，像玻尔这样的大物理学家的工作，自然处于突出的地位。长期以来，对于玻尔与超导的关系人们谈论很少，据笔者所见，只有苏联科学史家雅维洛夫（Б. Е.

---

* 在本文的准备和写作过程中，承丹麦玻尔文献馆（Niels Bohr Archive）的 Felicity Pors 女士向本文作者提供了存于该馆且未公开发表的有关原始材料，Felicity Pors 女士还热情地帮助将部分丹麦文的信件译成了英文。在联系寻找原始材料的过程中，戈革先生和范岱年先生提供了重要的帮助。仲维光先生曾对作者阅读部分材料提供了帮助。作者在此一并致谢。
① 罗森塔尔，尼尔斯·玻尔翻译组，译. 尼尔斯·玻尔 [M]，上海：上海翻译出版公司，1985：113.

Явелов）曾专门撰文论及此事。① 本文将主要根据有关材料，特别是一些藏于丹麦玻尔文献馆的若干材料（包括书信、未正式发表的文章校样及手稿等），就玻尔在 20 世纪 30 年代和 50 年代对超导的研究探索做一简要的考察。

一、20 世纪在 30 年代

1911 年，荷兰物理学家卡末林-昂内斯（H.Kamerlingh Onnes，1853—1926）在液氦温度下的汞中最先发现了超导现象。随后，人们又逐渐发现有更多的金属在低温下具有这种特殊的性质。然而直到 30 年代以前，人们对超导电性的理论探索，甚至只是纯现象的理论探索都一直不成功。就从第一性原理出发的超导微观理论研究来说，1925 年量子力学的问世，可以说是在原则上具备了可能性，但也仅仅是在原则上而已。1928 年，布洛赫（F.Bloch，1905—1983）提出了金属的量子力学电子理论，为解释正常金属导电奠定了基础，在这种成功面前，似乎解决超导理论问题已是一个为期不远的现实目标。但是超导史的发展表明情况远非如此简单。例如，直到 1933 年超导体的迈斯纳效应（即完全抗磁性）被发现之前，人们对超导电性的认识并不完整，还只限于电阻为零的现象，倾向于将超导体作为一种理想导体来对待。因此，此时在实际上还远不具备提出成功的超导微观理论的其他条件。这就是玻尔最初从事超导研究时的大致背景。

---

① Б. Е. Явелов. Н. Бор и Проблема Сверхпроводимости. Вопросы Истории Естествознания и Техники. 1986（1）：62—68.

从玻尔自身工作的背景来说，值得注意的是，他于1909年问世的硕士论文的题目为《试论述电子论在解释金属的物理性质方面的应用》，他于1911年春完成的博士论文，则更为详尽，是全面的金属电子论的研究。在这篇博士论文中，至少已经涉及了金属与合金的电导率随温度变化的理论问题和相关的某些实验结果。这表明了玻尔早期研究的某种兴趣所在。当然，在玻尔撰写其博士论文时，超导现象还未被发现，我们也无法期待当时玻尔仅仅在经典的理论框架内的理论探讨，便会直接触及超导这一后来只是在实验中才被发现而且长期使理论家们疑惑不解的惊人现象。1914年3月，玻尔为他在哥本哈根大学讲授金属电子论所写的讲稿提纲中，在历史概述部分，几次提到了卡末林-昂内斯对液氦温度下的电导率的研究，并将之分别列入"电子论所面临的困难"及"通过量子论的应用来克服困难的尝试"的小标题之下。① 应该说，玻尔在这里就已直接涉及了超导的问题。

玻尔自己考虑从事超导问题的研究，从可见的证据来说，至少可以追溯到1928年，因为在泡利（W. Pauli，1900—1958）的信件中，曾提到过他在此年的9月中旬与玻尔和克莱恩（O. Klein，1894—1977）一起讨论了超导电性。② 但玻尔集中地研究超导问题似应始于1932年春天，此时，他开始着手撰写一篇关于超导的短文，并就其在这篇短文中的想法与布洛赫、罗森菲耳德（L. Rosenfeld，1904—1974）、克朗尼希（R. de L. Kronig，1904—1995）等人进行了大量的讨论。1932年6月15日，玻尔在给布洛赫的信中说："……特别是，这些日子，我将尤其愿意与你谈论

---

① J. 汝德·尼耳森. 尼耳斯·玻尔集（第一卷）[M]. 戈革，译. 北京：商务印书馆，1986：335—336.

② Б. Е. Явелов. Н. Бор и Проблема Сверхпроводимости. Вопросы Истории Естествознания и Техники. 1986（1）：62—68.

懂一点 STS
鸡蛋里的骨头

一些关于金属中的传导的问题，我对这些问题非常感兴趣。它们包括一些与超导电性有关的想法，我想到了这些想法而且无法放弃，尽管我实在搞不懂从超导向正常电传导的转变。"在描述了关于他的设想的一些技术性的细节之后，玻尔接着说道："我们必须假定……向这样一个态（在其中电子以非协同的方式彼此运动）的转变，将可以精确地类比于固体的熔化，但我直到目前还不能（向我自己）澄清对这种转变过程的认识。超导代表了整个电子格子的协同运动，这个假定显然是旧有的，但正如只有量子力学能让我们提出与经验更密切相关的在金属中'自由'电子之存在的概念一样，似乎只有通过量子力学，以上述方式，才有可能理解这两种格子怎样能够彼此相互运动而无阻力和无明显的畸变。我将很高兴听到你如何看待这整个的问题。"①此后，玻尔与布洛赫的确进行了有关讨论。1932 年 7 月 5 日，玻尔在给戴尔布吕克（M.Delbruck，1906—1981）的信中提道："……我有了一个关于超导的想法，对之，在罗森菲耳德的帮助下……一篇小文章我已送交《自然科学》。……在从柏林去布鲁塞尔的路上，我与布洛赫进行了活跃的讨论……"②7 月 7 日，玻尔在一艘游艇上写给海森伯（W. Hensenberg，1901—1976）的信中，也讲道："我刚刚从布鲁塞尔回来……我和布洛赫在柏林度过了很愉快的一天，并且在超导性问题方面进行了很有益处的讨论……在罗森菲耳德的协助下，我在回家的路上给《自然科学》寄去了一篇关于这个问题（即超导——笔者注）的短文，而我现在对这一切多少抱着梦想，直到我从挪威回来并收到校样时为止。"③

---

① Bohr 给 Bloch 的信，1932 年 6 月 15 日，现存于丹麦玻尔文献馆。
② Bohr 给 Delbruck 的信，1932 年 7 月 5 日，现存于丹麦玻尔文献馆。
③ E. 吕丁格尔. 尼耳斯·玻尔集（第八卷）[M]. 戈革，译. 北京：科学出版社，1992：724.

玻尔这里谈到的短文，即是他 6 月份给《自然科学》(Naturweissenschaften)所写的题为《关于超导问题》的论文，但此文最终没有正式发表。[①] 在这篇论文中，玻尔试图用新近发展起来的量子力学来解释超导现象，而且在实际上仍是将超导现象理解为一种理想的无限导电的现象。他首先在分析了用当时已有的理论（包括由布洛赫新近发展起来的量子力学金属导电理论）来解释超导现象的困难，认为"根据在金属中电子互相独立地运动的假定，就不能理解卡末林-昂内斯所发现的在某种温度下某类金属的电阻突然消失的现象"。也就是说，在玻尔看来，关键问题是当时这些理论都采用了电子在金属中彼此独立运动的概念，而要解释超导现象，则必须要考虑电子之间的相互作用。不论就当时还是就后来的发展来说，这种想法是完全正确的，只是对于导致超导现象产生的电子间相互作用的研究远非易事，当人们真正找到正确的方向时，已是将近 20 年之后了。

玻尔在他的这篇论文中，并没有明确地指出他所要考虑的电子间的相互作用具体是什么相互作用，但它大约相当于库仑相互作用。玻尔以极简要的计算，假定表述载运超导电流的令人满意的整个电子系统的波函数，可以通过对正常基态波函数稍加修正而构造出来。由此，玻尔认为他得出了与经典观点相反的结果，即通过量子力学，或许可以把超导电流解释成一种完全耦合的电子系统相对于金属中离子晶格点阵的位移运动，而且这种位移不会破坏电子之间的彼此关联。在稍高于绝对零度的温度下，在正常情况时，电阻的出现是由于金属晶格的热振动对电子的散射，而与满足以上要求的那种整个电子系统的波函数相关的超导电流出现时，则不会出现从电子体系到离子晶格体系之间的类似于正

[①] N. Bohr, Zur Frage der Supraleitung, 未发表的校样，现存于丹麦玻尔文献馆。

> **懂一点 STS**
> 鸡蛋里的骨头

常情况下的脉冲转移。按照这种考虑，由于取消了导致产生电阻的原因，玻尔认为亦可解释合金的超导电性。

玻尔对温度进一步升高的情况只给出了推测性的解释，即在更高的温度下，除了电子系统具有最低能量的状态，还会出现许多有更高能量的、在统计学上与自由电子的麦克斯韦分布相一致的状态。虽然详细地追踪这种过渡过程是一个非常困难的任务，但根据超导性在某一温度下突然消失的以往实验结果，玻尔至少提出了这样一种设想：在从超导态向正常态的跃变点，所涉及的是一个从前卡末林-昂内斯曾强调过的某种类似熔化的过程。在论文的最后，玻尔表示了对布洛赫和罗森菲耳德讨论的感谢。

从玻尔在 7 月 22 日给克莱恩的信中可知，就在 7 月份，玻尔便收到了他这篇超导论文的校样，并准备努力尽快地完成对校样的改定。① 虽然玻尔在论文中承认他的讨论仅仅是定性的，但他无疑相信自己的想法的正确性。不过，在修改校样的过程中，又出现了一些情况，使玻尔将此校样扣了下来而未寄回《自然科学》。首先是，在 8 月份，克朗尼希的一篇关于超导的论文发表于《物理学杂志》②。克朗尼希在其论文中假定，由于在电子之间相互作用的增加，在绝对零度以上几度内，金属中存在有与离子晶格相交织的、刚性的电子格子。从超导态向正常态的转变点就是电子格子的熔点，这一熔点由电子的热运动所决定，就像原子晶格的熔点一样。他假定这种电子格子可以整体地通过金属而移动，因为是刚性的，所以不会将能量释放于离子晶格。玻尔从他人的来信中知道了克朗尼希的工作。其次，玻尔发现他的理论很

---

① Bohr 给 Klein 的信，1932 年 7 月 22 日，现存于丹麦玻尔文献馆。
② R. de L. Kronig. Zur Theorie der Supraleitfahigkeit. Zeitschriftder Physik. 78（1932）：744—750.

难与在加拿大用射频电场进行的超导实验的结果相协调。10月17日，玻尔给克朗尼希去信说："麦克伦南（Mclennan）刚刚给我来信，说你关于超导有一些想法，就我所见，这些想法与我们近来所考虑的想法很相似，就此，在春天，我给《自然科学》写了一短文，随信附上校样的副本。我推迟了寄回校样，部分是由于我后来继续研究这个问题，并就某些要点做了些进一步的思考，部分是由于我发现很难提出与麦克莱恩的实验相一致的答案，这实验是关于在临界温度与用来测量超导的交变电流的周期之间的联系的。按照麦克莱恩最近发表的文章，这问题使我疑虑，但是，我认为人们可以从他的实验中得出意义深远的结果。此外，通过与布洛赫和罗森菲耳德新近的讨论（他们目前都在哥本哈根），我意识到，人们不仅像我已理解的那样，就磁场对临界温度的影响得出定性的解释，而且这些观点可能导致对条件的定量解释。因而，我认为，最好不要等更长时间就发表我的短文，或许是以某种修改和扩充的形式。但在我采取任何行动之前，我想听到你更详尽的看法，以及你对之要做些什么。如果你愿意并且有时间来哥本哈根几天，与布洛赫、罗森菲耳德和我讨论整个的问题，我们将非常高兴。当然用不着说研究所准备付给你全部的旅行费用。"①

接到信后，克朗尼希果然在10月22日至26日访问了玻尔的研究所，并与玻尔等人进行了讨论。克朗尼希走后，玻尔在28日给克莱恩的信中讲："我们的计划又因为克朗尼希的来访而有一些新的变化。克朗尼希是来和我们讨论超导性问题的。他已经写了一篇关于这一课题的文章，或许即将在下一期 Z. Phys 上发表。他设想各电子在低温下形成一个固定的晶格而在金属中传

---

① Bohr 给 Kronig 的信，1932年10月17日，现存于丹麦玻尔文献馆。

播,而这个晶格在高温下就会熔化。从外表看来,这种诠释和我的诠释有点相像,但是你知道,我相信在从超导性到正常导电性的过渡中包含着一种无法用这样直观的图景来描述的过程。我仍然认为我的解释是正确的,但是由于某些困难阻止了我的小论文的完成,因此我还没有发表它,而我在大约一个月以前是曾经费了许多时间试图写完它的。尽管如此,我还是正在考虑加上一段后记就在现有的形式下发表它;在后记中,我即将论述克朗尼希诠释中的困难,也将论述在确认我的诠释以前还有待克服的那些困难。我们希望不久能在这里见到你,那时我们也许能够更仔细地讨论这个问题。"① 在此期间,布洛赫亦来访玻尔的研究所,并参与了玻尔和克朗尼希的讨论。其实,从一开始在玻尔与布洛赫的讨论中,布洛赫就持有不同的看法。正如布洛赫在 7 月 12 日写给玻尔的信中所谈的:"我对在柏林进行的讨论也很感高兴,并且祝贺您在《自然科学》上发表的关于超导性的短文。我当时的看法绝不是什么'毁灭性的批判',而是认为您的想法中确实可能包含着问题的解。我只想指出,在估计电流的数量级时应该慎重一些。在这方面,我确信紧密束缚电子模型的讨论是和问题有某种关系的。无论如何,看到您的短文的修订本总是使我感兴趣的。"② 玻尔在 10 月 28 日给海森伯的信中讲道:"在过去几周中,我们(指玻尔与布洛赫等人——笔者注)再次就超导问题进行了活跃的讨论。讨论是由于与麦克莱恩的信件交流及克朗尼希的来访所引起的……克朗尼希的观点与我的观点在表面上有某种相似性,但正如布洛赫将更详细地告诉你的那样,我认为,如果可能

---

① E.吕丁格尔.尼耳斯·玻尔集(第八卷)[M].戈革,译.北京:科学出版社,1992:733—734.
② E.吕丁格尔.尼耳斯·玻尔集(第八卷)[M].戈革,译.北京:科学出版社,1992:625.

的话，此想法包含了某些更本质的问题。"① 对克朗尼希来说，讨论使他认识到，在他原来的模型中，晶格之间的势垒将会阻止电子格子的位移，因此，在 1932 年年底，他在一篇新的论文中，修正了原来的模型，改为电子格子保持位置的固定，但一种单个的一维电子链则可沿其长度方向自由地移动。② 不过，就玻尔这方面来说，问题却仍未解决。因为玻尔更是认为超导是一个纯量子的问题，它在相当的程度上避开了依靠基本力学图景的直观，并在 12 月 27 日给克朗尼希的信中，谈到他发现这一问题很难与克朗尼希在其改进了的处理中的细节相符。③ 布洛赫也仍在继续扮演他作为批判者的角色，并使反对的意见更加具体，他在 12 月 30 日给玻尔的信中明确地讲："我对之愈是思考，愈是认为克朗尼希的工作是错误的。"④ 结果，玻尔最终没有发表他这篇关于超导的论文。

二、20 世纪在 50 年代

玻尔在 20 世纪 30 年代对超导不甚成功的研究之后，很长一段时间没有再专门对超导进行直接的研究。这种情况一直持续到 50 年代。

---

① Bohr 给 Heisenberg 的信，1932 年 10 月 28 日，现存于丹麦玻尔文献馆。
② R. de L. Kronig. Zur Theorie der Supraleitfahigkeit II. Zeitschrift der Physik. 1933. 80：203—216.
③ P. F. Dahl. Superconductivity：Its Historical Roots and Development from Mercury to the Ceramic Oxides. New York：AIP. 1992：152—153.
④ Bloch 给 Bohr 的信，1932 年 12 月 30 日，现存于丹麦玻尔文献馆。

> 懂一点 STS
> 鸡蛋里的骨头

在此期间,超导微观理论的研究方面也依然没有出现实质性的进展。只是到了 1950 年,转机才开始出现。这一年,流亡英国的德国物理学家弗烈里希(H. Frohlich,1905—1991)迈出了重要的一步,提出电子与晶格振动之间的相互作用(即电子-声子相互作用)是导致超导电性出现的根本原因,以后像 BCS 理论这样成功的超导微观理论,也正是在此基础上发展起来的。1953 年,在莱顿召开了一次纪念卡末林-昂内斯和洛仑兹这两位荷兰物理学家的国际会议。在这次会议上,弗烈里希在其报告中,再次介绍了他关于电子-声子相互作用的研究工作。玻尔参加了这次会议,也参加了对弗烈里希报告的讨论,他的这次讨论发言实际上也是他唯一正式发表了的关于超导研究的文字。①

在此发言中,玻尔先是谈道:"作为一位记得从洛仑兹和昂内斯时代起怎样讨论金属传导问题的人,虽然在后来的年月中我没有积极地专注于超导问题,但我愿作些一般性的评论,或者说是提出与目前情况有关的一些问题。"接着,玻尔指出,他充分地意识到弗烈里希工作的重要性,但他想要提出的问题,是这样一种处理可以怎样地解释超导现象自身。在分析了杂质对于正常态和超导态在产生电阻方面所起的不同作用之后,玻尔提出,似乎超导的机制不能基于统计的方法来描述。他认为:"在超导相,我们必须处理一种电子态,它虽然与正常相相比在能量上几乎没有什么不同,但表现出很高的有序,这种有序破坏了自由或耦合的电子运动的所有统计特征,而且对应于在位形空间中的一个波函数,此波函数被调整得适合于在电子和离子晶格(包括杂质)之间的相互作用,以及在单个电子之间的彼此的相互作用。在这样一个态中,电流被认为是对完备的波函数的一种绝热修正,从而不应

---

① H. Frohlich. Superconductivity and Lattice Vibrations. Physica. 1953. 19: 755—764.

伴随有任何从电子向晶格的动量传输,而这种传输却是正常传导机制的固有特征。"

从玻尔的这个评论发言中,我们可以看到,除了一般性的评论内容,玻尔实际上是将他以前的观点重新作了一番简要的表述。也就是说,尽管他在近 20 年前最后放弃了发表那篇论文,但那时他有关超导的想法却一直存留在心中没有放弃。

在弗烈里希于 1950 年的工作之后,超导微观理论的发展有了新的转机。在电子-声子相互作用理论的基础上,1956 年,美国物理学家库珀(L. N. Cooper,1930—)又提出了电子对的重要概念,1957 年,巴丁(J. Bardeen,1908—1991)、库珀和施里弗(J. R. Schrieffer,1931—)三人又合作提出了第一个成功的超导微观理论——BCS 理论。这一理论很快就得到了人们的承认,甚至被誉为"自从量子论发展以来对理论物理最重要的贡献之一"。[1]1972 年,此理论的三位提出者因其工作而获得了诺贝尔物理学奖。

平行于这一切的发展,在玻尔那方,仍在沿着不同的思路进行着超导理论的研究。从 1955 年到 1958 年间,他又陆续写下了几篇未发表的手稿。而在前面谈到的苏联学者研究玻尔与超导之文章中,则未提及这几篇手稿之事。

1955 年 9 月 14 日,在一篇题为《对超导电性的评论》的手稿中[2],玻尔仍是先回顾了正常金属导电理论的一些基本假定,然后明确地写道:"我们必须要找到一种机制,在这种机制中,单个电子的运动不是近似彼此独立的,而是在本质上涉及一种集体性的传导电子的运动。"此份手稿还附有数页的计算草稿,但没有明确

---

[1] R. L. Weber. Pioneers of Science: Nobel Prize Winners in Physics, Bristol: AIP. 1980: 160.
[2] N. Bohr, Remarks on Superconductivity, 手稿,现存于丹麦玻尔文献馆。

的结果。

1957年4月1日，在一篇题为《超导电性》的手稿①，玻尔使其计算和论述更加具体化，他同样提出对超导现象的解释需要描述一种电子的集体运动，并扩展了布洛赫对于周期性的三维晶格中单个电子的计算，得出了以下结果：如果磁场的电流效应被在金属表面层中非均匀的电场所抵消，在没有外力的情况下，麦克斯韦方程可表述为：

$$H_o = \frac{1}{c} \lambda N e V_o$$

其中 H_o 为在表面的磁力，λ 为对电流的穿透深度的度量，V_o 为声速。此式在数量级上是合理的。此外，玻尔还得出了对临界温度的估计：

$$kT_o - h\frac{V_o}{\lambda_o} = mV_o^2 = V_o^2 \frac{m^2}{M}$$

其中 T_o 为临界温度，m 为电子的质量，M 为离子的质量，v_o 为具有 h/ma 数量级的速度，a_o 为晶格间距。

玻尔指出此式在数量级上也是合理的，并表明了同位素效应。玻尔在最后还指出，这里不是想要讨论关于超导电性的大量的实验证据，而只是要指出一些简单的基本量子力学的论证。

1958年3月1日，玻尔还写下了一篇题为《在一维周期场中电子的问题》的手稿，②但这只是简要的计算提纲而已。

---

① N. Bohr，Superconductivity，手稿，现存于丹麦玻尔文献馆。
② N. Bohr，Problem of an electron in periodic field in one dimension，手稿，现存于丹麦玻尔文献馆。

三、小　结

如上所述，玻尔对超导问题的理论研究，主要集中在两个不同的阶段。第一个阶段，也即30年代，在几年的时间中，玻尔颇有些"超前"地从事超导理论研究，提出了一种定性的、与克朗尼希的电子格子理论有些相似的理论，并"几乎"将此研究的初步结果公开发表。

在玻尔所写的文字中，我们没有找到他谈到自己放弃发表这篇论文的具体原因，但完全可以设想，他周围像布洛赫这样的批评者所起的重要影响，加上他认识到自己理论的不完善，最终使他做出了这样的决定。从超导理论的发展来看，虽然克朗尼希的电子格子的模型对后来像"二流体"超导唯象理论的提出有一定的启发作用，但这一理论自身的确很快就为人们所放弃。从当时人们不知"迈斯纳效应"这个超导的另一重要性质，从当时连一较为成功的超导唯象理论也还没有的情况，以及从后来超导微观理论发展之艰难曲折的历程来看，当时要想提出一个成功地从第一性原理出发的超导理论近乎是不可能的。因而，玻尔放弃发表他的超导论文可算"明智"之举，同时也表明了他治学态度之严谨。

在第二个阶段，也即50年代，玻尔在对超导理论的研究中，基本上仍是沿着他在30年代就已有的思路，当然，也得出了一些有意思的结果。但与在此同时发展起来的BCS超导理论相比，显然后者要更为完备和成熟得多。留下的问题则可以说主要是对于玻尔在工作中所依据的物理思想的评价。值得注意的是BCS理论的提出者之一施里弗的回忆。大约在1957年5月到7月，施里弗曾访问了哥本哈根，遇见了玻尔。玻尔见面时便对施里弗讲："噢，你看，我们确实应该见面，因为我对超导感兴趣已有许多年了。"在随后的一系列会面中,玻尔还与他一起进行了对电子在周期性场中运动的计算。施里弗曾向玻尔详细地介绍了 BCS 理论,但玻尔向施里弗讲到他对此理论的看法时,却认为这一理论过于简单了,不能对实际的科学或实际的物理学有什么作用。[①] 由此可见,在玻尔于某种程度上坚持他自己原来对超导问题的看法,并沿此思路继续从事研究时,对当时已有的 BCS 理论还持相当保留的看法。当然,BCS 超导理论不能说是最终的超导理论,特别是,随着人们对新的高温超导体的发现,超导理论也面临着新的挑战,仍有待新的发展。但要预言未来的超导理论将是什么样,以及玻尔的观点在未来超导理论发展中会占有什么样的地位,就不是像本文这样一种历史考察工作所能承担的任务了。

[①] J. R. Schrieffer. Transcript of a Tape—Recorded Interview. by J. N. Warnow and R.M.Williams. 26 Sept.1974 and 19 Jan.1976,此访谈材料现存于美国物理学会物理学史中心(Center for Histoy of Physics,AIP)。

基础科学教育改革与科学史
——从美国的《2061计划》和《国家科学教育标准》谈起

在对中学基础科学教育的改革中,以及在从"应试教育"向"素质教育"的转变中,涉及我们对教育理论、方针等许多方面认识与实践的变革。在这当中,于基础科学教育中加强人文因素的改革,或者更具体地说,将与科学教育关系或许最为密切的科学史内容结合到基础科学教育中去的改革,是一个尤其值得关注的方面。本文,将以美国的两份教改计划——《普及科学——美国2061计划》和《国家科学教育标准》在此方面的体现作为出发点,并结合更为广泛的背景,讨论在基础科学教育中引入科学史内容的意义和困难,以及我国目前在这方面所存在的问题等。

一

在1989年出版的《普及科学——美国2061计划》的总报告中,[①] 除了总论性的引言、对各个特定科学领域教育的具体讨论以

---
① 美国促进科学协会.普及科学——美国2061计划[M]//国家教育发展研究中心.发达国家教育改革的动向和趋势(第四集).北京:人民教育出版社,1992:1—536.

及教学原则和未来教育改革的展望，第10章就是专门论述"历史观点"的问题，并说明了建议包含一些历史知识的理由。其一，"离开了具体事例谈科学发展就会很空泛。例如，当人们提出新的概念时，这些概念就会受到形成这些概念的环境限制，还常常受到科学法则的排斥。有些概念则是从没有预料到的发现中迸发出来的。但是，大部分概念是缓慢形成的，凝聚着许多研究人员的心血。没有历史实例，不论记忆多少一般概念，最多也不过是一些口号"。其二，"一些科学阶段为人类文化遗产做出过卓越的贡献。这些阶段当然包括：伽利略提出的理论，改变了地球中心论；牛顿定律，即用来解释天体和地球上的物体运动定律；达尔文通过长期观察各种相关的生命形式，提出的生物进化论；赖尔认真地核实了地球长得难以置信的历史；巴斯德证实了传染病是由在显微镜下才能看到的微生物引起的。在西方文明中，这些历史篇章为西方文明中各种思潮的发展树立了里程碑"。

正是基于这两个理由，该章为说明科学知识的发展过程和影响，选取了10个意义重大的发现和变革的范例：行星地球、万有引力、相对论、地质时代、大地构造、物质、放射性和核裂变、生物进化，以及疾病性质和工业革命。当然，还有其他一些事件也同样重要，但在该报告撰写者们看来，这10个范例显然已经满足了他们所要求的双重标准："既要能够说明历史论题，也要具有显著的文化特色。"

在《2061计划》之后，作为提高美国整体教育系统水平之努力的一部分，1994年，美国国家研究委员会理事会通过了一个研究和制订美国科学教育标准的计划。这项研究的最后成果，就是一份题为《国家科学教育标准》的内容详尽的报告。[1] 该报告为改

---

[1] National Research Council. National Science Education Standards. Washington，DC：National Academy Press. 1996.

进科学教育大纲、教学、专业发展、评估和学生学习等各个方面提供了统一的、目标清晰明确的发展标准。尤其是，在科学内容标准部分，对从幼儿园以后直到高中的不同阶段的教育，分别就科学探索、物理科学、生命科学、地球和空间科学、科学与技术、个人和社会视野中的科学，以及科学的历史与本质这几个部分，制订了明确、具体、详尽的教学要求和标准。

结合本文所要讨论的主题，我们在这里主要关注的是《国家科学教育标准》在"科学的历史与本质"这部分中所涉及的内容。

在幼儿园以后到4年级的小学阶段，对此部分内容标准，是要求所有的学生逐步理解科学是一种人类的努力。就发展学生的理解力来说，《国家科学教育标准》要求教师应使学生建立起一种自然的倾向，对他们生活的世界提出问题和进行探索。学生的探索可以这样来进行：从问题出发，进而逐步交流对问题的答案。对低年级的学生，教师应强调对解释进行探索和思考的体验，而不过分强调对科学术语和内容的记忆。从历史中，学生能够学到有关科学探索和重要人物的知识，这些知识可以为与科学史和科学的本质相关的更复杂深奥的思想提供基础，而这些思想则将在以后的岁月中得到发展。通过使用简短的故事、电影、录像和其他手段，小学教师可以介绍在历史上那些对科学做出了贡献的人们（包括少数民族和残疾人）的典范。故事可以突出地讲述这些科学家是如何工作的，即对科学和技术，这些不同的个人怎样提出问题、他们的研究方法和贡献等。在小学高年级，学生可以阅读这样一些历史故事，它们表现了科学是一种人类努力的主题。具体来说，理解科学是一种人类的努力，这一要求包括的内容有：1. 科学和技术是人类长期的实践；2. 在整个科学技术史中，男性和女性做出了各种不同的贡献；3. 虽然人们利用科学探索就自然界中的客体、事件和现象学到了很多东西，但还有更多的东西有待人们去认识，科学永远不会终结；4.许多人选择科学作为职业，并把一生都奉献给科学研究。许多人从科学研究工作中得到了极大的快乐。

在5—8年级的初中阶段，除理解科学是一种人类的努力外，《国家科学教育标准》还要求所有的学生逐步理解科学的本质和科学史的一些内容，认为引入历史的范例将有助于学生认识到科学事业在更大程度上是哲学的、社会的和人类的事业。为发展对科学史和科学本质的理解，科学教师可以利用学生在探索中得到的实际体验、案例研究和历史故事。当然，在此阶段，还不是要求学生形成关于完整的科学的一种概观，而是要利用历史的范例来帮助学生认识科学的探索、科学知识的本质和在科学与社会之间的相互作用。

在此阶段，关于科学的本质，所要求的具体内容包括：1.科学家利用观察、实验、理论和数学的模型来系统地阐述和检验对自然的解释。虽然从原则上讲所有的科学观点都是试验性的，要有变化和改进，但对科学中大多数的观点来说，存在众多实验与观察的确证。这些观点在未来不大可能会有很大的变化。但是，当科学家们遇到与其现有的解释不一致的新的实验证据时，他们的确改变了自己关于自然的看法。2.在那些正在进行积极的研究，而且实验或观察的证据和认识还不很多的领域中，科学家们对证据的解释或所考虑的理论彼此不同，这是正常的情况。不同的科学家可能会发表相互矛盾的实验结果，或是从相同的数据中得出不同的结论。理想的做法是，科学家们承认这样的矛盾，并努力发现能解决分歧的证据。3.评价由其他科学家所进行或提出的科学研究、实验、观察、理论模型和解释等，这是科学探索的一部分。评价包括考察实验的程序、检验证据、识别错误的推理、指出超出证据范围之外的陈述，以及对相同的观察提出可供替代选择的解释。虽然科学家们在对实验的说明、对数据的解释方面，以及在竞争的理论方面，可能会有意见不一致，但他们同意提出疑问和对批评做出回答。开放的交流是科学发展不可缺少的组成部分。随着科学知识的发展，大多数分歧将通过科学家之间的这种互动而最终被解决。在此阶段，关于科学史，《国家科学教育标准》要求的具体内容包括：1.许多个人对科学的传统做出了贡献。对这些个人中某些人的研究，为科学的探索、作为一种人类努力的科学、科学的本质以及在科学与社会之间的相互作用提供了进一步的认识。2.在历史的视野中，科学是由不同文化中不同的个人来从事的。在关注许多人物的历史时，人们会发现，许多有较高成就的科学家和工程师被认为是对其文化做出了最有价值的贡献的人。3.通过追溯科学史可以表明，科学的革新者们要打破当时已被人们接受了的观点，并得出我们当今认为是理所当然的结论，这是多么困难的事情。

在9—10年级的高中阶段，要求自然也相应地有所提高。除了"作为一种人类努力的科学"，与5—8年级相比，"科学的本质"和"科学史"相应地换成了要求所有学生都逐步认识的"关于科学知识的本质"和"历史的观点"，要求利用历史来详尽地简述在不同的历史和文化视野中科学探索、科学的本质和科学的不同方面，因为科学史可以帮助学生改进他们对科学的总体理解。就具体的要求来讲，关于科学知识的本质，包括的内容有：1.在科学家努力寻求对自然界最可能的解释时，因为利用经验的标准、逻辑的论证和怀疑的精神，而使科学自身不同于其他的求知方式，也不同于其他的知识。2.科学的解释必须满足某些标准。首要的是，科学的解释必须与关于自然的实验与观察的证据相一致，必须对所研究的系统做出准确的预言。它们必须是符合逻辑的，遵从证据的裁决，不回避批评，记述方式和程序，并且使知识公开。

懂一点 STS
鸡蛋里的骨头

对于自然界怎样变化,在神话、个人信仰、宗教价值、神秘的启示、迷信或权威的基础上做出的解释,可能对个人有用并与社会相关,但却不是科学的解释。3. 由于所有科学的观点都依赖于实验和观察的确证,因此从原则上讲,所有的科学知识都会随着可以得到的新证据而变化。像能量守恒或运动定律这样的核心科学观念,已经经历了范围广泛的确证,从而在它们已被检验的领域中,不大可能变化。在那些资料或认识尚不完备的领域中,例如像人类进化的细节,或关于全球环境变暖的问题,新的材料很可能会在目前的观点中带来变革,或消除目前观点的不一致。在资料不完整的情况下,通常科学观点也是不完备的,但这也可能正是取得进展的机会最大的情形。关于历史的观点,《国家科学教育标准》规定的要求包括:1. 在历史中,不同的文化对科学和技术的革新都做出了贡献。几百年前,近代科学在欧洲开始迅速地发展。在过去两个世纪中,它对西方和非西方文化的工业化都做出了重大的贡献。然而,其他非西方的文化也发展了科学的思想,并通过技术来解决人类的问题。2. 通常,科学中的变革随着现有知识中较小的修正而出现。科学与工程的日常工作,在我们对世界的认识以及我们满足人类需要和抱负的方面带来了不断增加的进展。通过学习个体的科学家,学习他们的日常工作,学习他们在研究领域中为增进科学知识而做的努力,可以使学生就科学的内部工作和科学的本质学到许多东西。3. 间或发生的是,有些科学和技术中的进展对科学和社会产生重要的、长久的影响。这种进展的例子包括:哥白尼革命、牛顿力学、相对论、地质的时间尺度、板块构造地质学、原子理论、核物理学、生物进化、微生物理论、工业革命、分子生物学、通信、量子理论、银河星系,以及医学和保健技术。4. 对科学解释的历史考察,证明了科学知识怎样随时间的演进而变化,并且总是建立在更早些时期知识的基础上。

二

以上，我们介绍了在美国的《2061计划》和《国家科学教育标准》这两份教育改革计划中所涉及的科学史教学的要求和目标。实际上，关于在基础科学教育中利用科学史，早已不是什么新观点。作为背景，除去更久远的历史不讲，仅就20世纪50年代以来，我们就可以看到许多重要的里程碑式的进展，这里仅列举其中几项有代表性者即可说明其大略。例如，在20世纪50年代末，英国学者斯诺（C. P. Snow）指出，在"科学文化"和"人文文化"之间存在着一条相互不理解的鸿沟，而这种文化的分裂对社会则是一种损害，一种损失。他认为产生文化分裂的主要原因之一，就是我们对专业化教育的过分推崇，从而，要改变文化分裂的现状，唯一的方法就是要改变现有的教育制度和教育方法。① 斯诺提出的问题引起了人们的广泛重视和广泛争论。尤其是，他关于"两种文化"问题的提出与科学史教学后来的发展有着密切的关系，因为面对斯诺提出的问题，许多科学史家和教育家是将科学史视为连接科学文化和人文文化的一座重要"桥梁"，科学史教育的问题很早就为科学史家和教育家所提及。在科学史公认的诸多功能中，教育方面的功能是重要的一项。用于教学目的的科学史有时甚至被称为"应用科学史"。②

从1962年开始，在美国自然科学基金会的资助下，由美国哈佛大学科学史教授霍尔顿（G. Holton）和一些教育学家、中学教师及科学史家参与了"哈佛物理教学改革计划"，此计划的产物是于1970年出版的一套为中学教学准备的物理教材——《改革物理学教程》(*The Project Physics Course*，已有中译本，更名为《中学

---

① 斯诺.对科学的傲慢与偏见[M].陈恒六，刘兵，译.四川：四川人民出版社，1987.
② J. L. Heilbron. Applied History of Science. Isis. 78（1987）：552—563.

物理教程》，分 12 册由文化教育出版社出版）。这部大量利用科学史内容，具有明显人文取向的教程成了在美国有重要影响的物理教材之一，并被美国广泛采用。到 70 年代中期，约有 15% 的学生使用了这部教材。1974 年的一份研究报告表明，采用这套教材的学生学习成绩与采用传统教材的学生成绩不相上下（其中一个原因是这种对比不是严格"受控的"，因为一些能力稍差的学生被劝说选用它）。① 当然，这还是就物理考试成绩而言，而未考虑学生在其他方面的收益。

在英国，把科学史结合进基础科学教学方面进展要更为迅速甚至更为激进。1989 年，在英国教育与科学部和威尔士事务部新公布的国家规定的中学科学课程设置中，科学史教学有了更进一步的进展。这份法规性的文件，要求学生和教师了解"科学的本质"。在国家课程设置委员会发表的相应的指南中，甚至提出"科学是一种人类的建构"的提法！这样，从法律上，便要求"学生应逐渐认识和理解科学思想随时间的变革，以及这些思想的本质和它们的得到和利用是怎样受到了社会、道德、精神和文化语境的影响，而它们是在这样的语境（context）中发展起来的；在这样做时，他们应开始认识到虽然科学是对经验进行思想的一种重要方式，但却不是唯一的方式"。"科学的本质"就是此课程设置所要求达到的 17 个目标中的最后一项。这一目标中还包括若干具体条款，如"学生应……能够给出在诸如医学的、农业的、工业的或工程的语境中某些科学进展的说明，描述新的思想、探索或发明，以及所涉及的主要科学家的生平和时代；……能够给出对所接受的理论或解释的变革历史说明，表明理解这些理论或解释对人们的物质、社会、精神和道德生活的影响，例如理解生态平

---

① S. G. Brush. History of Science and Science Education. Interchange. 20（1989）: 60—70.

衡和对环境的更多的关注,理解对木星卫星运动的观察和伽利略与教会的争端;……能够说明来自不同的文化和不同时代的科学解释怎样对我们目前的认识有所贡献"等。至于为什么科学教师在教授"科学的本质"时要考虑"历史的维度",有人提出,至少可以提出三种教育的目的,这就是:1.通过科学的参与而达到一种社会意识形态的改变和设计,如反对反科学思潮和恢复科学人性等方面;2.加强方法论的训练;3.使学生具有作为公民的社会责任感,实现对科学合理的社会控制。[1] 当然,科学史对科学教育本身的意义也是不可忽视的。通过科学史的教学,让学生可以不仅学到具体的、现成的科学知识,而且可以学到"科学的方法",开拓学生的视野,使学生更具有洞察力。有些内容甚至可以直接在历史的框架中教授。这样,学生可以更好地理解科学动态的发展,在对科学概念演变的了解中更准确地理解科学概念,并学会更好地利用已有的知识,而不是只学到一些作为现成结论的知识片断,同时,学生也将更加认识到科学的整体性。在这方面,起主要作用的是科学"内史",特别是近现代科学史。

值得注意的是,以往一些科学教师为了提高学生的兴趣,采取在科学的教学中插入一些科学史内容,即所谓的给科学知识裹上"糖衣"的做法,但目前人们已不再着重提及科学史的这种特殊作用,而是更多地关注科学史教学对学生理解科学的本质的帮助。此外,不论是美国的《国家科学教育标准》中提出的要学习"科学的本质"及"科学知识的本质",还是在英国国家规定的科学课程的设置中,我们都可以看到,近年来出现的另一个趋势,是在科学教学中将科学史同科学哲学结合起来(例如像对于在历

---

[1] S. Pumfrey. History of Science in the National Curriculum: A Critical Review of Resources and their Aims. British Journal for the History of Science. 24 (1991): 61—78.

史上科学革命中出现的重大变革之本质的说明，以及对科学与伪科学的划界问题的介绍），这尤其有利于培养学生批判的头脑，也有利于学生了解真正的科学精神。

三

虽然人们已认识到了科学史对基础科学教育的许多重要意义，科学史教学也在越来越受到重视，并逐渐发展起来，但其困难和问题的存在也是显然的，对之我们不可不予以关注。谈及科学史教学的困难和问题，大致可分为两种，一种是较为表面的，一种是更深层的。前者，比如说，像科学史教学与学生科学基础的矛盾、考试方式的困难。但像这样的困难和问题是完全可能通过适当的措施来解决的。又如，有人提出，目前科学课程的教学内容已十分拥挤，不可能再将课时分给科学史的内容，而实际上，也早就有人提出科学课程不应是百科全书，对以往教材的内容进行有选择的删除、替换、更新也并非不可能。当然，这些问题的解决与政府教育管理部门的政策也密切相关。

另一方面，关于科学史教学所涉及的更深层的困难和问题，主要是由历史学家们所提出的。首先，历史与科学在研究方法、目标乃至价值标准上毕竟不同。正如有人所讲的那样，"科学家的目标是触及现象的本质，清除所有复杂的表面因素，尽其可能清晰、直接地查看真正涉及的内容，而历史学家的目标是再现过去事件的丰富性，在这两者间的冲突是很难调和的"。[①]1970 年，在

[①] G. B. Kauffmen. History in the Chemistry Curriculum: Pros and Cons. Annals of Science. 36（1979）: 395—402.

美国麻省理工学院召开的一次关于在物理教育中物理学史的作用的国际研讨会上，在众多赞同、支持科学史教学的与会者中，美国科学史家克莱因（M. J. Klein）曾以题为《在物理学中对历史教学的利用与滥用》论文提出与众不同的论点。他认为，"让物理学史教学服务于物理教学是困难的，原因之一就是在物理学家和历史学家观点之间的本质差异"，因为历史学家对历史的评判标准与在物理学教程中选择历史材料时所涉及的选择原则是不相容的，"其结果是，关于过去的物理学家所关心的问题，关于他们在其中工作的语境，关于成功或不成功的说服他们的同代人接受新观点的论据，学生并未得到了解，在此意义上，这种历史几乎不可避免的是糟糕的历史"。这种历史只是一种"零级近似"，他的论据是，"物理学史不可能为了要包含在物理教程中被切割、被选择、被改形，而在这过程中变成某种不那么像历史的东西。"科学教师的真正目的是为了更有成效地教授现代的理论和技术，他们必定会采取一种很带选择性的方式，只能从过去选取那些看上去对现实有意义的材料，这样或许能带来一系列迷人的而且经常是神话式的轶事，但肯定不是为历史学家所理解的历史。因此，他认为，由于这两门学科在研究方法上的不同，它们最好是由各自领域中的实际工作者来分别教授。①

例如，1979 年，美国科学史家惠特克（M. A. B. Whitaker）还谈到"准历史"的概念。他认为，有些人几乎没有什么历史训练的背景，但感到需要使他们对事件的说明更生动，于是实际上是重新写了亦步亦趋地适合于物理学的历史。而大量的由这种人写

---

① M. J. Klein. The Use and Abues of Historical Teaching in Physics. in S.G.Brush and A.L.King eds., History in the Teaching of Physics. University Press of New England. 1972: 12—18.

作的著作的结果，就产生了所谓的"准历史"。① 这也就是说，在这种情况下，"引入历史只是为了增加兴趣，帮助理解，或一般地意识到科学也是人类的活动，仅此而已。当我们不是为了历史自身的缘故用它，而只是把它作为达到某种目的的手段时，历史很容易被歪曲和篡改。"② 总之，像以上谈到的这些在职业科学史家和科学家之间的分歧，是进行科学史教学所遇到的非常本质的问题与困难。后来，布拉什曾提出，科学教育的一项重要任务，就是要在这种分化的两极间努力保持一种平衡。③ 但是，究竟如何才能保持这种微妙的平衡，仍将有待科学教师和科学史家们在教学实践和理论研究中进一步解决。

---

① M. A. B.Whitaker. History and Quasi—History in Physics Education. Part I and II. Physics Education. 14（1979）：108—112，239—242.

② A. P. 弗伦奇.把历史引进物理教学的乐趣和危险［J］.陈秉乾，等，译.大学物理.1986（2）：36—45.

③ S. Brush. History of Science and Science Education. in Teaching the History of Science. eds.by M.Shortland and A.Warwick. Basil Blackwell. 1989：54—66.

从西方生态女性主义的视角看中国的"天人合一"

一、引 言

近年来,关于中国传统文化中"天人合一"的问题,成了学术界讨论的一个热点。这种情况的出现,主要有两方面的背景:一是 20 世纪 90 年代以来"国学热"的兴起,一是伴随着全球环境问题越来越引起人们的关注,西方有一些学者开始反思和批判与自然观相关的西方传统意识形态。于是,便有许多人将目光转向了东方,试图用"天人合一"的观念来拯救西方文化的危机。例如,季羡林先生提出:"'天'就是大自然,'人'就是我们人类。天人关系是人与自然的关系。""'天人合一'的思想是东方思想的普遍而又基本的表露……这种思想是有别于西方分析的思维模式的东方综合的思维模式的具体表现。这个思想非常值得注意,非常值得研究,而且还非常值得发扬光大,它关系到人类发展的前途。"[①] 张岱年先生甚至认为"中国的天人合一与西方近代所谓克服自然的思想是迥然有别的。天人合一的思想有助于保持生态的平衡"。[②] 在我国港台地区,类似的观点亦不鲜见,如刘述先先生

---

① 季羡林. "天人合一"新解 [J]. 传统文化与现代化.1993(1):9—16.
② 张岱年. 论中国哲学发展的前景 [J]. 传统文化与现代化.1994(3):3—6.

曾谈道："天人合一的理念，长久被认为是传统中国文化的指导原则。这个理念的含义是非常丰富的，其中的一个重要的信息就是人要与自然和谐相处……事实上通过一些传统观念的再阐释与重新建构，恰正可以针对当前的问题寻觅到对治之道，探索建立新的均衡的可能性。"[1] 如此等等。其实，目前像这样的看法是有相当普遍性的，这里只是随手引用几例而已。

但是，关于上述见解是否成立，其中重要的前提之一就是，中国传统的"天人合一"思想观念与西方在批判了"征服自然"后提出的人与自然要和谐相处的观点是否真正是"合一"的，但这又是需要进行多方面的分析和研究的。本文不可能也不准备作面面俱到的讨论，而只将从目前在西方生态理论中一个重要的流派——生态女性主义——的视角出发，来考察其观点与中国传统中"天人合一"思想之异同，并在此基础上得出一些有限制的结论。

生态女性主义是妇女解放运动和生态运动相结合的产物，是女权运动第三次浪潮中的一个重要流派。继19世纪中期到20世纪初女权运动的第一次浪潮和20世纪60年代的第二次浪潮之后，70—90年代女权运动经历了第三次浪潮。[2] 如果说第一次浪潮的特征是要求平等的女权主义，第二次浪潮的特征是激进的女权主义的话，第三次浪潮则可以说是自然的女权主义，它既继承了过去的理论，又开拓了新的研究领域。1974年，法国女性主义者奥波尼首先提出了生态女性主义（ecofeminism）这一术语，她提出这一术语的目的是想使人们注意女性在生态革命中的潜力，号召女性起来领导一场生态革命，并预言这场革命将形成人与自然的

---

[1] 刘述先. 由天人合一新释看人与自然之关系 [C]. 分析哲学与科学哲学论文集. 香港中文大学新亚书院，1989：340—351.

[2] S. Glendon. Sexual Politics and Political Feminism. JAI Press Inc.，1991：223—235.

新关系,以及男女之间的新关系。① 在此后的发展中,生态女性主义在西方国家,尤其是在法国、德国、荷兰和美国的女权运动和环境运动、环境哲学和生态伦理学中,越来越受重视,并有相当大的影响。在西方当代生态伦理学的五六种主要流派(如大地伦理学、深层伦理学、社会生态学、生态马克思主义、基督生态学等)中,生态女性主义可以说是拥有着相当重要的地位,是一支不可忽视的力量。在近年来西方出版的有关环境哲学和生态伦理学的重要综述性著作中,我们也都能听到生态女性主义的声音。因此,从这样一种视角来考察中国传统的"天人合一"观,应该说是有着特殊的意义的。

二、西方的生态女性主义

作为讨论的基础和准备,有必要先对西方的生态女性主义的内容作些讨论,但限于篇幅,这里将只是非常简要的介绍,对生态女性主义更为详尽的考察,笔者另有文章讨论。②

在早期的生态女性主义中,有一些观点认为,从较"女性"的视角去看待环境,将有助于解决生态危机,同时所提出的问题包括:女性角色、女性原则、女性直觉、女性价值,以及女性对自然的认同等。

但是,如果说早期的生态女性主义倾向于寻求传统意义上所讲的女性和自然本身联系的话,近些年来大多数生态女性主义

---

① F. d'Eaudbonne. Le Feminisme ou la Mort. Pierre Horay. 1974: 213—252.
② 曹南燕,刘兵. 女性主义自然观 [M] // 吴国盛. 自然哲学(第二辑). 北京:中国社会科学出版社,1996: 484—527.

者，尤其是美国的许多生态女性主义学者，则是倾向于把注意力指向对女性的统治和对自然的统治之间的联系，认为只有这种联系对于女性主义、对于环境运动和环境哲学才是至关重要的。正如伯克兰（J. Birkeland）所强调的："生态女性主义是一种价值系统，是一种社会运动和实践，它提供了一种用以揭示男性中心主义与环境解构关系的政治分析方法。它是一种觉醒，即开始认识到对自然的滥用和在西方文化中男性对女性态度之间的密切联系。"[1]

在哲学方面，生态女性主义关于对自然和女性双重统治的分析批判，向西方主流哲学提出了一系列的问题。对女性—自然联系的跨文化研究，提出了对妇女和自然概念的社会建构问题，以及至少是在西方哲学中占主导地位的人与自然的二分法的问题。在政治哲学中，生态女性主义探讨权力和特权的不平等分配在维护对女性和自然的统治体制中起到了什么作用，它们如何影响了政治理论的内容和使政治理论化的方法论。在科学哲学中，生态女性主义反对机械论自然观和还原论方法，坚持有机整体论，提出了女性和科学的关系，特别是与生态科学的关系问题。当代生态女性主义伦理学和生态系统生态学之间的重要类同，暗示两者是互相支持的。在伦理学中，女性主义提出了在主流规范伦理学中会不会产生没有男性偏见的生态伦理学问题。

除以上所提到的研究外，或许，生态女性主义对主流哲学最重大的挑战是在概念分析和理论的层次。它对传统哲学概念，诸如自我、知识、知者、理智和理性、客观性等，及一系列构成西方主流哲学理论主要成分的二元对立提出了争议。它认为，这些

---

[1] J. Birkeland. Ecofeminism: Linking Theory and Practice. in Ecofeminism. ed.by G. Gaard. Temple Univ.Press. 1993: 13—60.

概念由于可能有男性偏见，因而需要重新考虑。在这些方面，美国女性主义哲学家沃伦（K. J. Warren）和普鲁姆德（V. Plumwood）的工作特别值得重视。

沃伦认为，① 在男人对女人的统治和人类对自然的统治之间的联系，最终是概念联系。这就需要考虑一下其概念框架的本性。所谓概念框架，是指一组基本的信仰、价值、态度和假设。它是一种社会建构的透镜，人们通过这种透镜来认识自然和社会。它受许多因素的影响，例如，这些因素有社会性别、人种、阶级、年龄、感情倾向、民族和宗教背景等。有些概念框架是压迫性的，它证明和维护压迫关系。这样的概念有如下三个特征：

1. 价值等级思维，认为处于等级结构上层的价值要优于下层的价值；

2. 价值二元对立，把事物分成互相对立排斥的双方，使其中一方比另一方有更高的价值；

3. 统治逻辑，即对于任何 X 和 Y，若 X 价值高于 Y，则 X 支配 Y 被认为是正当的。

与以往的许多女性主义和生态女性主义者不同，沃伦认为问题不在于等级思维，甚至也不在于价值等级思维。因为在日常生活中，等级思维对分类资料、比较信息、组织材料都是重要的。价值等级思维在非压迫的语境（context）下也是可以接受的。例如人们可以说，因为人有意识能力，所以人比植物或岩石能更好地重组社会环境。问题在于统治逻辑。用这种论证结构，可以证明统治是正当的。它不仅是一种逻辑结构，也涉及重要的价值体系。因为需要一种伦理学前提来准许价值低的东西服从价值高的

---

① K. J. Warren. The Power and the Promise of Ecological Feminism. Environmental Ethics. 12（1990）. No.3: 125—146.

东西。一种典型的做法,是宣称统治的一方具有某种特性,而被统治的一方却没有这种特性。

另有一些生态女性主义者,像普鲁姆德①等人,认为必须从认识论上批判西方文化传统中的理性主义。这种批判不是拒斥所有理性或接受非理性,而是要批判作为统治形式的理性。他们赞同法兰克福学派的批判,指出西方理性主义关于人—自然、理性—情感、文化—自然、男人—女人等一系列二元对立,是对女性和自然(以及阶级、人种……)统治的文化基础。通过二元对立思维,理想的人格模式与动物、原始人、自然的差别和距离被增加到最大限度。西方文化中人与自然、理性与自然、男人与女人的对立都是二元对立的产物,二元对立的问题不在于承认对立双方的差别,而在于它使差别变成等级关系,它建构了"中心"的文化概念和本体,致使平等和互助完全不可设想。因而,在二元对立的哲学体系中,人与自然的对立是不可避免的。

基于对传统伦理观念的批判,生态女性主义提出了一种新的价值体系,就与本文所讨论问题相关而言,这种价值体系的内容包括:

1. 基本的社会变革是必要的,我们必须重建基础价值和我们文化的结构关系,推进平等、无暴力、文化多样性、合作、无竞争、无等级的组织形式,并以这些准则来为新的社会形式决策。

2. 承认自然界每样东西都有价值,尊重和同情自然和所有生命,这是所要求的社会变革的根本要素。

3. 应以更广泛的生物中心观取代人类中心观、工具主义价值

---

① V. Plumwood. Nature, Self, and Gender: Feminism, Environmental Philosophy, and the Critique of Rationalism. Hypatia. 9(1991). No.1: 3—27.

观和机械论，强调所有生命过程的相互关联。

4. 人类不应企图支配和控制非人自然，而应和土地一起工作，用互惠伦理观指导耕地的使用，人们只有在需要保持自然多样性时才闯入自然生态系统。

5. 必须改变基于权力的关系和等级结构，走向以相互尊重为基础的伦理观。

6. 必须整合虚假的二元对立。尤其是要反对父权制二元概念框架支持统治伦理，因为这种概念框架把"我们"与"其他"，"自我"与"非人自然"分开。

7. 必须从父权制中取消权力，不能通过玩弄父权制游戏来改变自然系统，否则就是在怂恿那些直接参与压迫人类和滥用环境的人。

三、从生态女性主义的视角看中国的"天人合一"

从生态女性主义的立场来讲，有两点是极为重要的，一是要反对"人"与"自然"的对立，强调两者的和谐相处，一是反对有等级压迫从而违背了平等原则的体系。在此，笔者将着重从这两点着眼，以生态女性主义的视角对中国传统中"天人合一"的观点作一简要考察。

许多赞同提倡用"天人合一"来解决当前问题的人，大多认可中国传统是一个"天人合一"的文化体系，甚至认为中华学术可综括为天人之学。尽管在历史的不同阶段，天人之学的内涵有所不同，但是"发展中有其不变的宗本，即'天人合一'这个基本的文化观念。""天人关系既是中国哲学的最基本范畴，也是传统文化体系的皇建之极。"① 一个显然的事实是，在"天人合一"这一后来才由宋代张载明确定名的命题中，"天"、"人"与"合一"几个概念是多义的。例如，冯友兰曾归纳说："在中国文字中，'天'这个名词，至少有五种意义"，即"物质之天"（天空）、"主宰之天"（天神）、"命运之天"（天命）、"自然之天"（天性）及"义理之天"（天理）。② 因此，在具体的分析中，我们只能限定在中国主流传统文化中最具代表性的人物观点，并对之展开讨论，而略去那些属于支流的观点。

首先，在远古时代天人之混沌无分，到传说中天人初分之"绝地天通"的历程，乃至到的确含有某种环境意识的阴阳家之"人与天调"，毕竟与后来主流文化的发展距离较远，这里暂不讨论。这里，可以把讨论的起点定在儒学理论的形成。

有人认为，"至《周易》出，对天和人的关系问题的认识，才达到了完善的地步""后世谈天人合一，又能做到天人合一的，只有孔子一人"。而这又是因为"孔子真正能做到与《周易》的思想相一致"。③ 虽然《周易》在"天人合一"的意义上的确有"夫'大人'者，与天地合其德，与日月合其明，与四时合其序，与鬼神合其凶吉"（《易·乾文言》）之说，但是，"天生神物，圣人则之；天地变化，圣人效之；天垂象，见凶吉，圣人象之""天尊地卑，乾坤定矣。卑高以陈，贵贱位矣"（《易·系辞传上》），至少这里在谈及天人关系之时，在天地乾坤之间是有明确的贵贱等级的。（在乾坤阴阳概念方面，关于《周易》与西方女性主义之异同，也是值得讨论的一个题目，但因不在本文范围之内，这里亦不多谈。）在孔子的《论语》中，除极偶尔而且非在与人"合一"之义上谈

---

① 卢国龙. 发天道以建人文 [J]. 哲学研究.1994（6）: 53—60.
② 冯友兰. 中国哲学史新编（第一册）[M]. 北京：人民出版社，1980: 89.
③ 金景芳. 论天和人的关系 [J]. 传统文化与现代化.1994（2）: 3—8.

及自然之天外，主要是在命运之天、主宰之天及义理之天的意义上使用"天"字，而且，像"君子有三畏：畏天命，畏大人，畏圣人之言，小人不知天命而不畏也"(《论语·季氏》)这样的说法，连与命运之天、主宰之天相关的人也做了等级划分。其实，在孔子以及孟子那里，更为关注的倒是人，并且是社会化的人，"仁也者，人也"(《孟子·尽心下》)，儒家之核心思想也正在此"仁"的概念之上。至于体现了"仁"之"君君，臣臣，父父，子子"(《论语·颜渊》)的人伦系统，就更是等级分明，且使君对臣、父对子的支配甚至压迫成为合情合理的了。

及至汉代，原只为诸子思想中之一派的儒学，已发展成为标准的正统学说。其代表者大儒董仲舒以"人副天数"为基础的"天人感应"式的天人关系学说也变得特色尤其鲜明了。在这种将天人合一观念推到极致的学说中，人更是社会化之人，是遵"王道之三纲"的天及天子之顺民，天与人之联系是环环相接的："天子受命于天，诸侯受命于天子，子受命于父，臣妾受命于君，妻受命于夫。诸所受命者，其尊皆天也，虽谓受命于天亦可"(《春秋繁露·顺命》)。在此，君君臣臣父父子子之等级之上，又加上了主宰之天。在这种链条上，真正可与"天"相直接感应的，就只有天子了，而其他的"人"，不论是诸侯还是平民，则只有通过向上的等级阶梯，才有间接"感应"的可能性。有意思的是，对中国传统情有独钟的李约瑟却从相反的角度提出："天人感应说在汉代占了主导地位，它建立在人类在地球上的行为伦理学与天体随之而来的感应之间——对应信念基础上。因而这实质上是以人类为宇宙中心。"[1]

如果上面这段话还用了（自然的）天体这个词的话，在一般

---

[1] 潘吉星. 李约瑟文集 [M]. 辽宁：辽宁科学技术出版社，1986：179.

地论及儒学时，李约瑟的观点其实倒是明确的，他认为，儒学"只不过遵从它那个学派创建者的态度，避而不谈自然界和对自然界（天）的研究，而把一千多年来的兴趣集中在人类社会，而且仅仅集中在人类社会上"。① 这种对"天"的人文化，与西方历史上的经历类似，中国传统中对天的看法，也经常是折射出对人类社会的理想。就总结儒家天人关系学说而言，庞朴先生的一段话是非常有见地的，他指出："儒家的一个大创造，便是将这种社会的规则和义理归之于天，创造了义理的天；或者说，他们本着从社会性看人的习惯，也从社会性去看天帝，认为它是社会原则的化身。只不过，他们并不曾同等地对待社会的一切规则和义理，而只是特别垂青其伦理的方面，将伦理的说成是天的；至于其他非伦理的方面，或则弃置不顾（如经济），或则予以伦理地改造（如政治）。所以，约略地说，儒家的所谓的'天'，可以说是他们对'社会'或'社会力'的一种古典表述，是被赋予了神圣外观的社会秩序……所以儒家所说的天人关系，实际上是社会体和社会人的关系，或人的社会和人自己的关系。"② 其实，就连一本专门以"天人合一"为题阐发儒学对于生态环境问题之意义的书中，作者也不得不承认，"在儒家思想中并没有形成一个统一、完整的自然观念，天、地、天地、万物、天地人等概念都不能单独具备自然的含义，只有它们的总和才构成了自然概念。"③ 但这样一来，以"天"之概念对应于当代"自然"之概念的做法就大成问题了。作为一个旁证，这种倾向甚至反映在中国的类书中，《艺文类聚》在其"天"之部下，所入选之引文即以具伦理含义者占绝大

---

① 李约瑟. 中国科学技术史（第二卷）[M]. 上海：上海古籍出版社，1990：34.
② 庞朴. 天人之学述论. 原道（第二辑）[M]. 北京：团结出版社，1995：288—314.
③ 张云飞. 天人合一——儒学与生态环境[M]. 四川：四川人民出版社，1995：204.

多数,如董仲舒之"天……之心,与人相副。以类合之,天人一也",及"天高泽下,圣人法之"等。这与西方早期百科全书(如《自然史》)中对纯作为自然界的天的直接描述,形成了鲜明的对照。①

除儒家外,影响稍小但仍不可忽视的道家也仍需分析,这里以老子和庄子作为代表。老子云,"人法地,地法天,天法道,道法自然"(《老子》)。这段话为人们所广为引用,有人甚至据之认为道家在主张天人合一方面比儒家还要彻底。但这里的关键在于其中"自然"一词之含义。对此,陈鼓应先生的看法是:"这里不仅说'道'要法'自然',其实天、地、人所要效法的也是'自然'。所谓'道'法自然,是说'道'以它自己的状况为依据,以它内在的原因决定了本身的存在和运动,而不必靠外在其他原因。可见'自然'一词,并不是名词,而是状词。也就是说,'自然'并不是指具体存在的东西,而是形容'自己如此'的一种状态。"② 庄子言:"曰:何谓天?何谓人?北海若曰:牛马四足,是谓天;络马首,穿牛鼻,是谓人"(《庄子·秋水》)。"无为而尊者,天道也,有为而累者,人道也"(《庄子·在宥》)。这种因"自然"无为而达天,实现"天与人一"的观点,也是类似的。因而,无论老子还是庄子,其"自然"之概念远非今之所言的"自然界",也就无从将其"现代化"了。此外,庄子接下去还讲:"主者,天道也;臣者,人道也"(《庄子·在宥》)。不论其"道"作何解,至少在其主臣关系中,我们也还是可以看到等级统治结构的。

偏开一些,与儒家相关的墨家,以"兼爱"扩展了有等级的

---

① 梁从诫.不重合的圈——从百科全书看中西文化[J].走向未来.1987(2):38—43.
② 陈鼓应.老子注译及评介[M].北京:中华书局,1984:30.

"仁爱",进一步扩大了人的社会性,同时也将儒家之含义广泛的"天"的概念收回至主宰之天。在天人关系上,则是"我有天志,譬如轮人之有规,匠人之有矩"(《墨子·天志上》)。正如庞朴所言,在墨家的学说中,"人被他们极度社会化了,于是如何统一行动由谁指挥的问题便突出出来。墨子的答案是'尚同'。上同的最后一环上同到天子,无以复加了,如果不再来一道管辖,那将是可怕的集权主义。所以墨子还需要一位神格的天。"① 显然,这种以天辖人的系统,也还是等级化的。

在中国传统中,除天人合一外,尚有天人相分的学说。一般来说,这种天人相分的观点自然不在推崇天人合一者提倡之列。但其中,对荀子和王充似乎还可简要论之。在荀子看来,"天地者,生之本也"(《荀子·礼论》)。"天行有常,不为尧存,不为桀亡"(《荀子·天论》)。他关于天的概念倒是更接近当今所言之自然环境。但这位时常被归为天人相分论者,还提出:"天有其时,地有其财,人有其治,夫是之谓能参"(《荀子·天论》),"故天地生君子,君子理天地;君子者天地之参也"(《荀子·王制》),因而庞朴先生认为正是荀子接近正确地提出了切实可行的天人合一方案,并且其"人与天参"之说当与生态环境有关。可惜的是,荀子的学说并不在中国传统的主流文化中占突出地位,而是受到排斥,连其著作也于千年后才有注本。至于王充及其在《论衡》中对"天人感应论"的批判,这里只稍提及一点,即已有学者指出,王充与"天人感应论"的对立,其实只是两种不同的社会人生观的冲突而已。②

---

① 庞朴.天人之学述论.原道(第二辑)[M].北京:团结出版社,1995:288—314.
② 陈静.试论王充对"天人感应论"的批判[J].哲学研究.1993(11):40—46.

四、小　结

据以上的分析和讨论，这里只从本文标题所限的范围得出两点结论。

1. 在众多推崇中国"天人合一"传统并将其意义推及当代者，是望文生义地作了误读，而实际上，在中国主流传统文化中的"天"和"人"的概念，并不等同于西方传统中成为对立的两极的"自然"和"人"，由此，"天人合一"也就决非可等同于"人与自然的和谐相处"了。

2. 除去在中国传统文化中"天"、"人"及"天人合一"与西方的"自然"、"人"及"人与自然和谐相处"之概念及含义的不同，中国"天人合一"的体系框架，不论就天而言，还是就人而言，都是有着分明的贵贱尊卑的等级结构和支配关系的。而就西方生态女性主义的理想而言，除了要消除"自然"与"人"的二分对立，对平等的、无等级压迫结构的体系（包括人类社会文化体系自身及人与自然的关系）的追求占有重要的地位，这种追求甚至使生态女性主义超越了名称上的"性别"属性。在这种意义上，中国传统中的"天人合一"也并不符合生态女性主义的要求和理想。

以上两点只是非常有限的结论。要全面地论证"天人合一"可否拯救生态环境，对当代西方其他生态理论与中国"天人合一"传统的比较研究，仍有必要一一进行。当然，倘若生态女性主义本身就是错误的，那么以上结论自然也就不再有更大的意义，但是，从目前来看，至少我们可以说，在当代西方的各种生态理论中，生态女性主义是有一席之地的，是有一定代表性的，其观点显然起码也是有着重要的启发作用的。

最后，我们可以作这样一种有着最大的退让的假设。也就是说，即使不存在着前面所说的误读，即使"天人合一"说恰恰就是生态女性主义或其他西方当代生态理论所追求的理想，我们仍然可以说，西方传统的发展，是经历了对"自然"与"人"的对立二分之后——它伴随着近代科学的出现，当然也付出了相应的代价——才达到了对"人与自然和谐相处"的认识，是经历了一种"否定之否定"的过程。而自一而终（如果可以这样讲的话）的"天人合一"，则没有经过这种"否定之否定"的过程，因而与前者相比，是处在一种不同的较低层次上。更何况其代价也许还包括了没有带来近代科学呢！再者，本文也还没有讨论在一些反对推崇"天人合一"之价值的文章中所举出的，在中国历史上并未因"天人合一"而得以避免的环境问题的事实。

在激进的理论中寻找启示
——读 Mies 与 Shiva 的《生态女性主义》

不论在女性主义研究领域,还是在生态环境保护研究领域中,生态女性主义都是令人瞩目的一派学说。按照美国《生态百科全书》中生态女性主义的条目解释,首先,生态女性主义是一种激进的政治活动形式,它源于女性的权利乃至公民的权利以及和平和生态运动的会聚,也对这些内容的会聚做出贡献。其次,生态女性主义也是对社会和环境的统治支配的原因、本质及解决办法的各种理论的总称。这些理论反映了主要是来自生态学、历史、女性主义、文学、神学和哲学的立场。

因而,在生态女性主义这面旗帜下,也包容了彼此观点有很大差别的各种理论,尽管在某种程度上可以说,大多数生态女性主义最基本的出发点,是要将对妇女的解放和对自然生态环境的拯救联系起来。在这种林立的生态女性主义理论阵营中,Mies 和 Shiva 于 1993 年出版的《生态女性主义》一书,是很有特色的。其作者之一 Maria Mies,多年前到过印度,曾为在海牙的社会研究所妇女研究计划的负责人,后任德国科隆的职业大学的社会学教授,活跃于德国的妇女运动与环境运动。她有数本著作出版,如《印度妇女与父权制》(1980)等,代表作为 1986 年出版的《世界范围的父权制与积累》,该书重印多次。另一位作者 Vandana Shiva 是物理学家、科学哲学家和女性主义者,系印度台拉登的科学、技术与自然资源政策研究基金会负责人。积极致力于公民反对环境破坏的运动（包括"抱树运动"），对目前的农业和生殖技术持高度批判的态度。有多种著作出版，如《继续生存：妇女、生态与发展》(1989)及《绿色革命的暴力：第三世界的农业、生态与政治》(1991)等。

这里所评述的《生态女性主义》是一本两人合著的著作，两位作者分别生活在不同的世界：由世界的市场系统所区分开的南部——印度，和北部——德国。其所受教育的背景也很不同，一位是理论物理学家，但投身于生态运动；一位是社会科学家，致力于女性主义运动。事实上，对女性主义运动的看法在南北不同的世界中也是存在差异的。但合著此书的基础又是建筑在一些共同点之上的，其一，就是要使一些全球性的进程呈现在人们面前，而为了资本积累的缘故，基于世界范围对人和资源的控制，随一种新的世界秩序的出现，这种进程正变得越来越不为人们所关注；其二，是基于一种乐观的信念，即作为反抗全球资本主义父权制的支配力量的论坛，对同一性和差异的研究将变得更加重要。她们共同合作的目标，是要表达不同的看法，以不同的方式讨论在世界结构中的不平等，这样的世界结构允许北部支配南部，男人支配女人，为了更加分布不均的经济利益而疯狂地掠夺更多的资源，而支配自然。

这些共同点的达到，是由于对妇女和生态运动的参与，而不是来自封闭的学术研究机构。她们面对的，是在这个星球上的生命的生存问题，不仅仅是妇女、儿童和人类的生存问题，而且是动物和植物的多样性的保存的问题。一些毁灭性的发展趋势威胁着地球上的生命，在对导致这些趋势的原因的分析中，两位作者分别意识到她们所称的资本主义父权制的世界体系。这种世界体系的出现，是建立在对妇女和自然的统治之上的。作为积极寻求将女性从男性的统治中解放出来的女性主义者,她们也无法忽视这样一个事实:"现代化""发展"的过程以及"进步"对于使自然界退化而负有责任。作为生态运动的积极参加者,她们越来越清楚地认识到,科学和技术在性别上不是中性的,在(自16世纪以来还原主义的近代科学所形成的)人类对自然的掠夺,以及在大多数父权制社会(甚至现代工业社会)中男人对女人的掠夺和压迫之间,是存在紧密相关的联系的。尤其是,在生物技术、遗传工程和生殖技术方面的新进展,已经使女性实际意识到科学和技术的性别偏见,意识到科学的整体范式具有父权制的、反自然的、殖民的特征,目标是像剥夺自然的生产能力一样剥夺女性的生育能力。由这些论点中可以看出,这两位作者对于科学技术的后现代性的激烈批判的态度。

作为一般的背景,近代科学通常被设计为是一种普适的、与价值无关的知识系统,是对生命、宇宙和万事万物得出客观的知识。但这种源于15—16世纪科学革命的以还原论或机械论为范式的主流的近代科学,开始被女性主义者们认为并非作为整个人类的解放力量而出现的,它只是作为西方的、男性取向的、父权制的一种计划。还原论将复杂的生态系统简化为单一的部分,将单一的部分简化为单一的功能,从而允许以一种最大限度地利用单一的功能和单一的部分的方式来操纵生态系统。相应的,出现了知识与无知,有价值和无价值的区分。作为例子,Shiva提到了在医学中对生育问题的看法(对女性自主性的剥夺,新的生殖技术更是将权利从母亲向医生、从女性向男人转移,认为精子的生产比卵子的生产有更大的价值等),以及现代农业中作物的再生产的例子。

在Mies那里,对科学的批判更为激进:"所有目前的科学和技术在本质上都是军事科学和技术,而不仅仅是当它们被应用于炸弹和火箭时。""这种科学是不负责任的。"

或许是由于更多地参加妇女和生态保护运动的背景，Mies 和 Shiva 这两位作者对于运动的关注似乎甚于对理论的关注。在书中，她们提到许多许多妇女保护生态环境运动的案例，并将这些运动的意义与生态女性主义紧密联系起来。正如她们所讲："只要妇女从事反对对生态的破坏或者原子能毁灭威胁的行动，她们马上就会意识到在父权制中反对妇女、他者和自然的暴力之间的联系。在对这种父权制的反抗中，我们忠诚于未来的后代，忠诚于生命和这个星球本身。通过我们作为女性的天性和体验，我们对此有一种深刻和特殊的理解。"

Mies 和 Shiva 认为，生态女性主义的观点提出，需要一种新的宇宙观和一种新的人类学，这种宇宙观和人类学承认在自然界中的生命（包括人类）是通过合作、相互照料和爱来维持的。只有以这种方式，我们才能尊重和保持所有生命形式的多样性，包括其文化的表达，作为我们的康乐和幸福的真正源泉。为了这一目的，生态女性主义者们利用诸如"重新组织世界""疗伤"等隐喻。这种要创立一个整体论的、包容一切生命的宇宙观和人类学的努力，必然意味着一种自由的概念，而它与自从文艺复兴以来人们所用的自由概念是不同的。

在谈及自由时，颇具特色的是，Mies 和 Shiva 将自由（freedom）和摆脱束缚（emancipation）的概念作了区分。以往人们认为，人类的自由和幸福依赖于一种不断的摆脱自然的束缚的过程，依赖于利用理性的力量独立于自然的过程和对自然过程的支配。Mies 和 Shiva 则提出，应抛弃这种观念。而且，社会主义乌托邦实际上也是基于这样的自由概念，即认为人类的历史是要从"必然的王国"（也即自然的王国）走向"自由的王国"（即"真正"人类的王国）。虽然在生态运动开始时，大多数女性主义者也曾具有这种自由的概念，但更多的人开始反思：为什么作为人类解放者的现代科学技术的应用会导致生态的恶化？她们认为，在这个有限的星球上，要得到自由，并不是要超越"必然的王国"，而是要在必然和自然限度中发展一种自由、幸福和"良好生活"的观念，这就是可持续的观念。否则，这种强调超越"必然的王国"的自由，就只能是少数人（支配者）的自由。就男女平等而言，现在有更多的女性主义者已经抛弃了那种要分享在资本主义父权制的社会中男性特权的追求。

作者 Mies 和 Shiva 也同样关注文化和意识形态的问题。她们反对过去的以西方的模式追求统一的现代化的发展策略，因为这种发展导致对文化多样性以及生物多样性的破坏。她们也反对在上层建筑（或文化）和经济（或基础）之间的二元论的区分。她们认为对于地球上生活形式的多样化和人类社会的文化的多样化的保护，是维持这个星球上生命的一个前提。这也正是对于多元化——它与多样性紧密相连——的追求的一种表现。

在此书中，作者对生态女性主义的基本理解，是一种生存的观点。她们认为妇女比男人更接近这种观点，在南部为其直接的生存而工作、生活和奋斗的妇女比在北部城市居住的中产阶级妇女和男人更接近这种观点。她们在书中要讨论的，是在其斗争和反思过程中出现的一些问题，它们包括了如果我们想要保持在这个星球上的生命就要面对的问题的很大一部分，如关于我们的知识的概念的问题，关于贫困与发展的问题，关于对所有的生命形式工业化的问题，对文化的同一性和根源的探索，对在一个有限的地球上自由和自我决定的探索。最后，试图要提出的，是其对一个仁慈地对待自然、妇女、儿童和男人的社会的见解。

如前所述，对现实问题的关注是此书的重要特色。对于与生态环境密切相关的发展问题，Mies 明确地提出，在不发达国家中盛行的"赶超"的发展策略,实际上是一种神话。因为这种发展策略,是以发达国家的生活水平为标准,而要追上这种标准,就不得不走与那些发达国家同样的工业化、技术进步和资本积累的道路。但以往发达国家的高生活标准,是建立在一种南—北殖民关系的基础上的,对于发展中国家,要想以这种策略来发展,是不现实的:首先,追赶永远没有完结,你追一步,人家已经又向前发展了;其次,要想让世界上所有的人都过上比如说美国人那种消费资源的生活,依靠在地球上有限的资源是不可能的;再者,生活水平的提高,是以对环境的破坏和生活质量的下降为代价的。同时,这种"赶超"的发展策略也不可能使妇女获得解放,尤其是,在发达国家,妇女"赶超"的对象是男人,而这正是以一种男人的模式为目标。

关于发展与参与的问题,Shiva 提出了一个很有意思的观点。妇女日益加剧的不发展,不是由于她们对发展的参与的不充分或不适当,而是由于她们被迫不对等地参与,从而被排除于获益者的行列之外。

在环境方面,切尔诺贝利核电站的事故是作者反复讨论的主题之一。Mies 还由之归纳出了若干条教训,而且不只是对妇女的教训:1. 没有人能够以个人的力量来拯救她或他自己。2. 现代机器为一般的人所做的事,最终将为所有的人感觉到,一切都是相关的。3. 相信那些称自己为"负责任"的人是危险的。4. 对于在政治和科学领域中占统治地位的男人的信任是危险的,首先因为他们的思考不是基于伦理的原则。5. 信任政治家和科学家是危险的,这不仅是由于他们不讲伦理,也是因为他们缺少想象力和情感。6. 在切尔诺贝利之后,科学界和政治界里那些带头的"负责任者"的反应是令人惊奇的。7. 切尔诺贝利清楚地表明,并不存在对原子能的"和平的"利用。8. 所有要安抚人民的疯狂努力表明,那些掌权者害怕人民，害怕人民的恐惧，与妇女们不同，他们不那么害怕在这个星球上的生命被毁灭。9.切尔诺贝利教给我们的教训是，把我们拉回到石器时代的，不是那些要求马上做出对核能的选择的人们，而是那些以进步和文明的名义来鼓吹这种技术的人们。从以上这些被总结出来的教训，我们当然可以看出作者激烈地反对对现代科学技术的应用的倾向。

在发展中，Shiva 认为，大坝、矿山、电站、军事基地，这些东西是被称为"发展"的新宗教的庙宇。这种宗教的祭品就是自然的生命和人的生命。为了发展，为了建设，经常有移民等的需要，这种做法，使人们离开了土壤，没有了根，但土壤是神圣的，它并不只是一种资源，它也是人的存在的根本，与文化紧密相连。为了发展而离开了土壤，就使得人们在精神和物质的双重意义上成为地球村中的无家可归者。因而，在南部被称为生态的运动实际上就是一种寻根的运动。

由于此书的主要特色是关注实际的问题，包括各种生态问题和妇女问题，理论性的分析要稍显薄弱一些。但在少数章节中，我们也还是可以看到一些有趣的理论分析，如 Mies 对于妇女与 Fatherland（主要指民族国家），Shiva 对于妇女与 Motherland 这些在其分析中具有更深刻意义的隐喻的关系的讨论。当然，这些讨论也多是基于现实中南部不发达国家和北部发达国家的例子来进行的。其批判的核心指向，仍是资本主义男权制的社会制度和经济运作，兼及从启蒙运动以来的近代科学技术的发展，而且，对于殖民这一概念在（包括对自然的、对妇女的，以及对不发达国家的等等）更广意义上的应用，也是其重要特色之一。至于多样性问题，也同样是以多种途径作为妇女的政治学和生态政治学的基础，在作者看来，生态政治学，也是以自然的多样性为基础的。

在基于女性主义对现代科学技术的批判中，除了原子能的应用，作者着墨最多的，可以说是所谓的生物技术，主要是指遗传工程和生殖技术（同时也涉及计算机技术），并认为在这些技术之间是有着密切的关系。首先，作者认为这些技术的大规模发展，不是为了提升人类的幸福感，而是为了克服目前的社会体制在延续其持续增长的发展模式和基于物质产品与资本积累的生活模式时所面临的困难。其次，这些技术的引进，是在特殊的男人和女人的社会关系中，是基于掠夺和压迫。例如，生殖技术的引进，被认为是要控制所有妇女的生育能力。虽然有人认为这些技术本身无所谓好坏，问题只是在其应用方面。但作者提出，这种观点是基于科学技术价值中性的假定，而女性主义已经批判了这种假定。这些技术都是基于对自然、妇女和其他类似的掠夺和压迫，因而，在本质上是性别歧视的、种族主义的，并且最终是法西斯主义的。

生殖技术，以及与生殖技术和生态环境均密切相关的人口问题和人口控制政策，亦是 Mies 和 Shiva 以很大的篇幅来讨论的问题。在她们的观点中，几乎对目前随着科学技术的进步而出现的各种生殖技术，目前世界各国现有的人类控制政策，都进行了激烈的批判。简单地讲，在她们看来，或者说以她们所持的生态女性主义观点看来，这些问题并不是孤立的问题，而是要从男人—女人之间的关系，劳动力的性别划分，性关系，以及整体的经济、政治和社会形势来着眼进行考查的，并认为在目前所有这些问题都受到父权制和资本主义的意识形态与实践的影响。因而，首位需要的是，妇女要重新获得在其性活动和生育能力方面的自主性。

其实，在对于世界上现有的各种体制的批判中，Mies 和 Shiva 的矛头既指向作为其主要批判对象的父权制的资本主义制度，同时，认为社会主义体制也是在最基础的前提下存在问题，与其所提倡的生态女性主义的观点不符。最后，在批判之余，她们也阐明了自己对于一种理想的前景——她们称之为"生存的观点"——的看法,但认为这种对于目前世界范围的生态、经济和社会问题的解决不会来自南部或北部的统治精英们,而只能出自为生存而斗争的基层运动中。那些参与这些运动的男人和女人们坚定而且激进地拒斥在工业化国家中流行的资本主义父权制的发展模式,而要求一种非掠夺性的、非殖民的、非父权制的、尊重而不是摧毁自然的社会。在这些运动中,女性比男性更能理解:对于所有的人,包括最贫困的人,并不是向工业增长体制的归并和使这种体制延续,而是一种生存的观点,才成为生存下来的唯一保证。她们对于这种生存的观点的主要特征也做了系统的描述,但从这些立足于其特定的生态女性主义见解的描述中可以看出,其乌托邦的色彩是十分浓厚的。

纵观 Mies 和 Shiva 的《生态女性主义》一书,给人留下的突出的印象,是其激进地对现实问题的关注。她们以其特有的生态女性主义观点对世界上现存和流行的几乎所有重要的社会、经济和意识形态都进行了分析,也进行了激烈的批判。如果说对现实问题的关注是其特色的话,那么,对于女性主义的更为深刻的哲学分析的缺少,也许或可以说是此书的不足之处,对于想要更系统地了解生态女性主义的来龙去脉的读者,对于想以更本质的分析来理解这类生态和女性主义理论的读者,可能会有所失望,对于不赞同很激进的立场的读者,甚至可能会有一定程度的反感。但从另一个方面来说,在一本书的有限容量中,在这些方面的不足,又恰恰使其关注现实世界上的具体问题并就与社会、经济和意识形态关系来讨论女性和环境问题的特色成为可能。而且,即便一些读者不欣赏其过分激进的某些观点,不同意其具体的某些见解,但在其论述中,还是有许多地方能够引起我们思考,带给我们某些启示,并有助于我们从特定的角度提出和探讨新的(尽管是可争议的）问题。比如说，作者对于妇女和环境问题的独特的理解，对于发展中国家普遍采用的"赶超式"发展战略模式的分析和批判等，都是可以带给我们某种启发的。而这也许正是留给中国的生态环境研究者和女性主义研究者的课题，更何况在前面已经有了像 Mies 和 Shiva 以及许许多多其他生态女性主义研究者们已经完成的部分研究基础呢！

参考文献

[1] R. A. Eblen & W. R. Eblen eds., The Encyclopaedia of Environment. Houghtor Mifflin Company. 1994.

[2] M. Mies and V. Shiva. Ecofeminism. Zed Books. 1993.

[3] 曹南燕，刘兵. 生态女性主义及其意义 [J]. 哲学研究 .1996（5）：54—60.

懂一点 STS

科学家传记

玻色：科学家的彗星现象

一、引 言

　　沙提恩德拉·纳思·玻色（Satyendra Nath Bose）就是现代物理学史中一位非常独特的科学家。一方面，作为一位土生土长的印度物理学家，他提出了一种量子统计方法，在量子统计力学的发展中迈出了重要的一步；而另一方面，与其他科学家不同，在他一生中只有这一项似乎是"独立"和"偶然"的工作真正具有重要的意义。玻色在完成了这项工作后，虽曾游学欧洲，而且回到印度后又发表了一些科学论文，但正如多年后他自己也承认的那样，他的其他论文并不怎么重要，"回到印度后……我再也不属于科学界了。我就像一颗彗星那样，来了一次而再也没有回来。"[①]实际上，这种情况在科学家中是有一定代表性的。他们中许多人的确曾在科学领域中做出过重大贡献，但却仅仅是昙花一现而已，随后便再无建树。对于这种现象我们不妨借用玻色的话，称之为"彗星现象"。

　　本文将在国外学者工作的基础上，以个案研究的形式，对玻色的经历与工作的独特之处及所谓"彗星现象"发生在玻色身上的各种原因做一初步的分析。

---

① J. Mehra & H.Rechenberg, The Historical Development of Quantum Theory. Vol.I. Part II. Springer-Verlag. 1982: 571.

二、玻色的早年经历与知识背景

1894年1月1日,玻色出生在印度的加尔各答(Calcutta)。1909年从中学毕业后,他进入了加尔各答的管辖区学院(Presidency College),这所学院的科学系拥有不少优秀的教师,学生的素质也很好,在玻色的同学中,后来有一大批人成了印度著名的科学家。1913年,玻色通过了该校混合数学(与应用数学相近,涉及天文学、动力学、流体力学和某些纯数学的内容)的科学硕士考试,在两次考试中玻色均名列榜首。

在当时的印度,像玻色这样有才华的年轻人走到这一步以后,出路通常有两条:或是去政府机构中任职,或是继续研究科学。但后一条路更为坎坷。当时,欧洲的物理学(尤其是相对论和量子论)正在蓬勃发展,但在印度却连最基本的科学文献都很难找到。幸而,先后有几个难得的机遇改变了玻色的处境。

这些机遇是,1914年,在一些私人捐赠的基础上,高等法院法官兼加尔各答大学名誉校长阿苏托什·穆克尔吉爵士(Sir Asutosh Mookerji)创立了加尔各答大学和专为帮助印度学者的基金会。这是一项重要的改革,因为在此之前,印度的大学深受英国影响。再者,该学院也是印度第一所提供高等科学研究的学院。1915年,玻色从穆克尔吉那里申请到了奖学金,并被获准使用穆克尔吉个人在物理及数学方面的大量藏书。此外,玻色还从一位外籍教师和一位刚从国外归来的学者那里借到了一些最新的物理学文献。凭借了这些信息来源,玻色才接触到当时物理学的前沿。①

---

① 关于玻色的生平,可参见 W.A.Blanpied. Satyendra Nath Bose. in Dictionary of Scientific Biography. C. C. Gillispie ed., Vol. XV. Charles Scribnaer's Son:47—50;J. Sharma. Satyendra Nath Bose. Physics Today(1974), Apr., 129—131.

三、开量子统计力学之先河

1921年,为了寻求更自由地进行研究工作的机会,玻色离开了加尔各答,前往达卡大学任高级讲师。在达卡大学期间,他继续深入思考理论物理学的问题,特别是批判地学习像普朗克、爱因斯坦和玻尔这样一些大师们的著作。由此,他注意到前人在推导普朗克著名的黑体辐射公式时所用到的量子条件和经典理论的不自洽性。玻色后来曾这样回忆说:"作为一个必须把这些东西向学生们讲清楚的教师,我是清楚这些冲突并且考虑过它们的。我要弄清楚怎样用我自己的方式来设法解决困难。并不是某位老师要我去解决这些个小小的问题,而是我想要知道。于是这就引导我应用了统计学。"[1] 经过紧张的思考和研究,在1924年6月初,玻色完成了他题为《普朗克定律与光量子假说》的论文。由于玻色对此问题的处理事实上完成了爱因斯坦多年追求的目标,6月4日,玻色把论文的手稿寄给爱因斯坦,并附上一封诚恳的信,信中写道[2]:

尊贵的阁下:

不揣冒昧,寄上文稿请赐审阅和指正。我渴望知道您对此文的看法。您将看到,我已试着独立于经典电动力学而只假设相空间中的终极基元域为 h^3 来推导了普朗克公式中的系数 $8\pi v^3/c^3$。我的德文水平不足以翻译此文。如果您认为此文值得发表并安排它在《物理学期刊》(*Zeitschrift für physik*)上

---

[1] J. Mehra & H.Rechenberg. The Historical Development of Quantum Theory. Vol.I. Part II. Springer-Verlag. 1982:563.
[2] J. Mehra & H.Rechenberg. The Historical Development of Quantum Theory. Vol.I. Part II. Springer-Verlag. 1982:565.

发表，我将是十分感激的。尽管我对您来说是一个完全陌生的人，我还是不迟疑地向您提出了这一请求。因为我们都是您的学生，尽管只是通过您的著作而受到您的教诲……

玻色这篇论文原来的目的只是想在逻辑上自洽地推导出普朗克定律，但在此过程中，他似乎是在无意中迈出了关键的两步：（一）遵循普朗克把相空间划分成体积为 h（h 为普朗克常数）的相格，（二）在计算光量子在这些相格中可能的分配方式数时，暗中假定了光量子彼此间是不可区分的（尽管他对此未做出明确讨论）！而这正是超出了经典统计力学的重大飞跃。

爱因斯坦马上发现了玻色论文的重要意义，在接到信和手稿大约一个星期后，就把这篇论文翻译成德文寄出。论文于 1924 年 7 月 2 日寄到《物理学期刊》，发表在该杂志的同年 8 月号上。在论文后面，爱因斯坦还附上了简要的译者按："在我看来，玻色对普朗克公式的推导意味着一个重要的进展。这里用的方法也得出我要在别处阐述的关于理想气体的量子理论。"[①]

随后在 1924 年 7 月到 1925 年 1 月间，爱因斯坦在连续三篇论文中，把玻色的方法推广到处理静止质量不为零的物质粒子。至此，通过玻色和爱因斯坦的工作，一种新的不同于经典玻尔兹曼统计法的量子统计法诞生了，这就是现在所称的"玻色—爱因斯坦统计法"。

除了开创量子统计力学这一功绩，玻色的这篇论文在整个从量子论到量子力学的发展中，也有重要意义。美国物理学家和科学史家派斯（A. Pais）甚至认为："玻色的论文是旧量子论中第 4

[①] 玻色的这篇论文与爱因斯坦的译者按，均见《爱因斯坦文集》，商务印书馆，1977：389—402.

篇也是最后一篇革命性的论文。"①

然而，玻色的工作之所以能迅速引起人们的重视和得到承认，除了自身的价值，爱因斯坦的推荐、赞誉和随后亲自参与推广也起了重要的作用。但对于一般的科学家们来说，这种情况出现的概率毕竟太小了。在这一点上，玻色是幸运的，但这种"幸运"也表明了在玻色的成功背后的偶然性。

四、失缘与爱因斯坦合作

就在玻色向爱因斯坦寄出了他关于推导普朗克定律的论文仅仅 11 天后，1924 年 6 月 15 日，他又写信给爱因斯坦，并寄上了题为《存在物质时辐射场中的热平衡》的论文。他依然是征求爱因斯坦的看法，并且请求爱因斯坦再将此论文译成德文和安排发表。爱因斯坦又一次满足了玻色的要求，但在这篇论文后面所附的评论中，爱因斯坦表示他不同意玻色这次的结果。而玻色这次的工作也确实是错误的。② 玻色在 1925 年 1 月 7 日写给爱因斯坦的信中，提到他写了第三篇论文来回答爱因斯坦的批评，但这第三篇论文从未发表。玻色对量子统计力学的开创性工作也就到此为止了。

---

① A. Pais. Subtle is the Lord.... Oxford Univ.Press. 1982：425. 另外三篇论文分别指：普朗克开创量子论的论文（1900），爱因斯坦关于光电效应和提出光量子概念的论文（1905），以及玻尔提出其著名的原子模型的论文（1913）。当然，派斯这里的说法有些夸张。

② O.Theimer. et al., Bose's Second Paper: A Conflict with Einstein. Am.J.Phys., 45（1977）：242—246.

懂一点 STS
鸡蛋里的骨头

早在 1924 年初，玻色曾向达卡大学校方申请出国学习两年，直到 6 月份，他的申请仍未得到确切的答复。正在这时，爱因斯坦寄给玻色一张明信片，上面谈到他认为玻色的论文是一项重要贡献，他将设法使之发表。在关键时刻，这张明信片帮了玻色的大忙。在将它出示给评议委员会后，玻色的申请很快就被批准，并且得到了充裕的经费。

玻色因为觉得自己的德语还不够好，他没有先去柏林，而是在 9 月初前往法国巴黎。但他在 10 月份写给爱因斯坦的信中，提到希望能获准在爱因斯坦的指导下工作，并说这是他"梦寐已久"的愿望。但这一打算一直耽搁下来。在巴黎，他经人介绍拜访了居里夫人，希望在她的实验室中学习放射性研究的实验技能。在会面的英语交谈中，居里夫人劝告玻色先集中精力学好法语，玻色终因未及时打断谈话和告诉居里夫人说他已充分掌握了法语而使这一打算落了空。后来，他在一所私人实验室中找到了工作，主要是学习 X 射线光谱学和晶相学方面的实验技能。

在巴黎待了大约一年后，玻色终于来到柏林，于 1925 年底见到了他仰慕已久的爱因斯坦。爱因斯坦对待玻色极其亲切、友好。然而，将近一年前，爱因斯坦便完成了在玻色工作的基础上发展量子统计力学的第三篇（也是他在此领域中的最后一篇）论文，此时早已把注意力转向了其他领域。玻色最终失去了与爱因斯坦合作发展量子统计理论的机会。那么，为什么在有了一个良好的开端后，玻色没有能像爱因斯坦那样继续推广和发展其理论，或与爱因斯坦合作完成这一工作呢？

对此问题可以从几个方面来考虑。首先，玻色对自己工作的重要性并不十分了解，他当时并未发现自己的论文竟然推翻了经典逻辑。多年后，玻色回忆说："我没有意识到我所做的工作实际上是新奇的。就真正了解我正在做一些确实不同于玻尔兹曼已经做过的、不同于玻尔兹曼统计学的工作这种意义上，我不是一个统计学家……我认识到在普朗克和爱因斯坦尝试中的矛盾，并以我自己的方式来应用统计学，但我没有想到它不同于玻尔兹曼统计学。"① 而爱因斯坦在得知玻色的工作后的反应，却是仅仅在7个月中就完成了对其方法的推广。相比之下，我们自然可以看到玻色与爱因斯坦在科学眼光和对本质问题的理解上存在的巨大差距。

其次，玻色未能有意识地将自己真正置身于物理学发展的主流之中。虽然他希望能在爱因斯坦的指导下工作，但却径直去了法国巴黎。推说德语不好而没去德国，这并非十分充足的理由。何况到了巴黎之后，玻色反而把兴趣转向学习在他回国后可能会派上用场的实验物理技能，一再推迟去德行期，以至彻底失去了与爱因斯坦合作发展量子统计理论的机会。玻色这样做固然有他的道理（如对回国后工作的考虑），但这也说明了他从未像爱因斯坦那样的大师一般，能真正将自己置身于物理学发展的主流之中，而仅仅是在无意中完成了一项连自己也未能充分理解其意义的重要工作后，就再也跟不上物理学迅速前进的步伐了。这一点也正是像玻色这样的物理学家的局限所在。

再次，更深层的原因，即社会文化背景对玻色的科学工作的可能影响也应引起注意。最说明问题的也许是，玻色曾说过弗兰克（J. Franck）是他最喜欢的德国物理学家，而这竟是因为弗兰克深暗的肤色！虽然玻色幸运地赶上了阿苏托什爵士的某些改革，"但在学术界英国人仍继续强有力地占据优势地位，即使有世界上最伟大的科学家对其工作的肯定，也不足以从像玻色这样一个敏

---

① J. Mehra. Satyendra Nath Bose. Biographical Memoirs of Fellows of the Royal Society. 21（1975）：117—154.

> 懂一点 STS
> 鸡蛋里的骨头

感、腼腆的人的头脑中抹去他不如任何一位欧洲科学家的印象。"①美国科学社会学家科学尔兄弟在其著作中谈到美国黑人的情况时曾指出:"在进入科学界之前,即使是天赋最高的美国黑人也显然面临着一系列难以克服的社会和心理的障碍。"②而玻色的情况正好相似。四十多年后,当布兰皮德在1971年访问玻色,问到"是什么导致了你独特不可区分性假设"这一问题时,玻色的第一句回答是:印度人也可以有出色的观点,然后,他才讲及具体背景。③从这自豪的话语背后,人们不难体味到某种依然潜在的自卑感。

五、玻色的后期活动与"彗星现象"

1926年夏,玻色带着一封爱因斯坦的推荐信回到达卡,在1927年被任命为达卡大学的物理学教授兼物理负责人。后来,随着量子力学的成熟发展,人们愈发认识到玻色工作的重要性,玻色又曾获得多种荣誉,其中包括在1949年当选为印度国立科学研究院主席,1958年当选为英国皇家学会会员,1959年被任命为印度的国家教授等。但是,在科学工作方面,他再未达到昔日的水准。用美籍印度裔科学史家梅拉的话来说,对普朗克公式新颖的推导及对爱因斯坦的激动"是玻色对物理学第一项也是唯一的重

---

① W. A.Blanpied. Satyendra Nath Bose: Co-Founder of Quantum Statistics, Am. J. Phys., 40 (1972): 1212—1220.
② 乔纳森·科尔,等.科学界的社会分层 [M].北京: 华夏出版社,1989: 172.
③ W. A.Blanpied. Satyendra Nath Bose: Co-Founder of Quantum Statistics, Am. J. Phys., 40 (1972): 1212—1220.

要贡献"。① 相反，人们更愿提到的是他后期在推动用孟加拉语普及教育方面的一系列努力。对科学界来说，这颗曾经发出过耀眼光彩的彗星已经离去了。

通过上面对玻色的生平和工作的追述与若干分析，我们可以看到"彗星现象"发生在玻色身上的某种必然性。他在一个条件并不理想的环境中成长和接受科学教育，凭借若干偶然的机遇（当然不排除他才能的作用）才在物理学中做出了"一次性"贡献，但最终却由于种种原因（尤其是社会环境在他身上留下的烙印）未能真正加入国际科学共同体的"无形学院"，并因远离国际科学共同体而在科学界消失。

玻色能够在那种条件下做出过第一流的科学贡献，这确实是一件了不起的事，而且也的确给他本人乃至印度带来了荣誉。遗憾的是，彗星虽然格外引人注目，但毕竟转瞬即逝，不若夜夜繁星灿烂。"彗星现象"提示我们，尽管一两个天才可以在某种偶然的情况下做出天才的科学发现，但对科学真正健康顺利的发展来说，要求的不仅仅有个别的天才，而更多的是适宜的社会条件。某种意义上，对一些国家而言，对科学土壤改良的重要性要远远胜过一两项具体的，甚至震惊世界的重大科学发现。然而，对最后这一问题的深入讨论，已不是本文的篇幅所能允许的了。

---

① J. Mehra. Satyendra Nath Bose. Biographical Memoirs of Fellows of the Royal Society. 21（1975）：117—154.

> 懂一点 STS
> 鸡蛋里的骨头

布洛赫

布洛赫，1905年10月23日生于瑞士苏黎世，1983年9月10日卒于苏黎世，工作涉及凝聚态物理学、原子与分子物理学、量子电动力学。

费利克斯·布洛赫的父亲古斯塔夫·布洛赫（Gustav Bloch）是苏黎世的一位谷物批发商，母亲名为阿格尼斯·迈耶·布洛赫（Agnes Mayer Bloch）。费利克斯这个名字在拉丁文中的意思是幸运。在上中学之前，布洛赫开始学习钢琴，这培养起他对音乐的兴趣。在阿尔卑斯山度过的几个假期，则培养起他登山的爱好，这一爱好始终伴随着他。1918年春，布洛赫进入苏黎世的一所高中，在那里，他除了数学、物理和化学，还学习了法语、英语、意大利语和拉丁语。

1924年秋，秉承父亲的意愿，以成为一名工程师为目标，布洛赫进入苏黎世的联邦技术学院。但很快他就发现，像制图之类的课程实在难以引起他的兴趣，尤其是，他在听了由德拜（Peter Debye）讲授的物理学课程之后，觉得自己在此课程中所学到的东西比在所有其他课程中学到的总和还要多。一年后，他便转到了数学与物理系。此时，外耳（Hermann Weyl）和薛定谔（Erwin Schrödinger）也都在此系中，布洛赫也曾有幸在讨论会上聆听他们的讨论。后来，当德拜离开苏黎世去德国的莱比锡时，他建议布洛赫也去那里。当时，因发现矩阵力学而闻名于世的海森伯正在莱比锡大学，于是，在1927年，22岁的布洛赫成了年仅26岁的海森伯的第一个研究生。在海森伯的指导下，1928年，布洛赫以题为《晶格中电子的量子动力学》的论文在莱比锡大学获博士学位。

1928—1929年，布洛赫在苏黎世作为泡利（Wolfgang Pauli）的助手，从事超导电性和磁学的研究。随后在荷兰的乌得勒支与克拉默斯（Hendrik A. Kramers）一起工作了一段时间后，1930年，他又回到莱比锡再次作为海森伯的助手，并撰写以取得大学授课资格为目的的关于铁磁性的论文。1931年，受奥斯特奖学金资助，布洛赫曾到哥本哈根玻尔（Niels Bohr）的研究所工作，受到玻尔的重要影响，并与玻尔成了终生的朋友。1932年回到莱比锡后，他成为大学中的理论物理学无公薪讲师。1933年，布洛赫先是到罗马与费米（Enrico Fermi）一起工作了几个月，1934年，他离开欧洲，接受邀请前往美国，成为斯坦福大学物理系的副教授，1936年又晋升为教授。此后除短期的离开外，他在斯坦福大学任职直至1971年退休。

1939年，布洛赫正式加入美国国籍。同年春天，在一次美国物理学会的会议上，他结识了洛尔·米希（Lore Misch）。米希也是一位物理学家，1935年在哥廷根获博士学位，于1938年离开欧洲，当时正在麻省理工学院从事X射线晶体学研究。1940年，布洛赫与米希结婚，婚后生有三子一女。

第二次世界大战期间，布洛赫也参加了曼哈顿计划的工作。他先后在斯坦福、洛斯阿拉莫斯和哈佛大学从事裂变、内爆和雷达微波反射的研究。1952年，由于对核磁性精密测量方法的发展和其他相关的发现，布洛赫与美国物理学家珀塞尔（Edward Mills Purcell）分享了该年度的诺贝尔物理学奖。1954—1955年，在尼耳斯·玻尔的建议下，布洛赫担任了刚刚建成的欧洲核研究中心的第一任主任。1965—1966年,他当选为美国物理学会会长。此外,他也是许多其他机构和组织的成员。

在科学研究方面,布洛赫一生所涉及领域甚广,成果众多。这里只能择其最重要者分述如下。

一、金属的量子力学电子理论

20世纪初,德国物理学家德鲁德(Paul Drude)和洛伦兹(Hendrik Antoon Lorentz)曾提出了用自由电子模型来解释固体导电性质的经典理论,它可较成功地解释欧姆定律和电导与热导间的关系等,但无法回答为什么在实验上看不出自由电子对比热的贡献等问题。1927年,索末菲(Arnold Sommerfel)将问世不久的费米—狄拉克量子统计法应用于自由电子模型,提出了新的量子金属电子论。这一理论虽比原来的经典理论有所改进,但在理论预言与实验结果的相符方面仍不完全令人满意,尤其是,它所依据的自由电子模型对电子的平均自由程没有提供解释。电子怎样能够在晶体的离子间自由穿行仍是一个谜。在量子力学创立后,海森伯对将量子力学应用于固体问题有浓厚的兴趣。当1927年布洛赫来到莱比锡从师于他时,他给布洛赫提出的要其在博士论文中解决的问题,就是如何处理金属中的离子。

为解决此问题,布洛赫首先将用三维的周期势来近似晶格,并忽略了电子间的相互作用,从而把问题简化成了单体的计算。通过借用海特勒—伦敦分子理论中的观点和傅立叶分析,他发现在一维周期势中的波函数与自由电子的平面波的差别只在于一周期性的调制。由此,布洛赫发现了后来以他的名字命名的定理的一维表述，即在一理想周期性晶格中电子能量本征态的波函数，为一自由波和一具有晶格周期的周期函数乘积的形式，现在这种波函数被称为"布洛赫函数"或"布洛赫态"。据此计算，电子将自由地在理想的晶格中运动，而电阻则起源于晶格的不完善或离子的运动。

1928年7月，布洛赫以此论文获得博士学位，并得到海森伯和德拜所给的最高分。同年8月，他将此论文送交《物理学期刊》发表。此文在具体的计算和讨论中，亦发展了许多在关于晶格中的电子的量子理论中目前仍在使用的原理和技巧。1930年，布洛赫又在此基础上证明了在低温下电阻正比于温度的5次方。布洛赫的这些工作为金属的量子力学理论奠定了基础。布洛赫本人也认为这是他对固体理论的第一项也是最重要的一项贡献。

二、超导电性理论研究

1928年，当布洛赫到苏黎世作泡利的助手时，泡利建议布洛赫从事超导理论研究。当时，新的量子力学已经创立，将它用于金属导电的工作已获初步成功，似乎解决超导的问题已是一个为期不远的现实目标。泡利本人当时也在从事超导的研究。但后来的超导史表明，事情并不像当时人们想象的那么简单。在研究中，布洛赫认识到，在超导态的电流与传导电子的速度间的相关是有联系的，但在计算中，他发现能量最低的态并不带电流，于是这导致他得出了一个重要的结果：对于在热力学上有利的超导基态，在平衡条件下，具有自由能的极小值，在临界温度以下，带有一有限的自发电流；而在临界温度之上，则无电流的平衡态在统计上更为可能。在超导研究领域，这一结论被称为"布洛赫第一定理"。正如布里渊（Léon Brillouin）在后来所指出的，这一定理的重要性在于它实际上排除了在经典理论框架内解释超导电性的可能。它与苏联物理学家朗道（Л. Д. Ландау）随后在 1933 年发表的理论结果基本相同。由于当时绝大多数人没有意识到超导态实际上是亚稳的，在经历了一些挫折之后，布洛赫半开玩笑地提出了他的"第二定理"：任何超导理论都可以被驳倒。布洛赫在 20 年代末关于超导研究的工作当时都没有正式发表，但它们对从事超导研究的物理学家们却有着重要的影响，从这些"定理"被许多物理学家的频繁引用中，足以看出其重要性和吸引力。二十多年之后，在 50 年代中期，布洛赫又再次回到超导研究领域。这次他的超导研究持续了有大约 10 年。60 年代后，在磁通量子化效应被发现和 BCS 理论提出的背景下，他主要是在杨振宁等人工作的基础上，利用沙夫罗斯（M. R. Schafroth）提出的带电玻色气体凝聚的模型而做了一些理论研究。

三、铁磁性研究

1928 年，当布洛赫在苏黎世做泡利的助手时，除了超导电性的研究，还开始了对铁磁性的研究。此时，海森伯已在铁磁性理论方面取得了重要进展，而泡利在顺磁性等方面也做了重要的工作。1929 年，布洛赫在他的一篇文章中，力图要改进海森伯铁磁性理论中在数学上不完善的地方。他从对传导电子所起的作用开始考虑，为了确定传导电子是否可以作为铁磁性的来源，对自由电子气的交换能做了原始计算，发现只有在电子密度很低的情况下，吸引的交换相互作用才能超过电子的零点能从而导致铁磁态，因此，在确定一种金属是否可成为铁磁性时，必须要考虑电子的零点运动。

1929年秋，布洛赫在乌得勒支与克拉默斯工作时，他开始着手研究海森伯模型的物理预言问题，特别是想要改进在低温区域海森伯对铁磁性的处理，因为在此区域中外斯的分子场理论和海森伯的计算均不再有效。在此工作中，布洛赫提出了"自旋波"的概念，即在低温下，铁磁系统的激发可以描述为由局域磁激发的线性叠加表述的平面波。这一概念也是凝聚态物理中准粒子理论的先驱。由此，他首次得出了在低温下铁磁体的比热和磁化强度随温度变化的规律。

1930年，布洛赫再次到莱比锡成为海森伯的助手，并撰写关于铁磁性的博士后论文。这一发表于1932年的长篇论文也成了铁磁性研究领域中的经典文献，它主要是讨论铁磁体的交换相互作用和剩余磁化问题，完善和发展了已有的铁磁性理论。尤其是，在此论文中他提出了畴壁，即分隔不同方向磁化的相邻磁畴的过渡层的重要概念，现畴壁亦被称为"布洛赫壁"。它实际上是表明了怎样用有序参量来计算能量。这种观点为朗道于1935年在相变理论中所运用，后来又被用于超导理论。布洛赫的这项工作也被誉为30年代初的量子铁磁性理论与多粒子系统理论之间的桥梁。

四、核磁性研究

1934年，布洛赫来到美国的斯坦福。在1935年一次短暂的哥本哈根之行中，玻尔再次影响了布洛赫，使他开始思考中子物理的问题。当时，人们已认识到中子有磁矩，而布洛赫早期关于铁磁性的研究导致他去思考在铁磁性材料中使中子极化。1936年，在他发表的中子磁散射理论中，证明了散射过程可以怎样产生一极化的中子束。

关于中子磁矩的测量是一个在技术上很困难的问题，因为在实践上很难获得很窄的中子束，所以不能直接在自由中子束中进行测量。1937年，布洛赫提出了一个利用磁共振来进行自由中子磁矩测量的重要想法。在关于极化中子束和共振的想法的基础上，他与阿尔瓦雷兹（Lius Walter Alvarez，1968年诺贝尔物理学奖获得者）一起计划并在伯克利的37英寸回旋加速器上进行了一项重要的实验。经过两年左右的努力，他们终于在1939年首次测得中子的磁矩。以往主要作为理论物理学家的布洛赫这一次在实验物理领域一展身手，并获得重要成果。关于中子的这些实验，再加上第二次世界大战期间布洛赫从事雷达研究的经验，在1945年布洛赫想到了一种新的测量核磁矩的方法，他称为"核感应法"。这一方法是将一恒定磁场和一交变磁场加在所要研究的物体上，在共振条件下通过一拾取反应线圈来接收来自极化矢量的拉莫进动的信号。为此，布洛赫提出了一种关于在原子或分子环境中极化矢量运动的唯象理论，其中描述极化矢量运动的"布洛赫方程"现已被广泛地运用到许多甚至与核感应并无明显联系的领域。利用这种核感应的方法，可以极精确地测量核磁矩。1946年，布洛赫与汉森（W. W. Hanson）及帕卡德（E. M. Packard）合作，完成了证实核磁共振观点的实验。与此同时，在哈佛大学的珀塞耳（Edward Mills Prucell）等人也独立地完成了本质相同的实验。正是由于这些工作，布洛赫和珀塞耳分享了1952年的诺贝尔物理学奖。

在由布洛赫和珀塞耳等人奠定的基础上，核磁共振已成为一种在物理、化学和生物学等领域中得到广泛应用的重要研究手段,当然这也包括人们目前所熟悉的在医学诊断中比 X 射线断层扫描更先进的核磁共振成像技术。

作为一位真正的物理学家,对物理学深深的热爱和对物理问题的思考也一直持续到布洛赫生命的最后一刻。布洛赫也是一位深受学生欢迎和尊敬的出色教师,他曾长期在大学中为一二年级新生讲授物理课程。在一次访谈中,布洛赫讲道:"教本科生是令人愉快的,但绝非易事。这意味着要将复杂的概念置于最简单的形式之中。有时,这迫使人们去澄清自己的观点,倒也不是件坏事。"由于曾多次开设统计力学课程,在退休之后,他集中精力总结以往的教学经验,并进行更深入的思考,利用生命中最后 10 年的时间撰写一本统计力学教程,但直到临终仍未完稿。最后,经他人根据布洛赫的手稿和笔记整理完成的这部风格独特的教材,终于在 1989 年问世。

原始文献

① 布洛赫一生共发表论文六十余篇,本文谈到的其部分工作,所涉及论文亦在 10 篇以上,故这里不一一列出。布洛赫较完整的著作目录,现存于斯坦福大学档案馆和美国物理学会物理学史中心的 "尼耳斯·玻尔图书馆"(Niels Bohr Library,Center for the History of Physics,at the American Institute of Physics)。

② F. Bloch. Les électrons dans les métaux. Problèmes statiques. Magnétisme. Hermann. 1934.

③ J. D. Walecha prepared. Fundamentals of Statistical Mechanics:Manuscript and Notes of Felix Bloch. Stanford University Press. 1989.

④ Bloch interview. by T.S.Kuhn. May 1964. AHQP.

⑤ Bloch interview. by L.Hoddeson. 15 December. 1981. AIP.

⑥ F. Bloch. Memories of Electrons in Crystals. Proce.R.Soc.Lond. A371(1980). 2:4—27.

研究文献

① W. A. Little ed., Conductivity and Magnetism: The legace of Felix Bloch. World Scientific. 1990.

② R. Hofstadter. Felix Bloch. Physics Today. March (1984): 115—116.

③ L. I. Schiff. R.Hofstadter. Felix Bloch: A Brief Professional Biography. Physics Today. December (1956): 42—43.

④ A. Abraham. Reflections of a Physicist. Clarendon Press. 1986: 141—143.

⑤ L.Hoddeson et al., eds., Out of the Crystal Maze: Chapters from the History of Solid—State Physics. Oxford University Press. 1992.

伦 琴

伦琴，1845年3月27日生于普鲁士莱茵省的小镇伦内普（Lennep，现为德国北莱茵—威斯特法伦州的雷姆沙伊德的一部分），1923年2月10日卒于慕尼黑。物理学家。

弗里德里希·康拉德·伦琴（Friedrich Conrad Röntgen）是伦内普的一位纺织品制造商，他的妻子夏洛特·康斯坦斯·弗罗温（Charlotte Constanz Frowein）原来出生在荷兰的阿姆斯特丹，本是他的表妹。威廉·康拉德·伦琴是这对夫妇唯一的孩子。在小伦琴出生时，他的父亲已从祖上继承了一个有十来个工人的小作坊。当伦琴长到三岁时，他们全家迁到了荷兰的阿佩尔多恩。在那里，伦琴先是由母亲照料，后进入了一所公立小学学习，再后，又进入了一所私立学校读书。关于伦琴这段时间学习的情况，人们现在所知甚少。1862年底，在伦琴17岁时，他离开家来到乌德勒支的技术学校学习。在这里，他学习了几何、代数、物理、化学、技术及其他一些课程。但是，在一次偶然的事件中，伦琴班上的一位同学因将教师的漫画画在黑板上引起教师的盛怒，伦琴因为拒绝指认肇事者，被开除出学校。这样，伦琴的父亲想要他进入大学并成为外科医生或律师的愿望看来就要落空了，因为被开除后，开除他的那所学校拒绝为他办转学到其他学校的手续。为了改变命运，他在家中自习了一年时间包括拉丁语、希腊语和自然

> **懂一点 STS**
> 鸡蛋里的骨头

科学在内的课程,准备以自修生的身份参加一次特殊的考试,倘能通过,便可进入另一所中学学习。但在这次考试中,伦琴失败了。从 1865 年 1 月开始,他只好以旁听生的身份在乌德勒支大学选修了一些自然科学的课程。后来,在一位瑞士工程师的建议下,伦琴来到苏黎世,因为进入那里的联邦工业大学不一定需要中学毕业证书。虽然对那些没有中学毕业证书的学生按规定要进行专门的入学考试,但鉴于伦琴在乌德勒支的学习成绩,1965 年底,伦琴被准许免试进入该校成为机械工程专业的正式学生。学习期间,克劳修斯(R. J. E. Clausius)的物理课程对他产生了深刻的影响。1868 年,伦琴顺利地拿到了机械工程专业的毕业证书。但此时,他发现这一专业并不像他原来想象的那么有趣。于是,他在物理学家孔脱(A. E. E. Kundt)的指导下,转向了实验物理学,并在孔脱的物理实验室工作,一年后,他便以关于气体理论的论文获得了大学的哲学博士学位。

在苏黎世期间,伦琴结识了他未来的妻子安娜·贝尔塔·路德维希(Anna Bertha Ludwig),她是一位德国流亡者的女儿。两人于 1871 年结婚,这对夫妇自己没有子女,于 1887 年,他们收养了贝尔塔的侄女。

取得博士学位后,伦琴成为孔脱教授的助手。1870 年,当孔脱应聘去维尔茨堡大学任教时,也带上伦琴作为助手一同前往。但是,在维尔茨堡,由于伦琴没有中学毕业证书,维尔茨堡大学拒绝给他任何学术职位,而那里实验室的条件也令伦琴大失所望。幸运的是,两年后,孔脱又就任于斯特拉斯堡大学,伦琴再次作为他的助手随同前往,在那里,他终于在 1874 年 3 月取得了编外讲师的资格。一年后,伦琴到符腾堡的霍恩海姆农学院就任教授,但由于那里无法进行实验工作,1876 年,他又回到斯特拉斯堡大学任理论物理学副教授。由于此后他已有一系列的研究成果发表,1879

年，伦琴成为吉森大学的物理学教授。在 1886 年和 1888 年，伦琴分别拒绝了来自耶拿大学和乌德勒支大学的聘请，并于 1888 年再次回到斯特拉斯堡，成为斯特拉斯堡大学的教授，1894 年成为该校校长。1895 年，正是在斯特拉斯堡，他发现了举世闻名的 X 射线。

由于对 X 射线的发现，一连串的荣誉纷至沓来。例如，仅仅在 1896 年，伦琴分别被授予维尔茨堡大学的荣誉医学博士学位，被授予他的出生地伦内普的荣誉公民称号，成为柏林和慕尼黑科学院的通信院士，并与勒纳德（P. Lenard）共同获得英国皇家学会的朗福德（Rumford）奖章。当然，荣誉的顶点是，1901 年伦琴成为第一位诺贝尔物理学奖获得者。由于他自己谦逊和有些孤僻的个性，他是诺贝尔物理学颁奖史上唯一放弃做获奖报告的获奖者，他还将所获奖金赠给了维尔次堡大学用于科学研究。

1900 年，应巴伐利亚政府的邀请，伦琴来到慕尼黑大学任物理研究所的教授和所长。1912 年，他拒绝了柏林普鲁士科学院的教授职位。在经历了第一次世界大战后，1919 年，伦琴的妻子去世，在随后的岁月中，伦琴自己孤独地生活。1920 年，他从慕尼黑大学退休，但仍是荣誉教授。1923 年 2 月 10 日因癌症而去世于慕尼黑，死后骨灰被葬在吉森的家族墓地。

伦琴一生共发表科学论文 58 篇，绝大多数是实验物理学方面的。所涉及的领域，包括对气体、液体和固体的各种力学、热学、光学和电磁性质的实验研究。例如，他在 1870 年发表的第一篇论文就是关于对气体比热的确定。由于早年曾受到机械工程专业的训练，再加上在随孔脱去维尔茨堡期间缺少必要的实验设备，使得伦琴擅长自己制作实验装置。作为一个严谨的实验物理学家，他愿意使用简单的仪器进行工作，并凭借简单的仪器来进行高精度的测量。在他的一生中，一直保持了对晶体研究的浓厚兴趣，包括对热电效应和压电效应的研究,因为在他看来,晶体完美地体现出自然的规律。

在伦琴的众多研究工作中,最为突出的有两项,但都是在他日常研究的主要领域之外。其中一项是对电磁学的研究,它涉及像玻璃板这样的电介质在两块带电的电容器极板之间运动时,电介质中会有磁效应产生。因为按照麦克斯韦的电磁理论,不论电场变化与否,在电介质中都会有磁效应产生。1878 年,罗兰(H. A. Rowland)曾宣布他检测到了运动的静电荷所导致的磁效应,但罗兰的实验一时没有人能重复。面对这一挑战性的问题,伦琴 1888 年在吉森工作时,于皇家普鲁士科学院的刊物上发表了题为《论在一均匀电场中运动的电介质所产生的电动力学力》的论文,这篇文章彻底地解决了这个问题,它既从实验方面证明了这个效应的存在,又说明了可以用麦克斯韦理论来定量地解释这一效应。洛伦兹(H. A. Lorentz)将这一效应称为"伦琴电流",而伦琴本人也认为这是一项像发现 X 射线一样重要的工作。这一工作为洛伦兹后来的电子论奠定了重要基础,同时也是现代电学理论中的重要基础性工作之一。这一研究也显示了伦琴将理论工作与实验工作完美结合的才能。

当然,与上述研究工作相比,1895 年伦琴对 X 射线的发现,影响要更为深远。在 19 世纪末,用真空放电管来对阴极射线进行研究已是一个热门的课题,尤其值得提及的有赫兹(H. Hertz)和勒纳德对阴极射线穿透力的研究,但是伦琴认为,在这方面还有不少问题值得进行研究。从 1894 年 6 月起,伦琴开始了关于阴极射线的一系列实验。首先,他用勒纳德管重复了赫兹和勒纳德等人的实验,证实了前人的观察,发现管中射出的不可见的阴极射线可以在很近的距离内使涂有铂氰酸钡的荧光屏产生荧光。1895 年 11 月 8 日的晚上,当伦琴用希托夫—克鲁克斯管来进行类似的实验时，在用黑纸将放电管严密地套封起来以便挡住一切可见光和紫外线的情况下，当接通高压电流时，却发现在约 1 米开外的地方，涂有铂氰酸钡的荧光屏上发出了微弱的荧光。由于已知阴极射线只能在空气中行进几厘米，因此这只能解释为是某种从放电管中射出的未知的射线而不是阴极射线引起了荧光屏的发光。伦琴虽然敏锐地抓住了这一新的现象，但并未匆忙声张，而是在随后的 6 个星期中，将绝大部分时间都花在实验室中，很快地，他就确认了荧光是由于一种因阴极射线打在放电管管壁上而发出的、人们尚不了解的新的射线所致，而且这种射线具有很强的穿透能力。伦琴用这种射线分别给封闭木箱中的砝码、带磁针的罗盘、非均质的金属和滑膛枪的弹膛照了照片。他还注意到在这些照片中手指骨的轮廓。12 月 22 日，伦琴将妻子带进了实验室，并给她照了一张手的 X 射线照片。这张手骨与戒指清晰可见的照片，对于这一发现在世界上的迅速传播起了重要作用，并最终成为具有历史意义的照片。

在充分地进行了研究之后，在 12 月 28 日，伦琴才向维尔茨堡物理与医学学会的编辑送交了他关于发现 X 射线的第一篇研究文章，文章描述了实验装置与实验方法，及新发现的 X 射线的某些性质，如沿直线传播、通过棱镜时不被反射、有很强的穿透性、未发现干涉现象及不在磁场中偏转等。伦琴在文中还猜测 X 射线可能是以太中的纵振动。到 1896 年 1 月 1 日时，他就已拿到了论文的预印本，可以向朋友和同事们赠送了，对有些人，在赠送时他还附上了照片。1 月 4 日，在柏林物理学会的会议上，一些 X 光照片成了展品。1 月 5 日，维也纳的一家报纸率先报道了这一消息，次日，这一新闻就迅速地传遍了全世界。1 月 13 日，伦琴向皇室介绍了 X 射线的发现，做了演示，并立即被授予普鲁士二级荣誉勋章。1 月 23 日，伦琴在自己的研究所中做了报告，报告结

懂一点 STS
鸡蛋里的骨头

束时,他还用 X 射线给维尔茨堡大学的一位著名解剖学教授拍摄了一张手的照片;而这位教授则带头向伦琴欢呼三次,并建议将这种射线命名为伦琴射线。

X 射线发现后,由于这种射线的穿透力,最先引起人们注意的是它在医学中的应用,因为它显然为医学诊断提供了有力的新手段。3 个月内,伦琴的论文被 5 次印行,并被译成多种语言。仅仅在 1896 年,关于 X 射线,就有近 50 种专著和小册子及一千多篇论文问世。但是,在最初的发现之后,伦琴本人却相当冷静,他更关心的是对 X 射线本质的研究。他仅仅在 1896 年和 1897 年发表了另外两篇进一步研究 X 射线性质的研究文章后就回到了自己主要的研究领域——实验固体物理学中,而将对 X 射线的研究留给了他人。

X 射线的发现揭开了 19 世纪末 20 世纪初物理学革命的序幕。当时,因不了解其本质,伦琴将新发现的射线命名为"X 射线"(但为纪念伦琴的工作,在德语国家中较通用的名称是"伦琴射线",而在英语国家中仍多称"X 射线")。现在人们已知道,X 射线实际上是一种波长很短的电磁辐射。在以后的发展中,随着对 X 射线本质的揭示和其他相关的深入研究,又有众多的物理学家因其工作而获得诺贝尔物理学奖,其中有劳厄(Max von Laue)、布拉格父子(W. H. Bragg & W. L. Bragg)、巴克拉(C. G. Barkla)、塞格巴恩(K. M. G. Siegbahn)和康普顿(A. H. Compton)等人。还有 70 年代由柯马克(A. M. Commack)和豪斯菲尔德(G. W. Hounsfield)结合计算机技术发展的 X 射线断层扫描技术(CT),这种技术使更准确的医学诊断成为可能,他们也因此而获得了 1979 年的诺贝尔生理学或医学奖。

在 X 射线发现之后,还曾出现过一场关于发现的优先权的争执。在这场争执中,有许多人声称自己在伦琴之前就已"发现"

了X射线,当然,这部分与当时对X射线的本质不了解有关,特别是当时难于在X射线和阴极射线之间做出明确区分。的确,到1895年时,像克鲁克斯管这样的仪器在许多物理实验室中已经相当普及。也确有人在实验中曾注意到"异常",如附近的荧光或照相底片的感光等,但是,那些人却都只是继续进行原计划的实验而没有认真地对待这些"异常",只有伦琴第一个真正地深究了下去,并第一次将之写成论文和向科学界通报。由于伦琴在做出最初的发现时并无目击者在场,而他虽多次提到发现的准确日期,但却从未详细地描述过1895年11月8日夜间的实验过程。因此,这是否是一纯粹的偶然发现,抑或是预先就有某些猜想,现在仍是一个历史疑案。但无论如何,伦琴发现X射线的优先权显然是无可争议的。

在生活中,伦琴热爱划艇和登山运动,也喜欢雪橇运动和骑马,并酷爱打猎。

原始文献

① 伦琴的全部科学论文目录,见研究文献②、③,研究文献②、③中还收有伦琴关于X射线的三篇论文的英译本。

研究文献

① O. Glasser. Willhelm Conrad Röntgen and the Early History of the Röntgen Rays. John Bale. Sons & Danielsson. 1933.(此书亦收录有1896年间出版的关于X射线的专著、小册子和论文的目录)。

② W. R. Nitske. The Life of Willhelm Conrad Röntgen: Discoverer of X Ray. The University of Arizona Press. 1971.(此书附有较详尽的研究伦琴的文献目录)

③ G. L'e Rurner. Röntgen. Dictionary of Scientific Biography. C. C. Gllispie. ed., Charles Scribner's Sons. 1973. Vol.XI: 529—531.

④ 弗里德里希·赫尔内克.原子时代的先驱者.徐新民等译.科学技术文献出版社,1981: 55—81.

> 懂一点 STS
> 鸡蛋里的骨头

约尔丹

约尔丹,1902年10月18日生于德国的汉诺威,1980年7月31日卒于汉堡,理论物理学家。

约尔丹的曾祖父是一位西班牙人,作为拿破仑军队中的士兵来到德国。父母的影响使约尔丹对自然科学产生兴趣。约尔丹的父亲是一位画家,擅长画肖像、风景和建筑,他熟悉透视画法和投影几何学,并经常阅读通俗的科学书籍,这些书籍也成了约尔丹的科学启蒙读物。约尔丹的母亲则了解许多关于植物、花草、鸟类和星体的知识,并对数学有兴趣。小时候,约尔丹先是想要在长大后当一名画家或建筑师(而后者正是他父亲的愿望),只是又过了几年,他才有了要学习自然科学的意向,将兴趣转向物理学和数学。在14岁时,他就曾计划要写一部涉及所有科学领域的"巨著";在16岁时,他进入汉诺威的一所高中。在那里,他通过广泛的阅读,扩大了自己的知识范围,他自学了高等数学,并通过阅读石里克(M. Schlick)的《现代物理学中的时间与空间》了解了相对论。此外,他还阅读了马赫的一些著作。

1921年春天,约尔丹被家乡所在地汉诺威的工业大学录取。但在那所大学中,约尔丹发现除了极少数物理课程,大多数物理课程对他来说都太浅了。于是他通过自修来提高。阅读索末菲(A. Sommerfeld)的《原子结构与光谱线》使约尔丹接触到了激动人心的原子物理。两个学期之后，约尔丹转到了哥廷根大学。当时，哥廷根大学是德国重要的理论物理学中心之一。到达两周后，约尔丹就有幸聆听了玻尔关于原子物理学的沃耳夫斯开（Wolfskehl）演讲。在哥廷根，约尔丹很快就结识了数学家库朗（R. Courant）和物理学家玻恩。在参加库兰特的偏微分方程等课程的过程中，约尔丹充分显示出了他自己的数学才能。他与库兰特的关系变得很密切，还对库兰特和希尔伯特（D. Hilbert）撰写的《数学物理方法》一书给予了技术性的帮助。该书于1924年出版，在很大程度上是为了满足迅速发展量子力学的数学需求。他也帮助弗兰克（J. Franck）准备了一本题为《论碰撞引起的量子跃迁》的著作，并最终与弗兰克联合署名发表了这本著作。当然，随玻恩的学习和与玻恩的交往对约尔丹来说是最重要的。玻恩在他的课程和讨论班中，把在天体力学中发展起来的微扰方法用于原子物理学的问题。他将约尔丹、泡利、海森伯等一批有才华的年轻人吸引在周围，形成了哥廷根学派。在学习期间，约尔丹就协助玻恩为《数学科学百科全书》撰写晶格动力学的文章。此后，他成为与玻恩关系最为密切的学生之一。

除物理学和数学课程外，约尔丹在哥廷根还选修了生物学方面的课程，他在一生中对生物学也一直保持着浓厚的兴趣。

完成了正规课程之后，在选择博士论文题目方面，玻恩原想让约尔丹做分子理论方面的工作，但约尔丹却想做更为基础性的研究。最终，约尔丹完成了一篇关于光量子问题的博士论文。在该论文中，约尔丹试图修正爱因斯坦关于电子与辐射之间相互作用的理论，提出被散射的光量子动量连续分布的假定。在此论文于1924年发表后，爱因斯坦很快就发表文章反驳了约尔丹的观点。尽管如此，由于第一篇论文就引起了爱因斯坦如此的关注，约尔丹还是非常高兴，并受到鼓励继续从事关于辐射问题的基础性研究。

完成博士论文后,约尔丹与玻恩等人合作,在矩阵力学的发展中扮演了重要角色。1924年10月,约尔丹被正式雇用为玻恩的助手。他先是作为哥廷根大学的编外讲师。1928年,约尔丹接替泡利,在汉堡成为楞次(W. Lenz)的助手。1929年,约尔丹成为罗斯托克(Rostock)大学的编外教授,1935年,又晋升为教授,并担任此职直到1944年。1944年,他接替劳厄担任柏林大学理论物理研究所的所长。1930年,约尔丹与赫尔塔·施塔恩(Hertha Stahn)结婚,婚后生有二子。

在约尔丹的诸多工作中,最重要的,可以说是他与玻恩及海森伯合作对发展量子力学的矩阵力学形式所做的贡献。在约尔丹成为玻恩的正式助手之后,玻恩开始与他合作研究原子理论,而约尔丹也很高兴能继续他所喜爱的关于辐射的工作。1924年底,玻恩准备研究原子谱线的宽度问题。在范·弗莱克(J. H. Van Vleck)的工作的基础上,1925年,约尔丹发表了他与玻恩合作的第一篇论文,这篇论文是关于非周期过程的量子理论的,其中他们强调了"跃迁振幅"(transition amplitudes)的重要性,这在后来被证明对矩阵力学的出现是十分必要的。

在随后的发展中,海森伯最先迈出了重要的一步。1925年7月,海森伯发表了《关于运动学和力学关系的量子论的重新解释》这篇量子力学著名的奠基性文章。在此文章中,海森伯想出了用一组同时间有关的复数来代表一个物理量的想法,试图仅根据那些在原则上是可观察的量之间的关系来建立量子力学的理论基础,他用非谐振子作为其设想的一个力学系统,把玻尔—索末菲量子化条件改写成了简单的代数表示式,并证明了这种表示式的自洽性,及其和能量守恒概念的相容性。至此,新的力学终于诞生了。玻恩马上认识到了海森伯工作的重要性,并将此文推荐给《物理学期刊》发表。玻恩也很快地就意识到，在海森伯的方案中利用的数学工具正是矩阵。他想对之进一步完善。玻恩先是想找泡利帮助，但泡利由于认为冗长的数学只会损害海森伯的思想，拒绝了玻恩的邀请。于是玻恩便再次找到约尔丹作为合作者。因为玻恩发现，在海森伯的量子条件中，固定了乘积 pq – qp 的对角元素，其中 p 和 q 分别表示在只有一个自由度的周期系统中量子理论的动量和位置变量，均为无限的矩阵。在发现了利用矩阵来表述量子力学方程的可能性之后，玻恩尝试用矩阵方程重新来写出量子条件，它具有以下形式：

$$pq - qp = \frac{h}{2\pi i} I$$

其中 h 为普朗克常数，I 为一无限的单位矩阵。上式构成了新的量子力学的第一个方程，对此玻恩自己也很得意，但玻恩在自己试图证明这一猜测时却没有成功。他要约尔丹来证明此式。仅仅在几天之后，约尔丹就在一维非谐振子的情况下给出了对此式的证明，并把答案交给了玻恩。约尔丹证明，把正则运动方程应用于 p 和 q，则对 pq – qp 的导数必定等于零，从而这矩阵自身必定是对角的。约尔丹的迅速进展使玻恩非常高兴。由于玻恩当时身体不好，并去休假，约尔丹几乎独自完成了利用矩阵数学的方法将海森伯的理论发展成为一门系统的量子力学理论这一任务中大部分细节的阐述与计算，并承担了撰写《关于量子力学》这篇重要论文的大部分工作。他的数学背景与才能也使他成为胜任此工作的最合适人选。在海森伯的文章送出两个月后，玻恩与约尔丹合作的这篇论文就问世并送交了出去，它也于1925年发表。在此文中，除把海森伯的符号乘法解释为矩阵乘法和 pq – qp 公式的思想来自玻恩外，约尔丹对之贡献的新思想有：1. 对 pq – qp 公式的证明；2. 用同样方法对能量守恒的证明；3. 对玻尔频率条件的证明；4.通过把电磁场的分量看作矩阵而对电磁场的量子化；5.证明了海森伯的一个假定的合理性，这个假定就是，表述一个原子的电矩矩阵元的绝对值的平方，决定了跃迁概率。

在此成功的鼓励下，海森伯、玻恩和约尔丹合作将研究再度深入，很快就于1926年发表了著名的"三人论文"——《量子力学Ⅱ》。这篇论文把矩阵力学推广到了任意多个自由度的体系上，完成了对非简单体系及一大类简单体系的微扰理论，证明了微扰理论和厄米型本征值理论的关系。在此基础上，他们导出了动量和角动量守恒定律、选择定则和强度公式。尤其是，在此文的最后一节，包括了新理论对辐射场的应用，约尔丹认为这是他对物理学最重要的贡献之一，因为这是量子场论的开端。按照量子规则，对弹性连续介质中振动的量子化是从能量涨落的第一性原理中提供的。在当时，光的所有粒子性的方面，都可以直接通过电磁场的量子化而得出，这一事实使约尔丹考虑应用同样的方法于物质波，以便通过"二次量子化"的方法，以更自然的方式获得物质粒子。"三人论文"发表后，在这方面，约尔丹又作了一系列的工作。例如：1927—1928年，约尔丹与克莱茵（O. Klein）合作最先对有相互作用的玻色粒子系统建立了非相对论的二次量子化的理论；与韦格纳（E. Wigner）合作解决了服从泡利不相容原理的更复杂的粒子问题，提出了适用于费米—狄拉克粒子的对易规则，这种反对易关系成为所谓的"韦格纳—约尔丹二次量子化"形式的象征；与泡利合作通过引入对在不同时空点的场变量相对论协变的对易关系，首次提出了不带电辐射场的相对论协变理论。这些工作为量子场论后来的发展奠定了重要的基础。

在量子力学的矩阵形式完善确立的过程当中，海森伯的《关于运动学和力学关系的量子论的重新解释》一文，玻恩和约尔丹的《关于量子力学》一文，以及他们后来的"三人论文"，构成了这段历史发展中最重要的里程碑。约尔丹在其中所起的重要作用，使这位年轻人得到了玻恩的极高评价。在1926年玻恩给玻尔的信中，玻恩讲道："就目前所关注的实际结果而言，（约尔丹）或许不是很多产，但（他）非常有哲学头脑，并主要是对基础性问题感兴趣。除海森伯和泡利外，我认为他是年轻同事中最有天赋的人。"

在矩阵力学出现之后，薛定谔在1926年很快又发展了量子力学的波动形式。实际上，到1926年中期，就已存在有四种不同的量子力学形式体系：海森伯的矩阵力学、狄拉克的q数形式、薛定谔的波动力学、玻恩与维纳的算符形式。许多人在证明这些形式的等价性方面做了大量的工作。其中，狄拉克和约尔丹彼此独立地完成了所谓的统计变换理论，为更全面地理解量子力学的物理内容铺平了道路。虽然狄拉克和约尔丹用的方法不同，但他们都解决了确定任意两个力学量的概率振幅的基本问题，表明薛定谔的本征函数只是构成了使哈密顿量成为对角的那些正则变换矩阵中的元素。而且约尔丹的工作用的是公理化的方法，比狄拉克的工作在数学上更为普遍。

自从约尔丹与玻恩合作就对易关系的矩阵表述进行研究开始，约尔丹一直对量子力学的纯粹代数方面有着浓厚的兴趣，并一直努力探索量子力学形式体系的各种代数推广。1932—1933年，他试图通过舍弃乘法的结合律来修正算符代数，从而为所谓量子力学的"代数研究方法"奠定了基础。由于他的工作，那种在任何域上的一个满足恒等式（$A^2 B$）$A=$（AB）A^2 的非结合代数，后来被称为"约尔丹代数"。

40年代以后，约尔丹晚期的科学工作主要集中在广义相对论、天体物理学、宇宙学和纯数学方面。

在哲学观点上，约尔丹是一位正统的实证主义者，他结合现代物理学，特别是量子物理学的发展，对相关的哲学问题有过许多论述，并反对建立在古典物理学之上的"教条唯物论"和传统的决定论，他也较早地试图把互补性原理推广到生物学领域中去，把活力论和非活力论看作为对生命本质研究中的两个互补的侧面。由于他的许多重要工作是与他人合作做出的，因此尽管这些工作非常重要，但约尔丹的名声却并不十分大。从1957年至1961年，他是德国联邦议院的议员，为和平利用原子能的法律的制订做出了贡献。

1943年，约尔丹获马克斯·普朗克奖章，1955年，获高斯奖章。

原始文献

① M. Born and P. Jordan. Zur Quantennmechanik. I；Zeitschrift für Physik. 34（1925）：858—888.

② M. Born. W. Heisenberg. and P.Jordan. Zur Quantenmechanik. II；Zeitschrift für Physik. 35（1925）：557—615.

研究文献

① J. Mehra and H.Rechenberg. The Historical Development of Quantum Theory. Vol.3. Spring-Verlag. 1982.

② B. L.Van der Waerden ed., Sources of Quantum Mechanics. North-Holland Publishing Company. 1967.

③ K.Von Meyenn. Jordan. Ernst Pascual. in F.L.Holmes ed., Dictionary of Scientific Biography. Supplement II. Sharles Scribner's Sons. 1990：448—454.

④ M. N. Wise. Pascual Jordan：Quantum Mechanics，Psychology. National Socialism. in M.Renneberg and M.Walker eds., Science，Technology and National Socialism. Cambridge University Press. 1994：224—254.

⑤ O. Darrigol. The Origin of Quantized Matter Waves. Historical Studies in the Physical and Biological Science. Vol.16. Part 2. 1986：197—253.

萨哈罗夫

萨哈罗夫，1921年5月21日生于苏联莫斯科，1989年12月14日卒于莫斯科，物理学家。

安德烈·德米特里维奇·萨哈罗夫于1921年5月21日出生于苏联的莫斯科。他的外祖父是一位职业军人，并跻身于贵族；祖父则是一位成功的律师，其家族在20世纪初迁到莫斯科。萨哈罗夫的父亲曾在医学院学习，但后来成了一位出色的物理学教师，他撰写的几本教科书和通俗科学读物在当时广泛流传。他的母亲也是一位教师，曾在大学中教授体育。从1927年起，萨哈罗夫开始在家中接受早期教育，主要是请家庭教师来教，5年之后，他进入一所小学，直接从5年级开始学习。但相对于萨哈罗夫来说，学校的教学还是进度太慢，几个月后，他便又离开学校，继续请家庭教师帮助在家补习5—6年级的功课，并于1934年秋天进入另一所学校的7年级就读（苏联当时的学制是小学加中学共10年）。此时，父亲便开始带他去物理实验室看些演示实验，后来，萨哈罗夫自己在家中就可做些实验了。高中毕业时，萨哈罗夫是班上的两名荣誉学生之一，这使得他于1938年免试进入了莫斯科大学的物理系。

在大学学习的前三年中，萨哈罗夫将主要的精力花在物理和数学方面，从大学2年级开始自己尝试进行独立的初步研究工

> 懂一点 STS
> 鸡蛋里的骨头

作。1941年,就在大学3年级将要结束时,战事爆发,德国入侵苏联,许多同学应征入伍,但萨哈罗夫未能通过入伍体检。由于战争,大学5年的课程被缩短到4年,1942年,他以"国防冶金"专业的名义从大学毕业,随后,被分配到在乌里扬诺夫斯克(Ulyanovsk)的一个军工厂工作了约两年半的时间。在此期间,他做出了几项关于炮弹生产检测等方面的技术发明,并获得有专利,其中的一些仪器在工厂中被使用了许多年,同时,他还抽时间进行了几项理论物理研究,并完成了几篇论文,但都没有发表。也是在此期间,他结识了曾在一所地方联合工业学院玻璃制造专业学习了4年的克拉芙迪亚·维希列娃(Klavdia Vikhireva)(克莱娃)(由于战事使她未能完成学业),他们于1943年7月10日结婚,婚后生有二女一子,两人共同生活了26年,直到1967年克莱娃去世。

1945年,萨哈罗夫回到莫斯科,并到苏联科学院的列别捷夫物理研究所读研究生,师从著名物理学家、苏联科学院通信院士塔姆(И. Е. Тамм)(塔姆后来于1955年成为苏联科学院院士,并因对切伦科夫辐射的研究于1958年与切伦科夫(П. А. Черенков)和夫兰克(И. М. Франк)分享了诺贝尔物理学奖)。1946年,萨哈罗夫完成了题为《宇宙射线中硬成分的产生》的论文,该论文于次年发表于苏联的《实验与理论物理》杂志上,这是他公开发表的第一篇论文。1947年,时年26岁的萨哈罗夫以关于核物理方面的论文获得了副博士学位,并留在研究所继续从事物理学研究。1948年,他又发表了两篇论文,一篇是关于电子对产生中电子与正电子的相互作用的研究,另一篇是关于等离子体物理的研究。此后,在萨哈罗夫公开发表的论文目录上,出现了长达9年之久的空白。

1948年6月,萨哈罗夫被命令加入由塔姆领导的一个特殊的研究小组,从事制造氢弹的研究。1950年,他又被调到"基地",

在随后的18年中继续进行有关热核武器的研究工作。他在这方面的工作一直延续到1968年为止。在此期间，苏联成功地爆炸了自己的氢弹。萨哈罗夫由于在研制热核武器方面的贡献，于1953年直接当选为苏联科学院院士，并在1953年至1962年间三次获得社会主义劳动英雄勋章，还获得过斯大林奖金和列宁奖金。

在50年代和60年代，萨哈罗夫也在等离子体物理、粒子物理和宇宙学方面进行了一系列的重要研究。但他在此期间的主要工作仍是对热核武器的研制。由于对热核武器的深入了解，认识到应用热核武器的战争对人类的威胁，认识到这种战争的恐怖、危险和愚蠢。从1956年开始，他开始关注核试验对生物的影响问题，并于次年完成了《核爆炸的放射性碳与无临界生物效应》一文，提出在大气中的核试验后产生的即使最低剂量的放射性，也会影响生物的遗传，引起癌症和损害免疫系统。同时，他又撰写了题为《核爆炸的放射性危险》的文章。1958年，萨哈罗夫认为仅就科学的目的来说，不需要在大气层中进行进一步的试验，并试图说服有关负责人，但未能成功。正如他后来所回忆的："我逐渐开始不仅理解到核试验的犯罪性质，而且理解到这个事业整体的犯罪性质。我开始从更广泛的、人类的观点来看待这一问题和其他的世界性问题。"

萨哈罗夫进一步介入更多的社会事务。

1989年12月14日，萨哈罗夫在参加了人民代表大会一天的会议并做了发言后，晚间在家中的书房中去世。17日，约有5万群众参加了他的遗体告别，苏联党和国家领导人戈尔巴乔夫也参加了告别仪式。塔斯社在发表的讣告中称萨哈罗夫为"当代伟大的科学家和著名的社会活动家"。萨哈罗夫的科学工作，主要包括以下几个方面。

一、对热核武器的研制

从 1948 年到 1968 年，萨哈罗夫一直在参与苏联热核武器的研制工作，对苏联氢弹的发展起了重要的作用，被称为苏联的"氢弹之父"。但苏联涉及国防机密的原子武器发展，因尚未解密，萨哈罗夫在其中所做的具体工作细节还难以确知。萨哈罗夫在其长篇回忆录中，也提到因 1948 年他在自由意志下做出承诺终生不泄露国家与军事机密，所以将对这段工作保持沉默。但是，从其只言片语和其他背景材料中，我们还是可以粗略地了解一些梗概。

美国发展原子武器始于第二次世界大战期间。1945 年 7 月 16 日，美国成功地进行了世界上第一枚原子弹的试爆，8 月 6 日和 8 月 9 日，美国分别将两枚原子弹投在了日本的广岛和长崎。1949 年，苏联也研制成功了自己的原子弹。1952 年 11 月 1 日，美国首次试爆了第一枚代号为"麦克"（Mike）的氢弹。这枚氢弹是用液氘和液氚制成的，但重量达 60 吨，与其说是战斗武器，倒不如说更像一巨型的实验室。据萨哈罗夫讲，他在 1948 年提出了被称为"第一概念"的热核武器设计，改变了苏联当时已有的研制方向。随后，京茨堡（В. Л. Гинэбург）又提出了"第二概念"，补充完善了萨哈罗夫的设计。据曾参加苏联热核武器设计的罗曼诺夫（Yu. A. Romanov）的回忆，是萨哈罗夫提出了名为"层状蛋糕"的交替排列层状轻元素（氘、氚及这两者的化合物）和重元素（铀 238）的非均质结构，这种结构可以使得用来增加爆炸能量的"裂变—聚变—裂变"过程实现，并具有其他一些重要性。而京茨堡则提出了在此层状排列中应用同位素锂$_6$，这导致苏联最先在氢弹中应用锂$_6$。也许，这分别就是所谓的"第一概念"和"第二概念"。根据萨哈罗夫的基本设想制造的苏联第一枚氢弹于 1953

年8月12日试爆。但是，对这次试爆也有不同的评价。美国物理学家贝特（H. Bethe）曾指出，根据美国对这次试爆的放射性尘埃的分析，他认为这还不是一枚真正的氢弹，因为它没有烧掉足够大量的热核燃料。但无论如何，由于应用了固态锂，它的重量远比美国的第一枚氢弹要轻，并且是用飞机投放的。

1954年，萨哈罗夫又提出了他自己也认为是新颖且颇有独创性的"第三概念"。虽然其具体内容还难以确知，但苏联于1955年11月22日试爆的氢弹，就是基于其"第三概念"的设计来制造的，它被公认为是真正成功的氢弹。萨哈罗夫也谈到，这次试爆解决了制造高性能热核武器的问题，试爆的装置可作为不同威力、重量和用途的装置的原型。贝特指出，根据美国对放射性尘埃的连续分析，苏联直到1963年的一系列在大气层中的核试验，其装置都是基于1955年的设计。

二、等离子体物理

1. 受控热核反应

萨哈罗夫对受控热核反应的研究，始于1950—1951年，是在基地与塔姆合作进行的。这是在他参与了对热核武器研制之后不久的事情。因为在太阳和氢弹中发生的轻核聚变反应，要在大约摄氏几百万度的极高温度下才能进行，而在地球上，没有任何现有的材料能经受住这样的高温。1950年，在基地时，上级转给萨哈罗夫一封由一位业余作者写来的信，信中提到用电场包围高温下的氘等离子体以实现受控热核聚变的设想。在回复这封信时，萨哈罗夫首次产生了以磁场而不是电场来包围反应器的初步想法。塔姆对此想法颇为欣赏，于是他们二人合作，进一步发展了磁约束的概念。最初萨哈罗夫将此设计起名为"环形热核反应堆"（TTR），而塔姆则将之最后定名为"磁热核反应堆"（MTR）。此后，此名也被用于其他采用磁约束的系统。他们首先考虑了磁漂移的问题。他们提出，采用在环形空间中的环形电流来产生磁场的办法，使这个磁场叠加在由环形线圈绕组产生的磁场之上。在这样的系统中，围绕着环形电流的将不再是封闭的磁力线，而是封闭的磁力面。他们还考虑了两种建立环形电流的可能方法：一种是以一特殊的载流环置于反应堆内部，另一种是通过在环形线圈外部置一次级线圈，使其中脉冲电流产生的感生电流直接流过等离子体。这后一种方法与现在的托克马克系统相当接近。

1951年，萨哈罗夫还提出了另一关于热核增殖反应堆的设想，在其中来自氘和氚热核反应的中子被用来积聚钚（或铀$_{233}$）和氚。钚和铀$_{233}$是在相对简单的非增殖反应堆中燃烧的，它们产生能量、氚和可裂变物质。正是在此方向上，受控热核反应才首次具有在实践中的重要性。

萨哈罗夫和塔姆的这些开创性的研究，对苏联后来受控热核反应的研究起了积极推进作用，而在60年代，苏联已实现了将等离子体加热到107 K数量级的温度和约束时间为几百秒数量级的水平。但萨哈罗夫与塔姆基于上述研究而合作的论文《磁热核反应堆的理论》（其中第二部分由萨哈罗夫撰写）在很长时间中一直被列为机密，直到1956年苏联核武器计划的负责人库尔恰托夫（И. В. Курчатов）在访问英国时，才首次披露了苏联关于等离子体物理的研究工作，而他们的文章，直到1958年日内瓦和平利用原子能会议前夕，才在题为《等离子体物理与受控热核反应问题》的会议论文集中公开发表。由于受控热核反应引人注目的应用前景，很多国家在这一领域中进行研究，而就思想渊源来说，这些后来的研究（尤其是托克马克系统）与萨哈罗夫和塔姆的工作是密切相关的。

由于萨哈罗夫当时的主要工作仍是发展热核武器，他未能继续参加后来关于磁热核反应堆的研究。但是，在1960—1961年，他还是首次提出了用激光来引发受控热核反应的设想。他提出，当用激光脉冲来加热粒状热核燃料的表面时，由于流体力学效应，燃料会产生爆聚。他还对引发反应所需的必要参数做了初步的估计。此外，他还设想了若干可能应用这一原理的领域，包括能量的产生和在未来航天器中的热核发动机。后来，在苏联、美国和其他一些国家，均进行了利用激光束或大功率脉冲电子束压缩燃料来引发热核反应的研究。

2. 磁积累（Magnetic cumulation）

关于磁积累的研究是萨哈罗夫的又一开创性贡献。这一领域中的知识和经验显然来自他对核武器的研制工作。在1951—1952年，他提出可用爆炸的能量来产生高强的脉冲磁场和电流。其原理是：当载流线圈急剧变形时，它所产生的磁场的磁能量并不改变。若这种变形导致线圈电感的减少，则磁场能量就会增加。线圈的变形是用爆炸的压力来实现的。后来虽有人修改过萨哈罗夫原初的设计，但所依据的基本原理是相同的。据此设想最初设计的"磁爆聚发生器"（Magnetoimplosive generator）MK1，在1952年的试验中，便产生了150万高斯的高磁场，而据萨哈罗夫在1952年进一步改进设计而制造的MK2，则在1964年达到了产生2500万高斯磁场的记录。这种可获得极高磁场的装置，对于加速粒子等研究显然具有相当的重要意义。萨哈罗夫在这方面的研究，也被列为机密，直到1965年才公开发表。

3. μ 介子催化理论

从 40 年代末到 50 年代，对受控热核反应的研究是萨哈罗夫关注的重点之一。由于意识到在实现受控热核反应中的许多难题，他同时亦研究了实现核聚变的其他途径。在 1948 年的一份报告中，他提出了用 μ 介子催化氘—氘反应的可能性问题，并做了相应的计算。这一研究当时亦被列为机密。后来，μ 介子催化理论成了一些实验和理论研究的课题。1957 年，萨哈罗夫与泽尔多维奇（Y. Zeldovich）又再次合作撰写论文讨论了这一课题，并估计了"吸引"$D + \mu H \rightarrow \mu D + HR$ 反应的截面。由萨哈罗夫提出的这种"冷聚变"的方案，今天至少在理论上仍是颇具吸引力的。

三、宇宙论、场论与粒子物理

1. 宇宙论与重子不对称

1964 年，萨哈罗夫完成了他第一篇关于宇宙论的论文《膨胀宇宙的初始状态与物质非均匀分布的出现》。在这篇发表于 1965 年的论文中，他假定均匀物质的开端是在零温度以下，所考虑的机制是在一个均速膨胀的宇宙中的引力的不稳定性。萨哈罗夫还讨论了在恒星形成星系后的宇宙演化。1965 年对 3K 背景辐射的发现，显然使这一"冷模型"工作的重要性大大降低，但其中涉及量子不稳定性的理论和关于超高密度下物质状态方程的假定仍有一定的意义。一年后，他便写文章讨论了"大爆炸"的宇宙"热"模型，并尝试考虑热光子气在数密度高于其普朗克值时的能量密度。

但是，与上述工作相比，萨哈罗夫在 1967 年发表的《CP 不变性的破坏、C 的非对称和重子的非对称》一文，则显然更为重要，有人将它称为 20 世纪最大胆、最著名的物理学论文之一，萨哈罗夫也曾认为这是他自己最满意的一项理论研究。1964 年，当人们在 k 介子的衰变过程中发现 CP 不变性的破坏后，萨哈罗夫第一个将其作为物理实在来对待，并用于"大爆炸"的"热"模型，来解释为什么在宇宙中粒子和反粒子数不对称的问题。他既承认 CP 不变性的破坏，又承认重子的非对称，并试图用前者来解释后者。为此，他假定存在一种新的、导致 CP 不变性破坏的、"十分微弱"的相互作用，这种相互作用应当是质子衰变的原因。他提出，宇宙中观察到的重子不对称（以及假定的轻子不对称）来自大爆炸后宇宙早期的膨胀，而只有在以下情况下才可能：（1）重子数（及轻子数）守恒的定律不是精确的，在宇宙膨胀早期的高温下它被破坏，而且以这种方式，理论就会与观察到的重子在平常的温度下显然具有很长寿命的事实相吻合；（2）在早期宇宙的非平衡状态下，形成粒子和反粒子的概率是不同的。

在当时，萨哈罗夫的这一理论并不怎么为人所重视。但是，到了 70 年代，随着大统一模型的出现，情况发生了变化，因为这一理论具有 70 年代提出的大统一模型的许多特征，而且直到今日，对质子衰变的探测仍是许多利用大型地下探测器进行的实验的目标。后来，萨哈罗夫对此发表了几篇论文，对宇宙中重子非对称的研究一直持续到他生命的终结。

2. 夸克模型

1964 年，在夸克模型被提出之后，萨哈罗夫也将注意力投向这一研究领域。1966 年，他在与泽尔多维奇合作发表的论文《强相互作用粒子的质量与夸克结构》中，基于一个朴素的非相对论夸克模型，根据不同夸克之间不同的自旋—自旋相互作用，导出了介子和重子半经验的线性质量公式,其预言的质量与实验值相当一致。萨哈罗夫对线性质量公式的兴趣也持续了许多年。1975年,他将1965年的质量公式推广到当时还未发现的魅夸克。1980年,在被流放到高尔基城后,他又将质量公式中唯象参数的个数减少到6个:普通夸克、奇异夸克和魅夸克的质量,用于区分介子和重子的2个附加常数,和公用的自旋—自旋耦合常数b。结果,使理论数据和实验数据更加一致。

3. 引力、空间与时间

在引力与宇宙论方面,萨哈罗夫共发表有5篇论文,其中影响较大的,是他在1967年发表的《弯曲空间中的真空量子涨落与引力理论》一文。在其中,他试图解决引力的起源和引力场的量子化问题。因为,若假定引力不是一种基本的相互作用,而仅仅是一种有效的低能相互作用,就引出了非重正化量子场论的问题。在爱因斯坦的引力理论中,通常假定时—空作用取决于空间的曲率。而萨哈罗夫对引力的解释则与此不同。他发明了"真空的度规弹性"一词,认为当一具有能量的物体在被引入真空后,会改变空间的度规,或者说使之产生弯曲,但是,真空由于具有"弹性",会"反抗"这种变化,而这种"弹性"是由真空极化的量子效应所导致的。由于是在泽尔多维奇相关工作的基础上,使用了在初始等于零的引力场拉格朗日函数,萨哈罗夫称此理论为"零拉格朗日函数理论"。后来,在70年代,萨哈罗夫又几次回到这一问题,试图克服其原始理论中的某些困难。直到80年代,在西方也仍有理论物理学家在继续相似的努力。

1969年,萨哈罗夫提出了"多层宇宙模型",在这种模型中,宇宙的膨胀和收缩无限地交替轮回,他假定,在一个膨胀的空间中的黑洞能通过一条奇性的世界线进入到在一个收缩的空间中的白洞，在平直的四维世界中，随时间趋于无限，宇宙中物质的质量经历坍塌。1980年，萨哈罗夫在一篇他自己也较满意的论文《具有时间箭头反转的宇宙论模型》中，将多层（Multisheet）宇宙模型的假设与时间箭头反转的假设结合起来，在此模型中，具有一负的宇宙空间曲率和一有限的宇宙常数，后者的正负对应于平直空间的一负的真空能量密度。在被流放高尔基城的几年中，对宇宙论的研究一直是他科学活动的重要内容，并相继发表了几篇论文，包括考虑多宇宙的可能性等。实际上，他的这些工作与他以前关于宇宙中重子非对称的研究也是相关的。

萨哈罗夫是一位杰出的科学家，同时更是一个真诚、正直、具有强烈的社会责任感的知识分子。除了科学研究，他还关心各种社会问题，并将大量精力投身于社会活动。集科学家与社会活动家的角色于一身，这是他有别于大多数科学家之处。在社会事务方面，他的活动主要集中在反对核军备竞赛问题上。同时，对更广泛的其他问题，如教育、生态环境保护、科学技术与社会的关系等，他也都具有独到的见解，并在可能的情况下，以自身的行动来促进对问题的解决。像萨哈罗夫这样的特殊人物，显然需要未来的学者们进一步做更深入的研究，当然，这不仅是就其社会活动而言，还有他那些已在世界科学共同体中引起广泛注意的纯科学的研究工作，由于科学探索活动的本性，也还是要有待科学的进一步发展才好对之予以更为恰当的评价的。

原始文献

① A. D. Sakharov. Collected Scientific Works. eds.by D.ter Haar et al. Marcel Dekker. 1982.

② A. D. Sakharov. Progress, Coexistence, and Intellectual Freedom. Norton. 1968.

③ A. D. Sakharov. Sakharov Speaks. Alfred A.Knopf. 1974.

④ A. D. Sakharov. My Country and the World. Alfred A.Knopf. 1975.

⑤ A. D. Sakharov. Alarm and Hope. Alfred A.Knopf. 1978.

⑥ A. D. Sakharov. Memoirs. Alfred A. Knopf. 1990.（此书附有萨哈罗夫较完整的著作目录）

⑦ A. D. Sakharov. Moscow and Beyond. Alfred A.Knopf. 1991.

研究文献

① Soviet Physics Uspekhi. 34（1991）. No.5.（萨哈罗夫纪念专号）

② Physics Today.（1990）. No.8.（萨哈罗夫纪念专号）

③ E. Bonner. Alone Together. Alfred A.Knopf. 1986.

④ S. D. Drell and S.P.Kapitza eds. Sakharov Remembered. American Institue of Physics. 1991.

⑤ G. Bailey. The Making of Andrei Sakharov. Allen Lane the Penguin Press. 1989.

⑥ S. LeVert. The Sakharov File. Julian Messner. 1986.

⑦ E. D. Lozansky. Andrei Sakharov and Peace. Avon. 1985.

⑧ A. Serov ed.，Lessons of Andrei Sakharov. Novosti Publishers. 1990.

⑨ F. A. 扬诺赫 . 萨哈罗夫——人和物理学家［J］. 科学与哲学 .1983（4）：203—226.

派斯：从物理学家到物理学史家

亚伯拉罕·派斯，1918年出生于荷兰的一个犹太人家庭。他的祖先早在18世纪以前就定居于荷兰。1938年，派斯毕业于荷兰的乌特勒支大学，获得学士学位。之后他又在那里随比利时物理学家罗森费耳德攻读物理学的博士学位。为了尽快毕业，派斯不得不废寝忘食地工作，为了抓紧撰写学位论文，他每天从早到晚一直写到再也写不出一个字时为止，终于在6月9日通过答辩得到了博士学位，并留校任教。

1945年，他接到丹麦物理学家、量子力学哥本哈根学派领袖尼耳斯·玻尔的邀请，到哥本哈根理论物理研究所工作，成为玻尔的助手，从此真正开始了作为一名物理学家的生涯。第二年，他又来到美国，在普林斯顿高级研究所从事研究，后来，成为该研究所的教授，并结识了同在那里工作的著名物理学家爱因斯坦。1954年，派斯成为美国公民，1963年，到纽约的洛克菲勒大学任教授。从1981年到现在，派斯一直是该大学的 Detlev W. Bronk 退休荣誉教授。1962年，派斯当选为美国国家科学院院士，他也是荷兰皇家科学院院士和美国文学与科学院院士；1979年，获得奥本海莫奖，1993年，获得丹麦皇家科学院科学奖章。

在物理学中，派斯曾做出重要的贡献，曾是世界上带头的理论物理学家，被誉为粒子物理学的创始人之一。他的研究领域主要是基本粒子过程，强与弱相互作用的对称性，以及量子场论的研究。他曾提出支配奇异粒子特性的缔合产生原理,对涉及物理学对称性原理 SU(6)理论做出了重要贡献,也是"粒子混合"思想的发现者之一,这一思想对理解中性复合 K 粒子具有重要的作用。

有一些科学家,在老年时,离开了科学的前沿领域,从事一些科学史方面的工作。派斯也是这样,大约从 1978 年开始,主要致力于物理学史的研究,但不同的是他比其他科学家在这方面做得更加出色。1982 年,派斯撰写的第一部重要科学史著作——爱因斯坦的传记——《上帝是不可捉摸的:爱因斯坦的科学与生平》出版。为了撰写这本传记,他像科学史家一样工作,多年在爱因斯坦档案馆里进行研究,在爱因斯坦的私人秘书杜卡斯女士的帮助下,查阅了大量的原始文献。此书出版后,一炮打响,于第二年获得美国国家图书奖。这是世界上第一部详尽而且颇具特色地论述爱因斯坦科学工作的传记,据说销量多达 50 万册。我国于 1988 年也曾由科学技术文献出版社出版了中译本,但当时的印数并不高。除了扎实的文献工作,派斯作为一名杰出的物理学家的功底,以及他在普林斯顿长期与爱因斯坦接触和交谈的背景,也使得此传记别具特色。尤其在物理学家们当中,此传记有良好的口碑。对此笔者可以提供一个个人的旁证:大约在 80 年代中期,那位被誉为继爱因斯坦之后最杰出的理论物理学家、在中国亦是大名鼎鼎的《时间简史》一书的作者、全身瘫痪的霍金曾从英国来中国访问,当他在北京师范大学作关于天体物理学方面的演讲时,笔者曾有幸聆听,并看到,在霍金打开的手提箱中,唯一的一本书,就是派斯写的这本爱因斯坦的科学传记。

继此书出版后,派斯并未休止,而是一本又一本地连续出版物理学史方面的大部头的著作,成了一个丰产的科学史作家。1988 年,他出版了关于粒子物理学史的著作《势不可挡的深入:

论物理世界中的物质和力》(Inward Bound: Of Matter and Forces in the Physical World),论述从 X 射线的发现开始到 20 世纪 80 年代粒子物理学的历史。1991 年,派斯出版了 20 世纪另一位伟大物理学家的传记——《物理学、哲学和政治中的尼耳斯·玻尔的时代》,这是一本篇幅非常大的玻尔传,关于物理上的事实叙述较多,在物理史实方面没有一般人常出的错误。为了写这本书,他花了三四年时间,大致是一半时间在纽约,一半时间在哥本哈根。由于他精通丹麦文,能够查阅各种官方和私人的丹麦文资料,这是其他物理学史家所无法企及的。例如,他通过查阅哥本哈根市政府的卷宗和有关教堂中的记录,把玻尔的父系家谱和母系家谱都追溯到了四五代,给出了玻尔的高曾祖父等人的全名,并且考证出玻尔在大学时参加的学生团体"黄道社"的 12 个成员中 10 人的姓名和后来的职务等。可以说,这是目前人们写出的最重要的一本正式的玻尔传记。

派斯在 1982 年出版的那本题为《上帝是不可捉摸的》的爱因斯坦传记影响良好,其最鲜明的特色是对爱因斯坦的科学的详尽准确的叙述,但也正是由于科学内容的缘故,对于一般读者,该传记还是显得有些艰深。1994 年,他出版的《爱因斯坦当年寓此》一书,则在很大程度上弥补了这一不足。《爱因斯坦当年寓此》这本写给普通人的爱因斯坦传记可以说是《上帝是不可捉摸的》一书的姊妹篇。

派斯自己和别的一些人都说他是最后一个既熟悉玻尔又熟悉爱因斯坦的人,与这两位物理学史上的伟人都有过比较密切的私人接触,而且在某种意义上可说算是与他们进行过某种合作。他也兴趣广泛,喜欢音乐、登山,还很会讲故事。这些都是优势,因而,他在 1997 年最新出版的自传《双洲记:在动乱的世界中一个物理学家的生活》,既具有在物理学史方面的意义,也是一本很能引起读者兴趣的著作。此书的书名套用自狄更斯的小说《双城记》。

像这种对于经典文学的熟悉和了解也使他的著作另具特色。对此,笔者这里还可以再补充一个例证。1986年,笔者曾翻译了一篇派斯所写的关于物理学家狄拉克的传记文章。其中讲到有关狄拉克的一个故事:"一次,狄拉克和福斯特在剑桥的一次宴会上相遇。在他们之间的交流的故事常常被人们完整地讲述。狄拉克:在洞里发生了什么?福斯特:我不知道。然而,这说法不足凭信的。派斯曾告诉我,他问过狄拉克到底说了什么,并得到这样一个回答。狄拉克:在那洞里有第三者吗?福斯特:没有。"当笔者在没有更多的上下文的情况下译到此段时,实在有些莫名其妙。正好在同一年,派斯来中国访问。乘陪同之机,向他提出此问题。派斯便讲到了英国小说家福斯特和他1924年的名作《印度之旅》,由此联想到国内曾上演过的据此小说改编的电影中的情节,笔者才终于明白了那段话的含义。

1998年,派斯还与他人一道编辑出版了纪念狄拉克的文集《保罗·狄拉克:其人与其工作》。

当然,作为一位在晚年从物理学领域转向物理学史的学者,也有人认为与真正职业的科学史家相比,派斯在史学意识和哲学洞见方面尚有不足之处。但与更多的在晚年将科学史作为一种业余消遣的科学家们相比,派斯由于他特殊的经历和不懈的努力,以及他独具特色的科学史著作,显然是科学家出身的科学史家中的佼佼者,在科学史界极有影响。1998年5月27—29日,联合国教科文组织和尼耳斯·玻尔研究所在巴黎举行了一次纪念玻尔的学术会议,主题为"尼耳斯·玻尔和20世纪科学的演进",会议邀请了十几位世界上第一流的科学家发表演讲,邀请名单包括一些诺贝尔奖得主,其中排在第一位的就是派斯,由他来介绍玻尔。

由此我们也可看出派斯在学术界的影响和地位。

1998年，派斯在丹麦的家中过了80岁的生日，七十多位丹麦名流参加了庆祝茶会。派斯并没有停下来，正如他在《势不可挡的深入》一书结尾处讲的那个故事所预示的：一位到华盛顿市的参观者坐出租车经过宾夕法尼亚大道，他注意到在国家档案馆的后面有一座雕塑——一个坐着的妇女在膝上放着一本打开的书。雕塑的底座上有一段话："过去的事情就是开端"，这使他感到困惑，便问出租车司机那是什么意思。出租车司机回答道："那意思就是你还什么都没听到呢。"

费曼：超级科学明星

诺贝尔奖获得者、美国康奈尔大学的理论物理学家贝特曾转用一位数学家的话，说世界上有两种天才。一种是普通的天才，虽然他能完成伟大的工作，但让其他的科学家觉得，如果他们足够努力的话，那样的工作他们也能完成。而另一种天才则像表演魔术一般，"一个魔术师所做的事其他人无法完成，而且似乎完全无法想象"。"这，就是费曼。"

理查德·费曼，可以说是一位典型的美国物理学家，1918年，他出生在纽约的一个犹太人家庭中，1935年进入麻省理工学院学习，毕业后，又到普林斯顿念研究生，于1942年获得博士学位。从1943年起，在美国的原子弹研制基地洛斯阿拉莫斯工作，战争结束后，1946年，成为康奈尔大学的教授，后来，从50年代起，在加州理工学院任教，先是当普通教授，后于1959年成为图尔曼理论物理学教授。除曾短期到巴西讲学外，他一直在加州理工学院工作，直到1988年2月15日，因患癌症而在洛杉矶去世。

费曼的科学工作涉及许多的领域。其中最重要的，包括他以路径积分的形式重新写出了整个量子电动力学，使之具有相对论协变的形式，并且通过重整化的方法避开了发散的困难，解决了电子的自能问题。利用这样的理论，就可以相当精确地计算出兰姆位移和电子的反常磁矩等用旧有的理论无法处理的问题。在这过程中，他还自行发明了一种独特的利用一些图形来极大地简化计算的新方法。如今，在场论中，像费曼图、费曼积分、费曼振幅等常用的重要概念和方法都与他的名字连在一起。

1965年，由于在量子电动力学方面的基本工作，他与美国物理学家施温格和日本物理学家朝永振一郎共同获得了该年度的诺贝尔物理学奖。

除在量子场论和基本粒子理论方面的重要工作外，在像凝聚态物理等领域中，费曼亦贡献卓著，尤其是在对液氦的超流动性的理论研究方面。

在美国，诺贝尔奖获得者有许多，但能够在科学界和科学界之外家喻户晓，并为人津津乐道的超级明星的，恐怕只有费曼一人。这一切，除天赋外，费曼独具一格、不拘小节的个性，以及他截然与众不同的行事方式，有着决定性的联系。正如杨振宁曾讲过的："他是一个几乎任何事情都与众不同的人。"

费曼是一位极为出色的教师。或者说，是一位教育家。他极其认真地对待教学工作，并且真正热爱教学，在有充分准备的课上，不时地冒出连珠妙语。在加州理工学院任教授的三十多年中，他除自己进行研究工作外，主要还是为研究生开课。1961—1962年，他曾给大学低年级的学生讲了两年的普通物理课。像普通物理这样的课程，在教材与教法上本是相当成熟的，虽然也有许多不同版本的课本，但本质都是大同小异的。费曼则不然，他完全抛开了传统的体系，由自己安排教学内容。每次上课，虽然只带一张小纸，然而，在这背后，大量的准备工作是显而易见的。结果，根据他讲课的录音，人们整理出三卷本的《费曼物理学讲义》。物理学家古德斯坦回忆说，费曼曾告诉他：从长远眼光来看，他认为他对物理学最重要的贡献不是量子电动力学，不是液氦或极化子或旋子的理论，而是他的《费曼物理学讲义》。这部截然与众不同的教程，鲜明地反映了费曼的个人特色，在体系、论述和证明上均有别于传统的教材。书中还充满了生动的例证和深刻精辟的议论,以口语化的风格透彻地讨论各种物理学现象的本质和规律。正如他在《讲义》中所说的:"我讲授的主要目的,不是帮助你们应付考试,也不是帮你们服务于工业或国防。我最希望做到的,是让你们欣赏这奇妙的世界以及物理学家观察它的方式。"这部教材出版后,非常畅销,尽管对于绝大多数的教师和学生,它不一定是最实用的教程,但它确实是最出色的教学参考书,是教材中的经典著作。可以说,仅凭这部讲义,就可以让作者不朽。它被翻译成多种文字出版,我国大陆和台湾也都曾出版有其中译本。

不管是科学上的成就,还是在科学教育方面的贡献,都只能使一个人在有限的范围内变得知名。但费曼响亮的名声绝不仅限于科学界。在美国,在更广大的公众眼里,他也是真正的科学明星。这在很大程度上,与他两本回忆录的出版有关系。

1985年,费曼出版了他的第一本回忆录《费曼先生,你肯定是在开玩笑》,这本书是由费曼同事的儿子拉尔夫·莱顿根据与费曼谈话的录音整理而成的。它一经出版,就变得异常畅销,仅仅在出版后一个月内,就连续印刷了9次。而且,至今,仍常常停留在美国书店的排行榜上。在国内,科学出版社于1989年曾以《爱开玩笑的科学家费曼》为名翻译出版了此书,但译文中错误颇多,且印数只有三千来册。1997年,三联书店又以《别闹了,费曼先生》为名出了新的译本,遗憾的是其译文中意译之处过多,且港台味太重。通过这部回忆录,读者可以看到一位真正活生生的、多才多艺、喜欢恶作剧、极具个性、我行我素且不加掩饰的科学家:他从小就爱好独立思考;在制造原子弹的基地工作时,曾是偷开保险柜的"撬锁英雄";在宿舍中做运送蚂蚁的实验;与酒吧里的女招待开令人啼笑皆非的玩笑;爱好玩鼓,达到很高的水平，一部只由他用鼓声伴奏的芭蕾舞最后竟赢得了美国全国舞蹈设计竞赛的大奖和在巴黎举行的世界舞蹈设计者竞赛的第二名；偶尔因琢磨古代抄本而最后成为玛雅天文学史专家；他学习绘画，最后达到举办个人画展和售出所绘作品的程度……这样一系列有趣的故事在其他科学家的传记中是很难发现的。随后出版的续集《"你何必在意别人怎么想？"：一位好奇者更多的奇遇》一书也同样获得成功。尤其是费曼参与对航天飞机挑战者号失事原因调查的故事，更给人以深刻的印象。他曾演示用一杯冰水浸泡橡皮而使其在低温下失去弹性的简单实验，说明推进火箭管道接口的漏气原因，使美国公众大为震惊。这一故事，以及在前一部回忆录中讲述的他参与审定小学教材的故事，真切地表现了费曼作为一位正直的科学家所具有的社会责任感。当然，在某些人看来，费曼的一些做法似乎有些花花公子的味道，如他在回忆录中也并不讳言自己的一些经历，但这只是费曼自己并不加以掩饰的一个侧面。在另一方面，他与第一任妻子阿仑结婚，是在已经知道对方患了肺结核而且活不了几年的情况下，而且婚后阿仑一直就住在医院中，直到去世。在晚年，当有人问费曼一生最自豪的是什么事时，他说，那就是"我能用尽我所能的爱去爱了我的第一位妻子"。

　　科学家的回忆录能成为长久不衰的畅销书，这是很少见的事情，表明了公众对费曼的极大兴趣。实际上，除了这两部回忆录，许多由他人撰写的费曼的传记也非常引人注目。例如，纽约时报首席科学记者格莱克曾以出版在各国成为畅销书的科学报告文学集《混沌开创新学科》而闻名，他于1992年出版的费曼传记《天才：理查德·费曼的科学与生活》，也很快就成为美国的畅销书。1993年，格莱克到加州大学圣巴巴拉分校作该书的促销演讲时，笔者曾有幸亲耳聆听。当时会场的热烈气氛，也充分表明了他撰写的那部传记之引人入胜。据报道，格莱克撰写的另一本费曼传记也于 1999 年问世。

可以说，费曼确实是独一无二的。他也许是只有在美国的文化下才能培养出来的那种科学家。了解费曼，也可以让人们看到，科学家，如果教育得当，完全可以是饱食人间烟火并且令人喜爱的天才。谈到为什么能够成功，为什么能够成为超级科学明星，原因可以有许多，但其中最重要的一点，也许正像其回忆录的书名（这来自他第一任夫人的说法）所表明的，那就是："你何必在意别人怎么想？"

懂一点 STS

科学与艺术

幻想与现实

——读《侏罗纪公园》随感

○

1994年，当我在美国做访问学者时，有一次到友人家做客，遇到友人刚上小学的女儿喋喋不休地和我大侃 jurassic park（侏罗纪公园）和 dinosaur（恐龙），虽然当时我有些不知所云，但还是给我留下了深刻的印象。后来，再与他人聊起，才知这是由于一部根据同名畅销科幻小说改编的电影影响的结果。

隔了些时候，当我在美国的旧书摊上发现了这本畅销小说，而且售价只有25美分时，便买下了它，心想权当回去后给女儿讲故事用吧。买书回来后我才注意到，原来此书的作者克莱顿（Michael Crichton）是一位颇有名气的畅销书作家和电影导演。像他所执导的《血洗乐园》和《昏迷》等影片都曾在我国上映。但最使我记起他的，还是1993年《译林》上刊登的他的小说《升起的太阳》，其中通过对日美间高科技商战的侦探故事情节，对日美两国文化、心理背景差异的分析独具一格。顺便可以提到，《升起的太阳》在美亦被改编成电影，且票房价值不菲。我也曾有幸一睹此片，但总觉得不如看原著过瘾。

有了这些背景垫底，当偶有空闲时，便信手拿过此书一翻，但也并未期望过多。出乎我预料的是，虽然读原文小说不易，更

懂一点 STS
鸡蛋里的骨头

加之书中满是在普通英汉词典中都查不到的古里古怪的各种恐龙的专用名称，但我还是马上就被书中令人叫绝的情节构想、此起彼伏的悬念、作者对最新科技进展惊人通俗而又准确的叙述引用，以及在紧张情节背后的更深层立意所吸引，在两天废寝忘食、手不释卷的阅读中，真正体会到了一本精彩的小说的确可以使人忘掉作为表现形式的语言外壳。

一

《侏罗纪公园》的故事梗概并不复杂，大致是讲一家国际遗传技术公司筹集了巨额资金，利用最先进的生物遗传工程技术手段，在一偏僻的小岛上复制培育出几千万年前就已在地球上灭绝了的古老物种恐龙，建立起一座名为"侏罗纪公园"的恐龙观光游览地。在建设过程中，为了解决一些"技术性问题"，公司头目邀请了几位科学家一起来到岛上，但由于"意外"事故，恐龙失控导致了一系列的惊险遭遇。为了不搞预先泄露天机、展示结局的恶作剧，不扫那些想在阅读中自己"过一把瘾"的读者的兴，对那些丝丝入扣的悬念和险象环生的曲折情节，这里不说也罢，因为那几乎是可以吸引所有读者的。这里所想要议论一番的，倒是在具体情节之外更为"严肃"的一些问题。

人们或许会记得像《隐身人》之类的早期科幻小说。其实，那些小说中"幻想"的成分倒是要更多一些。例如，有人曾分析说，隐身人存在的基础实际上是与科学理论相矛盾的，因为根据光学，隐身人要能够隐身，就必须使全身对光线的折射率与周围环境完全一致，但这样一来，隐身人的眼睛就无法会聚光线，从而也就不会看见外界的任何东西，如此等等。《侏罗纪公园》则与此大为不同。首先，它的立足点是最先进的科学前沿的进展，如生命科学中的基因重组技术，电子计算机技术，物理学中的混沌理论，数学中的分形理论等。其次，它的"幻想性"只是在于将现有的科学成果进行逻辑外推，将那些目前限于"技术性"困难，而原则上完全有可能在未来实现的"成就"提前在小说中"实现"而已。至少，像这种科幻作品，在引人情节的包装下，可以使更为众多的非专业人士了解到科学前沿的新进展，起到一种科学普及的作用。在《侏罗纪公园》中，对通常让常人望而生畏的科学内容，能以相当通俗的语言表达出来，并巧妙地将其融在故事中，就科普来说，是做得很成功的。

二

对于科幻小说来讲，起到科普或激发科学想象力的作用，仅仅是最基本的要求而已，尽管这也并不是那么容易做到的。但《侏罗纪公园》高出于其他科幻作品的地方，在于它更加致力于揭示在科学发展背后所潜在包含的东西。其中之一，就是对科学发展所带来的社会和伦理学问题的关注。

1953年，生物化学家沃森和克里克发现了生物遗传物质DNA的双螺旋结构，这一后来被誉为20世纪生命科学最伟大的发现，标志着分子生物学的创立。自此之后，以遗传问题为中心的分子生物学研究出现了空前繁荣的局面。70年代以来，伴随着在重组DNA技术方面的重大进展，为新的生物品种的培育、系列化制品的生产和遗传疾病的治疗等带来了可能，也带来了分子生物学应用商业化的加速发展，但与此同时，在科学界，也围绕着对重组 DNA 技术可能带来的安全性、生态、社会、伦理等方面的新问题展开了激烈的讨论。在这当中，特别引人关注的是安全性问题。早在 60 年代末和 70 年代初，一些美国科学家在从事将某种肿瘤病毒的 DNA 片段重组到大肠杆菌中去的实验时，便注意到了这种技术可能会带来的潜在危险。其中一位科学家出于社会责任感甚至这样讲："我开始想到原子弹及类似的事。我不能去做那种因创造危害几百万人的怪物而出人头地的人。"此后，一系列讨论有关生物研究潜在危害的会议相继召开，一些科学家甚至起草了一封公开信，呼吁全世界的哲学家与他们合作，在重组 DNA 分子潜在的危险更好地被估计或采取适当的防护方法之前，自动延缓某些相关实验。这可以说是一些科学家首次出于社会责任感而自觉地限制自己的研究工作。但除安全性问题外，重组 DNA 技术又使人们注意到它所涉及的一系列生态、社会和伦理问题。后来，随着研究的深入，对有关的限制开始放松，但从根本上来说，问题并未彻底解决。尤其是因为这一新技术在商业化方面的诱人前景，并不是只靠科学家关注与自觉便能解决的问题。何况在人类的历史上，商业利润的诱惑一直是一种难以抵御的几乎可以冲破任何阻力的动力。几十年来，有关的研究和讨论不断深入，但这种对于最新的科学技术的社会伦理问题的关注，主要还是局限于专业人士。而《侏罗纪公园》实际上则是将这一严肃而重大的问题直接摆在范围更为广泛的广大读者面前。这正是其重要意义之所在。

一方面，《侏罗纪公园》通过生动的故事，展示了利用最新生物遗传工程这种"人类历史上最危险的技术"复制培育的恐龙最终失去了控制，形象地说明了滥用科学技术的可怕后果，"控制"一词也作为章节的标题在书中反复出现。另一方面，书中塑造了一个有些激进但富于理性又有些像先知的数学家马尔科姆的形象。

他实际上也就是作为作者的代言人而出现的。事故发生后,面对自己的雇主,他敢于这样地直言:"在很短的时间里你们创造出许多恐龙,你们从未对它们有任何了解,但你们却期望它们俯首称臣,只因为你们造了它们,你们便觉得它们为你们所拥有。你们忘了它们是有生命的,有自己的智慧,而且它们或许并不向你们俯首称臣。你们忘了你们对它们是多么的不了解,当你们轻率地在做你们称为简单的事时,你们是多么的无能为力……"当然,在此书中,描述的不是目前人们在实验室中研究的大肠杆菌之类,而是放大了的仅仅在原则上于未来可能实现的应用遗传工程的可能及可怕后果,但就所涉及这一技术的社会伦理问题,大到恐龙也罢,小到大肠杆菌也罢,实质上都是一样的,而且对于一般读者,这样的感染力也要更强得多。

三

在一个更深刻的层次上,《侏罗纪公园》更是展示了作者独特的对更一般性的自然界、人与科学的关系问题的看法。

从一开始,马尔科姆就根据自己数学模型的计算,预言未来的侏罗纪公园必然会出问题,而他所依据的理论基础,就是近年来逐渐兴起的混沌理论和分形理论。因为混沌理论表明了在我们日常生活中所固有的不可预测性。侏罗纪公园的建造者想要把它变成一个真实的、可以为人们所控制的世界,但实际上它只是在模仿自然界而已。因为,用马尔科姆的话来说:"事实上,我们所称的'自然'是一个复杂系统,它远比我们所愿承认的要更加不可捉摸。我们造出一种简化了的自然界图像,然后再拙劣地修补它。我不是环境保护专家,但你们必须要搞懂你们不懂的东西。这点要强调多少次才够?我们要面对证据多少次才够?我们建造了阿斯旺水坝并声称它将振兴国家,结果它却毁掉了富饶的尼罗河三角洲,造成瘟疫蔓延并使埃及的经济蒙受损失……"这段话本来是针对侏罗纪公园而说的,但是细想一下,难道它对那些现实中自以为是地要造福利民去与自然抗争的愚蠢之举,那些以为自然也能听命于长官命令接受改造的幻想,那些以破坏自然的代价来作为致富、加官晋爵的各色人等,不也可谓是一针见血的指责吗?

在现代科学化的社会中,要讨论人与自然的关系问题,不能不涉及对科学及科学的后果的看法。在这一点上,《侏罗纪公园》有些偏激,但也不乏精彩的见解。作者通过小说中的代言人马尔科姆之口,这样地表述了对科学的局限和问题的深刻反思:"科学是有几百年悠久历史的信仰体系。正像在它之前的中世纪体系一样,科学也已开始不再适合于这个世界。科学获得了太大的力量,这使它在实践中的局限开始显露出来。在很大程度上,由于科学,我们数十亿生活在一个狭小世界中的人紧密相聚,相互沟通。但科学却不可能帮我们做出怎样对待这个世界或怎样生活的抉择。科学可以造出一个核反应堆,但不能告诉我们不要去建造它。科学可以制造出杀虫剂,但不能告诉我们不要去用它。正是由于不可控制的科学,我们的世界在空气、水和土地等方面开始受到污染。"这一观点也正是科学伦理学家们所反复强调的观点,即科学可以告诉我们,当我们要去做一件事时,我们应该怎样去做,但科学本身却无法告诉我们这件事是否应该去做。这是要通过人们对科学与社会之间关系的深入研究才能够逐步认识的。这就提示我们,只片面地强调发展科学,而忽视对怎样应用科学的人文研究,其潜在的危险后果之一,就可能是对科学的滥用。

要避免对科学的滥用，就要对科学的力量能够进行合理的控制。"科学总是说它或许现在还没有认识一切，但它最终将认识一切。可是我们现在知道，事实并非如此。""我们正在目睹科学时代的终结。像其他过时的体系一样，科学正在摧毁它自身。随着它对力量的获得，它证明自己并不能控制这种力量。"马尔科姆之所以这样讲，是因为他认为，"大多数的力量要求希望获得它的人付出一种实在的代价。要有一段学徒，一段持续多年的刻苦修炼"。"但有趣的是，在此过程中，随着时间的推移，一旦某人获得了能赤手空拳杀人的本领，他也就成熟到了不再愚蠢地使用这种本领的程度。这是一种具有内在控制力的力量。获得力量的训练同时也改变了你，使你不会滥用它。"这一类比的确是一种极有启发性的观点。因为《侏罗纪公园》的作者认为，一个人要成为一名空手道高手，他就必须经过长期刻苦的训练，这种训练过程将使他能够获得一种控制，而不致滥用这种超出常人的力量，使他不会大发雷霆地去杀掉自己的妻子。那些随便杀人的人，则往往是没有经过训练因而不受任何约束的人。类比到科学，就会看到，科学的力量往往就像是继承的财富一样，是未经长期、刻苦的修炼而获得的。你需要去做的，只是去阅读别人所取得的成果，便采取下一步的行动，因为你可以站在巨人的肩上，你就可以很快地获得一些东西，使你快速致富，快速成名，使你在自然界面前不感到卑微。你甚至在不十分清楚你干了些什么的时候，就已发表了你的成果，为它申请了专利，并把它卖了出去。更糟的是，买主往往将比你更缺少科学的修炼，对科学更少了解，只不过是更加富有而已。买主只像买下任何商品一样地买下你的成果和它所带有的力量。这样，便会进一步地造成对科学技术成果的滥用。在作者的心目中，侏罗纪公园的建造者不正是这样的科学技术成果的买主吗？除此之外，作者的矛头也直接指向科学家和科学研究过程本身,因为他看到科学研究必然要留下副产品,如放射性、太空垃圾等等。而这些科学研究的副产品则日益成为一种灾难,一种对自然界的破坏。

应该说,在《侏罗纪公园》中表达的这些观点,是有些偏激的成分,也反映了一种西方在科学技术高度发达后对科学技术的重新反思和批判。我们也没有必要将这样一本小说当作科学社会学或科学伦理学或科学哲学的专著来读。但仔细品味之后,其中倒也不乏给我们以启发和令我们警醒之处。至少,有一个观点我想大多数人是会赞同的。那就是,在现实中,我们对自然界确实带来了相当大的破坏和更多潜在的威胁。但面对自然界,人类又是如此的渺小。从某种意义上来讲,"我们的星球并没有什么危险,面临危险的是我们。我们并没有力量去毁灭这个星球或是拯救它。但我们却或许有能力来拯救我们自己。"

四

看过这样一本既极有可读性又极有思想性的科幻小说,便不能不联想到科幻小说在国内的命运。在美国时,有空常爱去书店浏览。发现那里的科幻小说竟然是图书的一大重要门类,拥有着广大的读者群。相形之下,我国的科幻小说却似乎像恐龙一般地近乎绝迹了。昔日还算有名气的科普作家,如今转去撰写政坛人物的传记,现在倒也搞得红红火火了。只是可怜了读者。不要说像《侏罗纪公园》这种集知识性与思想性于一体的作品,不要说像这种不仅面对儿童而且也面对成人,对科学及科学与自然、人类命运的深层思考,若干年后,或许更多的人连对科学是什么也将茫然无知了。

回国后，偶逛书摊，意外地发现《侏罗纪公园》的中译本竟摆在书摊上。这至少是标志着它已跻身于目前的畅销书行列，说明我国读者对真正的好书绝对是有兴趣的。

顺便还应提到的是，与小说相比，电影《侏罗纪公园》就只是一部成功的商业片而已，虽然情节引人入胜，特技效果也属一流，但小说原著中的那些深刻的思想却大部分被隐去了。这似乎也是由小说改编成商业影片的一般规律。

懂一点 STS
鸡蛋里的骨头

用戏剧反映对人类命运的思考
——评青艺话剧《几尔加美休》

中国青年艺术剧院最近将日本哲学家和剧作家梅原猛编写的话剧《几尔加美休》搬上了舞台,这是国内戏剧界的一个创举。之所以说是一个创举,是因为《几》剧首次在国内用戏剧的形式,通过一个流传久远的史诗来揭示我们所面临的环境问题,来反映剧作者、导演和演出者对人类命运的深刻思考。

自从人类的进化使人类有别于动物之时起,人类与自然的关系问题就已存在了。人类为了自身生活得更好,开始不断地向自然索取,开始砍伐森林和猎杀动物。直到近代文明建立后,随着人类掌握了更强有力的技术手段,人类的雄心也开始无限地扩张,明确地提出要"征服自然"。随着人类对自然的"征服",结果是自然对人类给予了无情的报复。看看我们周围的环境吧:大气、河流、海洋的污染,森林的迅速消失,生物多样性的减少……面对严峻的局面,终于有人开始清醒地认识到,人类不但无法征服自然,而且只有与自然和谐相处,才能使人类社会"可持续"地发展。遗憾的是,只是在遭受了自然界严厉的惩罚之后,一部分人才开始醒悟,而还有更多的人仍迷恋于眼前的享受,无视对于环境的破坏,肆意消费、掠夺着子孙后代的利益。

在这种情况下,有良知、有远见的学者、艺术家们站了出来,开始向公众进行环境教育,进行人与自然之关系的教育。虽然依然困难重重，但也有喜人的成果。远的不说，近年来在国内也为人众所周知的《侏罗纪公园》，从小说到银幕，就以最普及的形式向人们阐述了人类无限制地应用科学技术而无视自然界的力量的可能后果。

如果说《侏罗纪公园》的作者是以某种幻想和预言的形式来向公众宣布人类力量的局限的话，梅原猛的话剧《几尔加美休》则是以历史作为依托，从记载在泥版上的人类文明发源地美索不达米亚的英雄史诗残缺文本中，阅读出了其中更深刻的寓意，并将它讲述给广大公众。不论是从书本上，还是从舞台上，我们都读到过、看到过许多远古的英雄传说，但是，我们往往沉浸于对主人公命运悲喜剧的追思。就算我们认真地翻开历史书，读到美索不达米亚文明的兴衰时，我们是否曾想到过，为什么这个古代文明的发源地如今已是一片沙漠，再也找不到一块像样的森林了呢？《几》剧的作者梅原猛恰恰以与众不同的现代眼光看到了这一点，并且正像剧中那个在夜里也睁着眼睛，思索着世界和人类命运的猫头鹰的形象一样，担心着世界和人类的未来，并用戏剧将这种思考和担忧告诉观众。

一部戏剧，具有不同背景的观众会从中看到不同的内容。但无论如何，当看完《几》剧，从剧场走出时，观众的心情是不会轻松的。我相信，广义上，许许多多的观众会将剧中主人公几尔加美休的悲剧命运看成是人类悲剧命运的象征。在狭义上讲，在舞台上作为个体所表现的威力巨大，三分之二是神、三分之一是人的几尔加美休的悲剧命运同样是有震撼力的，其醒悟更具有警世的意义。在《几》剧中，是通过几尔加美休率众猎杀林中动物、大片砍伐森林来表现人对自然界的"征服"的。事有凑巧，正在《几》剧上演前不久，首都多家报刊披露了滇西北某地大搞"木头财政"，准备对近百平方千米原始森林进行商业性采伐，危及栖息于林中的约 200 只国家一级保护动物滇金丝猴的惊人消息。仅此一点，就足以说明《几》剧上演的重大现实意义了。我倒真是希望那些拥有大大小小的权力就自以为可以无视自然与人类未来命运的官员们能去剧场，在古代英雄的影子下，体味一下什么叫无知与悲剧。

在国内话剧不景气的形势下，青艺敢于投入大量财力，以强大的演员阵容和出色的舞美设计，将这样一部话剧搬上中国的舞台，其魄力不能不令人钦佩。可以说，除了艺术的追求，《几》剧的上演充分体现了青艺对于社会与人类的责任感！

当然，作为原剧作来说，也还存在着一些可讨论的问题。首先，在《几》剧"寓教于乐"的形式中，还存在如何将艺术表现与哲学思想真正有机地融为一体，而不让人感到是在进行意识形态说教的问题。其次，《几》剧的某些场次也还显得有些冗长和拖沓，枝节过多。不过，在青艺今后对《几》剧不断的修改和加工中，相信这些问题都会得到理想的解决。

再圆恐龙梦
——读《失落的世界》

近些年来，恐龙热遍及世界。在这当中，美国作家克莱顿（Michael Crichton）的科幻畅销小说《侏罗纪公园》，特别是根据这一小说改编的同名电影起了重要的作用。随着这部小说和电影录像带被引进到国内，我国众多的读者和观众们也在幻想的恐龙世界中尽情地享受了一番。其实，对于克莱顿这位颇有名气的畅销书作家，我国的读者们并不陌生，特别是1993年在《译林》上刊登的他的小说《升起的太阳》，其中通过对日美间高科技商战的侦探故事情节，对日美两国文化、心理背景差异的分析尤其独具一格，给人们留下了深刻的印象。

尽管如此，不论就商业价值还是就思想性来说，《侏罗纪公园》的地位仍是十分特殊的。因而，作为《侏罗纪公园》之续篇，克莱顿的新作《失落的世界》中译本的问世，便不能不引起我们格外的关注。

作为续篇，在《失落的世界》中，故事情节仍是在原作《侏罗纪公园》一书的背景上展开的。《侏罗纪公园》的故事梗概并不复杂，大致是讲一家国际遗传技术公司筹集了巨额资金，利用最先进的生物遗传工程技术手段，在一座偏僻的小岛上复制培育出几千万年前就早已在地球上灭绝了的古老物种恐龙，建立起一座名为"侏罗纪公园"的恐龙观光游览地。最后，由于不可抗拒的

"意外"事故,这些恐龙被消灭了。

在此背景下,《失落的世界》一书所描述的是,在另一个过去真正为侏罗纪公园"生产"恐龙的岛上,一些恐龙存活了下来。几年后,一些科学家登上此岛,他们怀着各自不同的目的:或是为了探索恐龙的奥秘和研究物种灭绝之谜;或是出于商业目的,试图"开发"他人研究成果并窃为己有,想利用恐龙这一"人造"因而没有权利的"动物"作为未来的试验对象;或是仅仅为了帮助他人。于是,在恐龙与人,以及人与人之间,一系列险象环生、扣人心弦、悬念不断的故事情节展现在读者面前,最终,虽然不能说是百分之百的"善有善报",但起码是"恶有恶报"。当然,这些故事情节构成了《失落的世界》一书的主体,是其商业价值之主要所在,它们将吸引各类的读者,不论他们是出于娱乐的还是更严肃些的阅读动机。这里,当然没有必要再写一遍内容提要。更有意义的,或许还是做些在情节之外对于该书的思想性方面的议论。

在我们过去的理解中,似乎科幻小说的主要意义、特点和功能就在于科普。例如,法国科幻作家凡尔纳的系列科幻小说,几十年前国内就已出版了译本而且现在仍在不断重印,其极富有幻想但仍不失"科学性"的故事可以说对几代人都有过重要的影响。不过至少就目前的情形来说,对科幻小说的这种理解就很有些问题了。《读书》上曾有一篇颇有见地的文章,在谈美国的科幻电影时,讲到"他们所谓的'科幻',看多了就会明白,其实那重点并不在'科'而在'幻'。它的用意与其说是普及科学或预测未来,还不如说是借助科学讲怪力乱神……它还饱含对技术进步的失望和恐惧"。至少就其主流来说,西方的科幻电影曾的确如此。而且,这些描述曾亦适用于科幻小说。在美国,科幻小说(science fiction)本是书籍中重要的一大门类,拥有相对固定的读者群,但其内容也往往包含"新时代"（the new age）之类的非科学甚至反科学倾向。不过，克莱顿的科幻小说则与此大不相同。他的立足点是最先进的科学前沿的进展，而其"幻想性"则只是在于将现有的科学成果进行逻辑外推。对那些通常让常人望而生畏的科学内容，他能以相当通俗的语言表达出来，并巧妙地将其融到故事中，再加上引人情节的包装，足以使众多的非专业人士了解到科学前沿的新进展，起到某种科学普及的作用，同时，也融入了作者本人对科学之本质的理解，并有某种"警世"的作用。《侏罗纪公园》及其续篇《失落的世界》在这方面，都是非常成功的。

在《侏罗纪公园》中，克莱顿的主要立意在于从对科学发展所带来的社会和伦理学问题的关注出发，通过探讨像当代分子生物学中重组DNA技术等对人类和社会可能带来的风险，来揭示滥用科学技术的可怕后果；通过利用混沌理论等科学的最新进展来说明人类试图"控制"自然的不可能，来更一般性地提出作者对自然界、人与科学关系问题的看法。在《失落的世界》一书中，克莱顿有了新的转向，他更多地将关注的焦点指向了一个"科学的"问题——在地球上某些像恐龙这样的物种灭绝的原因。其更深层的意义，可能正如书中的主人公之一所说的那样，在于我们想要知道"人类是否会重蹈恐龙的覆辙，有朝一日也会走向绝迹？"

显然，克莱顿对当时科学界关于恐龙灭绝的各种相持不下的理论及有关争论有着相当全面深入的了解。像对小行星碰撞假说等科学界有关恐龙灭绝的代表性理论的介绍，在书中被巧妙地穿插在故事之中。至于作者本人的观点，仍是由那位在《侏罗纪公园》中的事故里幸存下来并颇有些先知色彩的数学家马尔科姆作为代言人来表达的。其理论的基点，也还是科学界很时髦的混沌理论。其实，这也是有着真实的背景的。例如，一位美国科学记者所写的介绍混沌理论的通俗读物《混沌开创新学科》，在美国就成了热门的畅销书。就连在《失落的世界》一书中作者给马尔科姆这位虚构的主角安排的工作单位——圣菲研究院，在美国也是真有其院的一个著名机构，专门致力于将新近发展的非线性科学应用于社会经济等方面的实际问题。

作者借马尔科姆之口指出："人人都同意进化在发生，却没有人理解它是如何进行的。这套理论中还有许多大问题没有解决。"恐龙的灭绝，就是这其中的问题之一。但是，在现实中，关于物种灭绝的所有理论，依据的都是化石记录。然而，在马尔科姆看来，化石记录并没有记录种群中相互作用的复杂情况。在这本小说中，幻想中的小岛则给主人公们提供了一个独一无二的机会来研究我们星球历史上物种灭绝这个最大的秘密，因为岛上已形成了一个完整的生态系统，有十几种不同的恐龙正在以群居的方式生活着。但这只是一方面。另一方面，或许更为重要的是，作者试图以科幻小说这种特殊的形式，用混沌理论从更高的层次上来提出对物种灭绝问题的独特猜想。还是像马尔科姆所说的："复杂动物之所以绝迹，不是因为它们对环境的适应能力发生了变化，而是因为它们的行为方式发生了变化。""混沌理论，或者叫作非线性动力学的最新进展，为解释这一现象的发生提供了诱人的启示。""你如果在适应性示意图上标出复杂系统，就会发现行为变化很快，适应性急剧下降。这不需要小行星或疾病或别的什么东西。这只是突然冒出来的行为，其结果对实施行为的动物是致命的。我认为，恐龙属复杂动物，或许它们已经发生了某些行为上的变化，从而最终导致了它们的毁灭。"

与此同时，在《失落的世界》一书中，马尔科姆也仍以一种悲观的后现代主义态度对人类的未来表示了担忧："人类正在改造这个星球，谁也不知道这是不是一种危险的发展趋势。"由于宣传媒介的发达，差异被逐渐消除。"人们担心热带雨林会丧失物种差异。

但智力差异怎么办呢？这要比树木消失快得多了。但是我们还没有解决这个难题，所以现在我们计划在电脑太空项目上投入 50 亿人。这将冻结整个人类，一切都将陷入绝境。""在一万年中，人类已经从狩猎过渡到耕作，又过渡到都市生活和电脑太空时代。行为在飞速发展，而且可能会不相适应。谁也不知道。但是依我之见，我觉得电脑太空时代意味着人类的终结。""因为这意味着创新的终结，整个世界连为一体的设想就等于是大规模死亡。"

的确，这些话语颇有些"警世"的味道。但这毕竟是在一部小说中，而且是科幻小说中的话语。何况，对于这种深刻的问题，现在，甚至将来，又有哪一部专著会给出肯定无误的答案呢？当我们看到，就连现实中的圣菲研究院，过去也曾因对非线性科学的应用前景过于乐观而把目标定得太高时，或许会对这种悲观的预言稍许放宽些心。但是，这些或许过于激进的观点总还是有些启发性的意义吧。即使抛开这些不谈，精彩的情节仍将使这部小说流行开来。

幸而，同样是在《失落的世界》一书中，另一位重要的角色——研究野生动物的女学者萨拉——曾对她的一个少年崇拜者这样语重心长地说："在你的一生中人们都会告诉你这样那样。而在大多数时候，可以说在百分之九十五的情况下，他们将要告诉你的东西是错的。"

但愿如此！

> 懂一点 STS
> 鸡蛋里的骨头

戏剧舞台上的物理学家

如果不谈那些虽然通俗却有失准确的科学家传记，仅就严格地符合学术标准的著作来说，在科学史家笔下，科学家传记中科学家的形象使人们认识和了解了那些为人类知识的发展做出过杰出贡献的伟人。而且，科学史家们通过他们的研究工作，在描绘科学家的形象时，也掺入了他们自己对科学和科学家的理解；在勾勒出这些科学家角色的同时，也表现了他们心目中对科学及科学与社会关系的认识。但是，随着科学在当今社会中所起的无可替代的巨大作用和影响，对于科学和科学家的关注早已超出了像科学史家这样的学者的范围，自然，科学家的形象也不仅仅只出现在那些由科学史家们撰写的历史和传记著作中。这里，我们所要谈的，就是被两位戏剧大师在其堪称当代戏剧经典的代表作中，搬到舞台上来表现的物理学家的角色，并将由此展开一些相关的议论。

一

首先，是德国戏剧家布莱希特及其《伽利略传》。对于布莱希特这位戏剧大师的名字，我们不会感到陌生。他不仅以戏剧创作，而且以独创性的戏剧理论体系而蜚声国际戏剧界。《伽利略传》是布莱希特的主要代表作之一。据说它体现出了布莱希特的哲理思想和史诗戏剧风格,被研究者们誉为是布莱希特戏剧的皇冠,是代表一个时代的戏剧名著。自此剧问世以来,它在欧美国家的舞台不断上演,人们将它与莎士比亚、席勒、易卜生的不朽剧作并列,视为当代杰作。在我国,70年代末,此剧也曾由中国青年艺术剧院的艺术家们搬上舞台。遗憾的是,几个月前,在一次座谈会上,当时青艺负责排演此剧的导演对笔者就此剧复演可能性的询问,回答说,限于目前的条件和演员情况,短时间内几乎没有可能让我们再度在国内舞台上欣赏到这部世界名剧。

在科学史上,伽利略经常被称作近代科学之父。关于这位近代科学开创者的故事,人们当然更是耳熟能详。正是伽利略揭示了亚里士多德运动观中的错误,正确地解释了力与加速度的关系,研究了惯性定律,发现了速度叠加原理和运动的相对性原理,并且总结出了自由落体定律,从而为近代力学的发展奠定了基础。也正是伽利略最先将望远镜对准了天空,为哥白尼的日心说提供了证据。他的《关于两大世界体系的对话》和《关于两门新科学的对话》是近代科学的经典之作。他开创的结合数学与实验方法进行科学研究的传统,直至今日仍为科学界所遵循。更不用说他因宣传、论证哥白尼的日心体系学说而被教会审判并被迫"认罪",以及在几百年后又被教会"平反昭雪"。所有这一切,使得伽利略成为科学史上独一无二的重要角色。

虽然是作为艺术家,作为世界级的戏剧大师,布莱希特却并不忽视科学。在其戏剧理论的论著中,布莱希特经常提到科学这个字眼。他曾指出:"戏剧艺术,只要它是一种表现重大题材的戏剧艺术,就不可避免地要同科学发生越来越密切的关系。""具有决定意义的新的转变是,戏剧艺术就其功能来说类似于科学。这一点并不是很容易理解的,它远远不只是利用科学知识的问题。"尽管他的这些言论更多的是指戏剧艺术与科学的关系,强调正确地运用现代科学对于戏剧有不可估量的益处,但也许正是由于这种相关的对于科学的关注与思考,使得布莱希特能够运用其艺术天才,以戏剧的形式来表现物理学家伽利略的历史形象。

有趣的是,布莱希特的《伽利略传》这样一部历史剧,倒并没有像当今影视圈拍摄历史题材作品那样引起众多的关于"真实"的历史与艺术表现之矛盾的争议。似乎人们更是将其作为一部艺术作品来对待。其实,布莱希特确实是严肃地对待这一题材,在充分尊重历史的基础上,通过出色地发挥艺术家的想象力,生动构想出戏剧的场景和人物的对话。在此剧中,重点地表现的是从伽利略利用望远镜观察天空,发现支持哥白尼理论的证据开始,到与教会发生冲突,受到宗教裁判所的审判并被迫宣布放弃自己的学说,最后又写出《关于两门新科学的对话》,创立了新物理学的过程。鉴于人们对伽利略故事的熟悉,这里对剧中生动的情节不再一一介绍了。代之,我们想讨论一些与情节相关,但却又是在情节之外的话题。

基本上,伽利略还是以传统的形象,是作为一位"新时代"的创立者的形象出现在剧中。用布莱希特自己的话来说:"剧本表现的是一个新时代的破晓,并试图去改变对一个时代破晓的一些偏见。"他要表现的是"一个新时代的不加粉饰的图画"。在剧中,伽利略的角色并不是一个不食人间烟火的"超人",相反,除对探索科学真理的执着外,伽利略也是一个凡人,他爱吃,"当吃好饭喝好酒的时候常常出现灵感",他经常为金钱的拮据而操心,甚至不惜拿他人发明的望远镜冒充自己的发明呈献给威尼斯共和国来换取提薪。他为了宣传论证地球绕太阳转动而被宗教裁判所审讯,但是在看到刑具后,却因害怕肉体上的痛苦而放弃了其学说。但是，这些凡人的弱点并不削弱伽利略作为近代科学创立者的光辉形象。在布莱希特笔下，伽利略毕竟是理性的代表者。正是基于这种人类的理性，在1610年1月10日，伽利略通过望远镜的观察，使"人类在她的日记里写上：废除天堂"。"我们为真理做了多少工作，真理就能获得多少胜利。"

布莱希特写作《伽利略传》时，正值第二次世界大战即将爆发的1938年秋，这也是他流亡国外的第六个年头，他用三个星期的时间便完成了这部杰作。关于此剧写作的背景与动机，在他对剧本的注释中可以看出："我是在为三百年前那个科学与艺术繁荣的时代而忙碌吗？我希望不是那样。""当迅速增长的黑暗笼罩着一个狂热世界的时候，四周是血腥暴行和血腥的思想，有增无减的野蛮无限地在一场一切时代最大最可怕的战争中进行着，在这样的时候，人们要采取一种适合一个幸福时代转折关头的立场是困难的。不是一切都说明黑暗来临而一个新时代还没有开始吗？难道人们不应采取一种适合他们迎着黑暗前进的立场吗？"如果意识到此剧是在这样一种特殊的背景下写就的，从剧中人物的那些警句名言般的台词中，我们就不难以双关的方式体会出作者的匠心独运："需要英雄的国家是不幸的""理性的胜利只能是有理性的人的胜利""当我们知道下跪的规律最重要的时候，新自由落体定律又有什么用呢""谁不知道真理，他只是个傻瓜；但谁知道真理，却把真理说成是谎言，那他就是一个罪犯"。在对剧本的说明中，布莱希特还特别指出："在这个剧本里，教会主要是作为官府来表现的；就典型的意义来说，教会的权贵相当于我们今天的银行家和议员。"

布莱希特创作《伽利略传》之时，也正值物理学家发现了原子的裂变之时。所以有人认为，新的科学成果用来造福人类还是给人类带来灾难是这个社会迫切需要回答的问题，也是启发布莱希特创作此剧的一个时代因素。不论此说是否可靠,但确实正是在第二次世界大战接近结束时,美国的原子弹在日本爆炸后,布莱希特改写了剧本的第二稿(后又于1955年作了第三次修改)。布莱希特在此剧在美国上演的结束语中,就谈到了美国在日本投放原子弹的背景,并明确地指出:"这是一个胜利,但这也是失败的耻辱。随后就是军人和政治家对巨大的能源保守秘密,他们激怒了知识界。研究的自由,各种发现的交换,研究家的国际合作被官方停止了,人们对他们产生了强烈的怀疑。伟大的物理学家们逃离为他们的战争政府服务的岗位,而接受一个教职,迫使自己将时间消磨在基础理论教育上。"从而,我们也就不难理解在最后的剧本中,第十五场的提示里出现了这样的字句:"你们要保护科学的曙光啊,使用它,不要滥用它,不要滥用它啊,一场火灾会把我们全都吞噬,啊,全都吞噬。"在全剧临近结束时,布莱希特也借伽利略之口说道:"我认为科学唯一的目的就是减轻人类生存的苦难。当科学家们为利欲熏心的权贵们吓倒,满足于为积累知识而积累知识,科学就会变成一个佝偻病人。那时你们的新机器就只能意味着新的灾难。"读到这些台词,我们不禁会联想到科学史学科的奠基者萨顿,大约正是在布莱希特写下这些话时,科学史家萨顿也在他的著作中严厉地谴责第二次世界大战期间德国把科学的成果滥用于杀戮人类,严厉地批评那些只管研究,不问政治,从不关心历史的"技术专家"。在这里我们看到,在对科学技术成果的社会应用的问题上,艺术家与科学史家是怎样从不同的职业道路走向同一方向。实际上,可以说,一切有良心和社会责任感的知识分子对这种问题都不会视而不见的。

二

虽然对布莱希特的《伽利略传》我们可以进行以上的分析，从中了解到作者对科学与社会关系的种种看法，但在这部初写于30年代末，最后修订于50年代中期的戏剧杰作中，在本质上所反映的，毕竟还是那个时代对于科学本身、对于作为科学之基础的人类的理性的信仰。随着时代的推进，在西方对科学的负面效应的关注越来越多，对科学的批判也逐渐形成了一种潮流。这种社会思潮，在下面我们要谈及的另一部与布莱希特的《伽利略传》风格迥然不同的关于物理学家的戏剧中，表现得就十分明显了。

对于瑞士剧作家迪伦马特，我们也并不陌生。他的悲喜剧曾是第二次世界大战后德国戏剧复兴的主要作品。在我国，他的剧作《贵妇还乡》也曾被北京人艺搬上舞台。但是，按照《简明不列颠百科全书》有关条目中的说法，迪伦马特被公认为最优秀的剧本，却是一部名为《物理学家》的话剧。

《物理学家》一剧写于1962年，后于1964年被译成英文。与布莱希特严肃的历史剧《伽利略传》不同，迪伦马特的《物理学家》充满了荒诞色彩。其情节大致是说，在一家精神病院中，住着三位病人，都是物理学家，其中，一位名叫梅比乌斯的物理学家在15年前就住进了这所精神病院，经常声称自己看到所罗门王，而另外两个分别自称是牛顿和爱因斯坦的研究放射性材料的核物理学家，则在不久前住了进来。在精神病院中，这三位物理学家先后分别杀死了看护他们的女护士。随着警察的调查和医生及病人的对话，剧情愈发扑朔迷离。后来，通过这三位物理学家之间的一场对话，使情节明朗起来。原来，他们分别杀死看护自己的女护士，只是因为护士发现了他们都不是疯子这一真相。梅比乌斯本是一位极有天赋的物理学家，15年前躲进了精神病院。

懂一点 STS
鸡蛋里的骨头

而"牛顿"和"爱因斯坦"则原来的确是曾做出过出色工作的物理学家,但已分别为不同的情报机关服务。他们装作疯子,追踪梅比乌斯住进了这所精神病院。因为他们所服务的情报机关怀疑梅比乌斯是有史以来最伟大的物理学家,可能解决了引力问题,发现了基本粒子的统一理论,并找到了普适发现的原理。而在住精神病院的15年中,梅比乌斯的确完成了这一切。

于是,二位身为物理学家的间谍开始游说梅比乌斯。具有寓言意味的是,"牛顿"所持的观点,恰与真正牛顿时代的价值观相似。他相信求知的自由,而不管这种知识为谁所用;而"爱因斯坦"的看法,则与我们20世纪某些科学家曾有过的观点有某种相似,认为物理学家可以自己做出抉择,有责任用其知识为某一特定国家的政权服务。"牛顿"甚至许诺说,如果为他们的机构服务,出去以后,他们完全可以在一年内将梅比乌斯送上诺贝尔奖的领奖台。在这三个物理学家中,梅比乌斯大致代表着剧作者迪伦马特的观点,他宁愿待在精神病院中,并反问:那些在外面准备欢迎他的物理学家们真是自由的吗?他以一大段慷慨陈词的演说来解释自己的抉择:"有一些风险是人们不可去冒的:人性的堕落就是其中之一。我们知道,这个世界用它已拥有的武器做了些什么事;我们可以想象,利用我的研究使之成为可能的武器,这个世界会做些什么。正是这些考虑把握了我的行动。我很穷,我有一个妻子和三个孩子,大学以名望吸引我,工业界以金钱诱惑我。但这两条路都太危险了。我将不得不发表研究的成果,其后果则将是推翻所有的科学知识,使我们社会的经济结构分崩离析。责任感驱使我选择了另一条道路。我放弃了学术生涯,对工业界说不,而且听天由命地抛弃了我的家庭。我选择了丑角的帽子和铃铛。我让人们知道所罗门王出现在我面前,于是很久以前,我被关进了疯人院。""理性要求我走这一步。在知识的王国中,我们已经达到了认识的最前沿。我们知道一些可精确计算的定律,知道一些在不可理解的现象之间的基本关联,这就是一切。其余的秘密被关闭在理性的心智之外。我们已经走到了旅程的终点,但人类却没有走得这么远。我们奋力向前,现在没有人能追上我们的步伐;我们遇到了一片空虚。我们的知识成了一种令人恐惧的负担。我们的研究充满了危险,我们的发现是毁灭性的。对于我们物理学家来说,剩下的只是在现实面前投降。"梅比乌斯告诉"牛顿"和"爱因斯坦",由于怕他具有巨大威力的发现被用于毁灭人类,他已经把全部的手稿焚毁,并劝他们与自己一同继续待在精神病院,因为"只有在精神病院中我们才能是自由的,只有在精神病院中我们才能用自己的头脑思考"。最终,梅比乌斯说服了"牛顿"和"爱因斯坦",三人决定一起留下来,一致认为在这里他们"是疯子,但却明智;是被囚禁者,但却自由;是物理学家,但却清白"。

出乎观众意料的是,此剧的最终结局,却是那位为他们治疗精神病的女医生早已把梅比乌斯的手稿翻拍下来,要在她创办的联合企业中,将梅比乌斯发现的知识充分地开发,并疯子一般地自称她看到了所罗门王的再生。她将支配整个世界。

三

从布莱希特的《伽利略传》到迪伦马特的《物理学家》,我们看到了戏剧艺术家们在其思考和艺术表现中对科学之看法的巨大转变。实际上,这种转变反映出了西方思想界从"为科学辩护"到"批判科学"的转变历程。这种转变,与人们对把科学技术用于军事战争的可怕后果、工业文明带来的对地球上生态环境的破坏、技术发展给人类带来的异化等科学技术负面效应的反思有着密切的关联。从《物理学家》这部剧本中，我们甚至看到目前正成为讨论热点的后现代主义科学批判的某些特征。正像有的学者曾指出的那样："诗人和艺术家凭借他们敏锐的直觉，比哲学家和科学家的理性思考更早地发现了科学和技术发展的负面后果。"可以说，这两部以物理学家为主角的戏剧也部分地证明了这种说法。其实，不管布莱希特的《伽利略传》和迪伦马特的《物理学家》在表现作者对科学、对科学与社会关系的看法上有多大程度的不同，这两位剧作大师可以说都是在相应的社会思潮背景中，因其社会责任感而走在大多数人的观念之先的。

对于像后现代主义科学批判这样的学术讨论，人们尚且远远没有一致的结论，那么，对于像在戏剧中以艺术的形式来表现的某种观念，我们当然就更不必一定要得出某种定论了。重要的是，戏剧所表现的并不一定就是现实，但却是过去、现在和未来有可能会成为现实的情形。仅此而言，戏剧中的物理学家角色，不是也可以带给我们某种启发，某种思考吗？

当然，我们希望在《伽利略传》中表现的历史不再以同样的方式重演，希望在《物理学家》中表现的寓言般的故事不要在未来成为现实，但是，要想让未来不致成为悲剧，我们不应忘记迪伦马特在《物理学家》的要点中所提示的话："关系到所有人的事，只有通过所有人的努力才能解决。"

达·芬奇的艺术与技术

对于一个普通人来说，如果不知道列奥纳多·达·芬奇的绘画名作《蒙娜丽莎》，不知道那幅画中女主人公脸上"永恒的微笑"，恐怕会被认为是没有"文化"，起码是缺少必要的艺术修养。当然，能有幸在卢浮宫亲眼欣赏这幅名画原作的人是有福的，但即使没有看过原作，在市场上形形色色的图片中，蒙娜丽莎也几乎无处不在地向人们微笑着。除去那些附庸风雅或过于商品化的情形不谈，对于真正具有艺术鉴赏力的人，正像一位瑞士艺术史家所说的，只要站在《蒙娜丽莎》一画面前，就会感到"外表优雅的波状起伏变成了一种个人的体验，人们几乎就像是用一只意念之手轻轻抚过它们"。"在某种意义上说，它标志着一个植根于15世纪的运动的终结，而且是它优雅风格的最高峰。"

确实，作为一位画家，或者更准确地说，作为一位艺术家，达·芬奇差不多可以说是家喻户晓了。虽然在这位艺术大师笔下最后完成的绘画不多，但一旦完成，像《最后的晚餐》《岩间圣母》《圣母子与圣安娜》和《安吉亚里战役》等，绝大多数成为艺术史中的著名作品，连一些的素描草稿如今也成为博物馆和收藏家们的珍品。

在任何一部艺术通史或欧洲艺术史中，更不用说在关于欧洲文艺复兴运动的历史中，如果不提到达·芬奇，那几乎是不可想象的。艺术史专家们以学术的眼光发表大量的著作和文章，分析、研究达·芬奇和他的绘画；而普通人则以更超脱的心态，以他们自己的视角去享受达·芬奇的艺术。显然，对于局外人，艺术恐怕是最容易被接受和欣赏的领域之一。

但达·芬奇却绝不仅仅是一位艺术家。

达·芬奇生活在一个独特的时代——文艺复兴运动时期。恩格斯在其《自然辩证法》一书中，曾这样评价这个时代和达·芬奇："现代自然科学，和整个近代史一样，是从这样一个伟大的时代算起……这是一次人类从来没有经历过的最伟大、进步的变革，是一个需要巨人而且产生了巨人——在思维能力、热情和性格方面，在多才多艺和学识渊博方面的巨人的时代。"在这个时代中，"列奥纳多·达·芬奇不仅是大画家，而且也是大数学家、力学家和工程师。"其实，在这些之外，我们还可以添上雕塑家、建筑师、生物学家、生理学家和哲学家等一连串的头衔。像达·芬奇这种全方位地站在时代的前列，恐怕也只是在文艺复兴的特定历史时期才有的空前绝后的现象。尤其是在科学史中，人们同样不能忽视达·芬奇这个名字。只不过由于在那个时代，近代科学刚刚处于萌芽阶段，科学交流的社会建制远未形成，达·芬奇大量的研究笔记还没有公开发表，所以他对后来科学的发展的直接影响很小。

对于这样一位全方位发展的巨人，要想面面俱到地谈论，那将只能是厚厚的专著而不是哪怕较长的文章所能胜任的任务。但在诸多领域中，如果挑选最有贡献、最为重要的，除了艺术，应该说就是不那么广为人知的科学了。达·芬奇的科学研究，也是与他的艺术密不可分的。英国著名艺术史理论家贡布里希在论述达·芬奇的文章中，指出"在文艺复兴时期人们的绘画程式中，若想使我们称之为'艺术'的那种想象自由得到些微增加，都必须使所谓'科学'的研究相应地得到增加。"而在一部专门论述文艺复兴时期古典艺术的历史著作中,沃尔夫林是这样评论达·芬奇艺术与科学研究关系的:"他发现了事物外表的绘画性魅力,但他能够像一个物理学家和一个解剖学家那样去思考。科学家孜孜不倦地观察和对材料的收集,与艺术家最敏锐的感觉,这些似乎相互排斥的品质,他都兼而有之。作为一个画家,他从不满足于单凭外在的面貌去理解事物:他怀着同样强烈的兴趣积极研究影响着每个造物生命的内在结构和各种因素。他是第一个对人和动物的比例作系统研究,对诸如走、举、爬、拉等运动力学进行探索的艺术家,也正是他,对观相术作了最全面的研究,并对各种情绪的表现设计出一整套方法。"

不过,这里所说的"科学",其实严格地讲,大部分应该说是技术!达·芬奇在他的《笔记》中,就曾写道:"仪器或者说机械科学是高于其他科学的最高贵、最有用的科学。"在这里达·芬奇所用的"科学"一词,是指广义的而不是狭义的或现代意义上的科学,而他所指的仪器或机械科学,我们完全可以更精确地等同于今天所说的技术。

说到达·芬奇的技术研究和发明,就远不像他的艺术成就那么广为人知了。而这些技术研究的内容,恐怕就更令人难以想象了。1482年是达·芬奇的而立之年,在没有财产、没有职位的情况下,这一年他写信给米兰的斯福尔扎公爵:"最卓越的阁下,在充分考虑到所有那些声称自己是有技能的兵器发明者制造出来的各种样品,以及上述兵器的发明和操作与通用器械毫无差别之后,我将在无损他人权益的条件下向大人推荐自己,向阁下透露我的成果,并把它们献给阁下,以期厚惠与恩准,在适当的时候有效地做出这样一些事。"在这封自荐信中,达·芬奇所描述的他的技术发明和用途包括:

"我知道一种极其精巧的桥梁,搬运起来很方便,利用这种桥梁，任何时候都可追击敌人，也可避开敌人。此外它安全牢固，不易为战火摧毁，撤除与安置都容易方便。我还有烧毁和破坏敌人桥梁的办法。

"当一个地方遭到围攻时，我知道如何突然离开战壕，如何建造无穷多种的桥梁、暗道、云梯以及这种快速行动所必备的其他机械装置。

"在围攻一个地方时，若由于堤防的高度，或敌方兵力和地形而不便实施炮击的方案，我仍有方法摧毁每块岩石或其他的堡垒，即使此堡垒建在岩石之上，等等。

"我还知道几种运载极其方便的迫击炮，使用它们投掷大小石子，几乎能像暴雨一般；这些石子的烟雾能使敌人丧魂失胆，给他们带来极大的损伤和混乱。

"如果是海战，我知道许多种最有效的攻防机械，以及能抵御最大的枪炮、火药和重烟进攻的舰船。

"我有办法不发出一点声音就能修成弯弯曲曲的坑道与道路，通向预定地点，即便这要穿过壕沟或河流。

"我会制造出安全而不易受到攻击的有掩护的战车，它们拖着大炮进入到敌人中间，敌人再多也能粉碎他们。我方步兵则可跟在战车后面，不受伤害而无所阻挡地前进。

"需要的话，我将制造与普通类型不同的精巧实用的大炮、迫击炮和轻便武器。

"在炮战不能奏效的场合，我会发明出弹射器、军用射石机、石弩和其他有神奇功效的专用机械。总之，根据情况的变化，我能发明出无穷多样的进攻和防御手段。"

值得注意的是，在这封信中，达·芬奇只是捎带地才提到："我能够用大理石、青铜或黏土做雕塑，我还能绘画，不论什么都可画，画人画物惟妙惟肖。"而且，他还专门提出要为公爵雕塑青铜马,以象征劳动保护斯福尔扎家族"不朽的荣耀和永恒的光辉"。

通过这些大段的引文,我们能够看出什么呢?当然,这里提到的绝不是达·芬奇全部的"科学"发现和技术发明,例如,他为了更好地作画和雕塑,确实曾不顾教会的禁忌而解剖尸体;曾研究光学、动物、植物和岩石;曾研究运动问题和流体力学;在更"技术性"的方面,甚至曾尝试制造飞行装置。但从以上的引文中,我们所见到的那部分技术发明,却无一不是为了用于战争的目的。

有人说过,科学是求真,宗教是求善,艺术是求美。那么,达·芬奇的这些技术发明的目标呢?一位艺术史家曾说,对于达·芬奇,"画家好比一只敏锐的眼睛,它俯瞰世界,把所有可见之物都置于视界之内。突然这个世界展现出其无穷无尽的丰富性,列奥纳多似乎感到自己已经与一种对一切生命的伟大之爱融为一体。"而达·芬奇在他的《笔记》中,也曾以预言的方式论述人类说:"在地球上将看到这样的生物,他们总是彼此争斗,每一方都伴随着巨大的损失和频繁的死亡,而这些丝毫不能阻止他们的恶意;在他们凶猛的手下,地球上巨大森林中大量树林将躺倒在地;当他们填饱肚皮后,就随心所欲地将死亡、争斗、苦役和恐惧、流离失所带给每一种生物。由于他们无限的傲慢,他们将企望直上苍穹,但他们躯体的过分重量把他们往下拉。那些不该被追逐、骚扰和消灭的东西将从地面、地下和水中消失,一个国家所有的被夺到另一个国家去;他们自己的躯体成了被他们屠杀的生物肉体的坟墓和转换装置。噢,大地啊!是什么阻滞了您打开并将他们头朝下丢进你巨大的深渊和洞穴的深深裂隙中,不再在上天的面前展示如此野蛮而残忍的怪物?"但是,在前面的引文中,达·芬奇自己提到的那些用于战争的发明,不正是为他所抨击的邪恶之人增添了羽翼吗？不正是表现出了与一位艺术家的爱心的尖锐矛盾吗？

对此，科学史家萨顿曾解释和评论说，达·芬奇知道，"米兰的公爵是一位讲求实际的人，对于艺术家，他可以庇护，也可以不庇护，但他需要工程师和机械师，尤其是出于战争的考虑。因此，他的'简介'首先举出桥梁（如何建造桥梁，以及如何破坏敌人的桥梁）、云梯、大炮和其他战争工具，举出围攻敌人和挖掘坑道的方法，等等。……人们经常嘲笑、谴责化学家们从事制造原子弹或毒气，但在这里我们一定亲眼看到，所有时代中最伟大的艺术家之一是以一位军事工程师的身份出现的。"

对于历史来说，讨论没有发生的事情如果发生了会有什么结果，可能并不是一个恰当的问题，但有时却可能是引人思考的问题。设想一下，如果达·芬奇的这些发明在当时就都变成了现实，并得到了大规模的应用的话，那将是一种什么样的后果？幸好，我们在读有关的历史时，会看到虽然达·芬奇能发明差不多供任何用途的机器，并把它们绘制得精良无比，但其中没有任何一件会真的起作用，即使他真能弄到足够的金钱来制造它们，也还是不行。因为文艺复兴时期的工程师们毕竟还是缺少必要的、定量的静力学和动力学知识，又没有像蒸汽机那样的原动机。对此，萨顿另有说法，认为达·芬奇和一般的发明家正相反。"那些人的动机是世俗的，如果他们发明了任何东西的话，在机器运转并有收益之前他们是不满足的。列奥纳多则深深地沉浸在他的想法中，他并不试图要使机器运转和有收益。他的兴趣是哲学上的，因此，他不仅考虑特殊的机器，而且还考虑力学和一般的机械理论。"

是的，对于科学的发展，这种超越世俗利益的态度也许是更为必要的。但问题并没有最后解决。万一这些东西真的能够做出来（而这种可能性总是存在），达·芬奇会拿它们怎么办？献给公爵去打仗吗？至少，他在信中这样写过。

当科学终于蓬勃地发展起来，建立于其基础之上的现代技术带来的负面作用越来越引起人们的反思时，回头看看历史，问题的苗头早在文艺复兴时期就存在了！

我们知道，对于技术的负面作用，需要有有效的社会控制机制。个人的品德可能是有重要作用的，但有时却未必有效。作为艺术家和工程师的达·芬奇，就是一个真实的例子。

> 懂一点 STS
> 鸡蛋里的骨头

克隆与《美丽新世界》

自从 1997 年英国科学家成功地培育出第一只克隆羊"多莉"之后,克隆技术骤然成为社会关注的热点。众多的文章与书籍以克隆技术为主题展开了激烈的讨论。到 1998 年初,随着媒体报道美国人公开宣布要进行克隆人的实验之后,更是引起了世界范围对此问题的强烈反响。其实,从一开始,由克隆羊引起的讨论中,许多人的忧虑就是如果这种技术被用于人类的话,将会引起的种种后果。除去那些哗众取宠或信口开河的"噪音",从本质上讲,这种讨论就是一种生命伦理学的讨论。但遗憾的是,在国内发表的众多有关文章和书籍中,有两件本应作为重要背景而着重提及的事,却被人们忽略了。

一件事是,在 70 年代初,随着美国在重组 DNA 方面的研究取得重大突破并相应地推进了生物技术的发展,从事基因工程研究的科学家们就这方面研究的安全性、对生态和社会的影响以及相关的伦理问题,曾展开过一场激烈的争论。当时,一些生物学家认识到,在基因工程方面的新进展是科学的进步,甚至会为解决人类健康等问题提供有用的手段,但与此同时,他们也认识到,这种研究所存在的潜在危险带来了一些新的社会与伦理的问题。1974 年,一些著名科学家甚至在《科学》和《自然》等杂志上发表公开信,呼吁全世界的科学家与他们合作,在尚未对重组 DNA 分子的潜在危险做出更充分的估计和采取适当的防护方法之前，自动延缓某些实验。可以说，在科学史上，像这种面对一个迅速发展的科学前沿领域，在其中工作的带头科学家出于社会责任感而自动提出延缓某些可能有潜在危害的实验，几乎是前所未有的事。

后来，在1976年，美国的国立卫生院还制订了《关于重组DNA研究的准则》，其基本指导思想是要"寻求科学的社会责任与科学对新知识探求的适当平衡"，"科学共同体必须使公众相信，这个新的重要研究领域的目的是尊重我们社会重要的伦理、法律和价值标准的"。此准则还明确规定了若干类因潜在危害十分严重而被认为在当时不宜进行的实验。当然，随着认识的深入和有关研究在以后的发展，到80年代，该准则又经历了几次修改，大多数重组DNA的实验实际上差不多可与普通微生物实验一样进行，而准则也不再具有强制性而仅保留自愿服从的意义。但有关的争论却一直没有停息过，并将争论的焦点更多地转向了由基因工程的商业应用、基因治疗等而引出的生态和社会伦理问题。这场由科学家自己挑起的争论之所以会出现，其主要原因就在于，当代生物技术是有可能直接而深入地影响到人类。

另一件事情发生的要更早得多：1932年，英国作家赫胥黎出版了名作《美丽新世界》。这位赫胥黎就是著名的《天演论》的作者之孙。《美丽新世界》一书在出版后，被人称为"反乌托邦三部曲"之一。

的确，《美丽新世界》与反乌托邦三部曲中的另一部作品《1984》有某种相似性，只不过它把故事的情节建筑在一种对生殖技术的滥用的基础上。作者构想了这样一种世界：人类由于生殖技术上的发展，已经废除了正常和自然的繁育后代的方式，而是在工厂中以批量制造的方式，成批地制造从一开始就被设定为不同等级的人。为了"共有，划一，安定"的目标，从胚胎阶段，

懂一点 STS
鸡蛋里的骨头

就通过控制供氧量来影响脑部等器官发育的方法,把人分成了被冠名为 α、β、γ、δ 和 ε 的不同阶级类别。例如,对于未来将主要作为劳动力的最低级 ε,就几乎不需要具有人类智慧。而且,从婴儿时期起,就通过催眠教学的方式,反复地灌输将永远存在于其潜意识中的等级观念;以对 β 的教育为例:"α 孩童穿灰颜色。由于他们聪明得要命,因此他们工作比我们辛苦得多。我真是太高兴自己是个 β 了,因为我无须如此辛苦地工作。我们又比 γ 和 δ 好多了。γ 很笨。他们都穿绿衣服,而 γ 孩童穿卡其服。哦,不,我不要跟 δ 孩童玩耍。ε 更差劲。"

根据在此书出版时正流行的俄国心理学家巴甫洛夫的条件反射理论,作者设想了以此为基础的对不同阶级的人的心理"制约":不同阶级的人将为自己不是另一个阶级的人而庆幸,从而可以"幸福地"在不同性质的岗位上工作并以不同等级的消遣方式娱乐;更何况,当感到不愉快时,还可以服用名为"索麻"的麻醉剂来"度假"。在这样一个世界中,人们根本不需要自己的独立思考,而只是按照设计者所设定的方式来生活。所有那些会导致人们进行思考的著作都被列为禁书。正像这个世界的统治者——元首——所说的:"因为我们的世界不像奥赛罗的世界。没有钢铁你就造不出汽车——同理,没有不安定的社会你就造不出悲剧。今天的世界是安定的。人们很快乐,他们要什么就会得到什么,而他们永远不会要他们得不到的。他们富有;他们安全;他们永不生病;他们不惧怕死亡;他们幸运地对激情和老迈一无所知;他们没有父亲或者母亲来麻烦;他们没有妻子、孩子或者情人来给自己强烈的感觉,他们受的制约使他们身不由己地实实在在行其所当行。"

在《美丽新世界》的作者所设想的这样一个"安定"的社会中,由于以对批量繁殖技术和其他心理教育等的利用,再加上统治者的各种措施，身在其中的局内人不会感到任何不幸福（当然由于技术的偶然失误也有个别例外），但问题是，作为这个世界的"局外人"的我们，会认为生活在这样的世界中是幸福的吗？或者说，如果从出生到死亡的一切都按照设计者利用先进技术设计的轨道不由自主地走下去，而没有任何自由意志，那么这样的"人"是否还算得上是人呢？正是因为这种理由，那位因为偶然的原因而被带到"美丽新世界"中却知道这个世界之外事情的"野人"，才会不顾在"美丽新世界"中所有的安定、舒适和"幸福"，而要求危险，要求自由，要求不快乐的权利，甚至要求"变老、变丑的权利，三餐不继的权利，龌龊的权利，时时为着不可知的明日而忧虑的权利，感染伤寒的权利"以及"被各种难言的痛楚折磨的权利"。

《美丽新世界》的作者通过"元首"之口，明确地表达了这样一种思想：在这样的"新世界"中，"真理是一种威胁，科学是一个大众的危险。其危险一如它之有利。它给了我们有史以来最安定的平衡……可是我们不能容许科学损害它的杰作。因此我们如此小心翼翼地限制它的研究范围。"也就是说，这个基于科学技术的成果建立起来的"新世界"，反过来禁止人类对新的科学真理的追求。

从技术性的角度来讲，前面讲的第一个关于美国科学家在70年代自发地要限制自己的科学研究的例子所涉及的基因工程，而早在30年代就出版的《美丽新世界》一书中幻想的技术基础则是批量的有性繁殖。这些技术与无性繁殖的克隆技术都不是一回事。但在这两个例子中所揭示出来的涉及生命伦理学的问题，却在本质上是一样的，是我们今天在讨论克隆技术时值得认真地思考的。所不同的，仅仅是在前一个事例中，更直接地涉及一项新技术可能直接地给人类社会带来的具有严重危害的技术性后果，而后一

> **懂一点 STS**
> 鸡蛋里的骨头

个事例以幻想的方式向我们提示,如果某种像书中所描述的那种在科学发展的逻辑上完全有可能实现的生殖技术被不加限制地滥用,可能会对人类带来什么灾难。

可以说,不论是提出自觉限制自己的研究的美国生物学家,还是写出了《美丽新世界》这部不朽名著的赫胥黎,都具有一种对人类的未来负责的严肃的社会责任感,而不是那种只陶醉于科学技术发展本身的盲目乐观者。回想一下,当克隆技术骤然成为新闻热点时,媒体上采访的那些我国的生物学专家们,有多少人曾真正深思熟虑地基于生命伦理的考虑给出回答。在西方,对比物理学家造出了曾大规模杀伤人类且目前仍构成对世界和人类命运巨大威胁的核武器,曾有不少生物学家为自己的研究没有这样的结果而感到庆幸和自慰。但是,当生物技术的发展也展现出对人类的未来可能会产生不可预见的影响的前景时,真正具有社会责任感的科学家们和许多其他人士,自然会对此感到忧虑,并进行认真严肃的讨论。由于克隆技术的实现而引起人们的种种争议,就许多参与者而言,这正是这种社会责任感的实际的体现之一。

当然,我们不应因为科学技术发展可能带来的副作用,尤其是由于对某些技术的滥用可能带来的严重后果,就盲目地限制科学技术的发展。但科学技术本身的确并不能决定它们自身将如何被人类所利用,这一点似乎已成共识。西方近年来在一些教育改革方案中,已经把对技术的社会控制的主题添加到基础性科学教育的内容中去。对于这样的动向,是应引起我们足够的重视的。在像涉及克隆技术这样的新进展的相关讨论中,对生命伦理学问题的关注,正是为了使科学技术的发展能给人类带来真正的美丽的新世界,而不是赫胥黎笔下的那种令人毛骨悚然的"美丽新世界"。

懂一点STS

随笔·书话

萨顿与科学史

谈到科学史这门学科的发展历程，人们不能不回想起乔治·萨顿（George Sarton，1884—1956）这位对科学史学科做出了重要贡献的奠基者。

萨顿于1884年8月31日生在比利时佛兰德省的根特。他出生在一个富裕的家庭，早期的教育使他对文学、艺术和哲学都有很浓厚的兴趣。中学毕业后，萨顿进入根特大学学习。最初，他学习的专业是哲学，但很快就对哲学这门学科产生了厌恶。经过一年时间的自学和思考后，萨顿又回到根特大学，先后学习了化学、结晶学和数学，并获得根特大学等四所高等学校授予的化学金质奖章。1911年5月，他完成了题为《牛顿力学原理》的论文，并获得博士学位。

早在学生时代，萨顿就表现出对科学史的浓厚兴趣。1910年，他就在日记中写道："几乎可以肯定，我要将我一生大部分献身于'自然哲学'的研究。在这个方向上，还有大量的工作有待完成。而且，从这种观点来看，物理科学和数学科学活生生的历史、热情洋溢的历史正有待写出。"可以说，萨顿的一生正是把这种信念转化为现实的一生。

1912年，萨顿迈出了大胆的一步。他创办了一份科学史杂志，并用古代神话中专司生育与治病的女神"爱雪斯"（*Isis*）的名字作为刊名。他创办这份刊物的宗旨，就是要把方法论的、社会学的、哲学的观点和纯粹历史的观点系统而且全面地联系起来。这一宗旨也恰好反映了萨顿一贯对于与分科史相对的综合性科学史的重要性的强调。自从 1913 年《爱雪斯》正式出版后，成为国际上最权威的科学史刊物之一。1924 年，美国历史协会为了鼓励和支持萨顿的努力，成立了科学史协会。两年后，《爱雪斯》成了该学会的机关刊物。直到 1951 年，萨顿一直担任《爱雪斯》的主编，长达 38 年之久，并时常以自己和夫人的经济收入来补贴杂志的亏损。从 1936 年起，萨顿又主持出版了《爱雪斯》的姊妹刊物——专门刊登长篇研究论文的专刊《俄赛里斯》(*Osiris*)。俄赛里斯也是传说中古埃及的主神之一，负责掌管已故之人，并使万物复生。

  1914 年，由于德国的入侵，萨顿离开了比利时，并于 1915 年来到美国。在美国，萨顿主要是作为哈佛大学的科学史教师和卡内基研究院的研究人员，继续为科学史事业奋斗，并终其一生。他在科学史领域中做了大量的工作，一生中，共写出了 15 部专著、三百多篇论文和札记，编辑了 79 份详尽的科学史重要研究文献目录。其中，具有经典地位的包括他原来计划要完成的多卷本《科学史导论》，虽然最终他只写完了 3 卷，而且在内容上也仅仅才写到了 1400 年，但这部著作成了科学史研究者们重要的参考文献。为了更好地进行研究，他掌握了广博的历史知识，以及包括汉语和阿拉伯语在内的 14 种语言。有人称在他生命的最后二十多年的时间里，他可能是世界上最渊博的学者。同时，他也是一个罕见的人文学者与科学家结合的典范。他坚信科学史是唯一可以反映出人类进步的历史。他最高的目标就是要建立一种以科学为基础的新人文主义，即科学的人文主义。他的学术活动就是为了要实现"全部知识的综合"，使科学史成为联系自然科学和人文科学的桥梁。正如萨顿自己所总结的那样，在他的著作中，有四条指导思想一直贯穿始终。这四条指导思想就是：统一性的思想、科学的人性、东方思想的巨大价值，以及对宽容和仁爱的极度需要。

在萨顿之前，科学史自身虽然已有很长的发展历程，但还没有作为一门独立的、职业化的学科而为世人所普遍接受。而没有这种职业上的独立性，科学史这一学术领域的发展就会受到极大的限制。20 世纪初，在美国专门从事科学史教学与科研的职位还为数极少的情况下，萨顿幸运地得到了这样一个职位。但这并不是最重要的。萨顿曾这样说过："一个人有个好的位置是件幸事，但当他被一个抱负不凡的目标激励，例如当一种宏伟的设想捉住他并占领了他的整个身心时，那就是更大得多的幸福了。此时，就不再是一个人找到了一个工作，而是一种伟大的工作找到了一个可敬的人。"这段话用在萨顿自己身上也是非常贴切的，我们完全可以说，正是科学史这样一种伟大的工作找到了像萨顿这样一个可敬的人。除了个人的研究工作，萨顿的重要意义在于，他一生都致力于扮演科学史学科宣传家的角色。他以自己的行动为科学史这门学科提供了工具、技术、方法论及理论的方向。他的主要目标是要使人们对科学史这门新学科有统一的认识。1952 年，萨顿撰写的《科学史指南》出版，这本书最早详尽地介绍了科学史这门学科的目的、意义、内容、书目、刊物、研究人员和研究组织。就连他自己的研究，也可以说是为这门新学科的学术性规范提供了样板。

萨顿对于使科学史成为一门独立学科所做的另一重大贡献，是他致力于建立科学史的教学体系。从 1920 年起，他开始在美国哈佛大学开设系统的科学史课程，他不但为科学史课程的建设和科学史学位研究生的培养做出了开创性的贡献，而且也对科学史教学的意义和目的以及科学史教学的许多具体技术性问题都做了大量的论述。他曾严厉地批评了在20世纪初所存在的那种轻视科学史教学的重要性、认为科学史教学是一种留给二流或三流学者的任务的观点,并对科学史教师的资格提出了极高的要求。

由此可见,萨顿最重要的业绩在于他奠定了科学史学科的基础:他创办了重要的科学史刊物;他确立了这个学术领域的独立性;他建立了以学科为基础的学会;他查清已有的少量人力物力资源,并努力调动这些资源为学术的目的服务;他努力为科学史领域提供必要的参考资料、一般性的综述、高级的专著以及教学手册。正如萨顿的学生所言,萨顿的不朽功绩在于,"他创造了一门学科的工具、标准以及批判的自觉性","现在科学史已是一个稳定的学术领域。乍一看来显不出萨顿影响的痕迹,然而他不仅通过英雄般的劳动业绩创造并收集必要的建筑材料,而且他也把自己看成将科学史建成一个独立的和有条有理的学科的第一个深思熟虑的建筑师,他的确是科学史的第一位建筑师。"

1955年3月22日,萨顿去世于美国马萨诸塞州的坎布里奇。令人欣慰的是在生前,萨顿的成就便已得到了人们的承认,他曾获得过许多荣誉和奖励,其中尤为值得提及的是国际科学史界最高的荣誉——以萨顿的名字命名的萨顿奖章——的第一位获得者就是他本人。

就萨顿来说,他的科学史观基本上是一种实证主义的科学史观。近几十年来,持这种带有浓厚的实证主义和理想主义色彩的科学史观的科学史家已为数很少了,而且西方目前较新的关于科学史的有关看法也与萨顿在几十年前的看法不尽相同了,新兴的观点和流派层出不穷。但是,由萨顿所奠基的科学史学科却处在迅速的发展中,科学史领域中后来的研究者们正在沿着萨顿所开辟的道路前进。正如萨顿本人曾经说过的那样:"对于每一个时期，对于每一门科学或科学分支，对于每一个国家或文化集团，都有大量的工作留给世世代代的学者们去做。只要我们心里明白我们的知识还不是完美无缺的，这就无关紧要；我们的接班人有更多的工作可做，这也意味着他们将有更多的快乐。"

"无用的"科学史

关于科学史的重要意义，人们已经谈得相当多了。但是，有时口头上的重视也许并不意味着在思想上真正的重视。例如，目前西方发达国家相当多的大学都设有科学史系，或与科学史相关的学位计划，而我国至今没有一所大学设有科学史系！就科学史众多"应用"功能中最重要的一项——科学史的教学来说，大约在50年前，美国科学史学科的奠基人萨顿就曾讲过，一些热爱科学史的"危险的朋友"甚至也许会认为，教授科学史是很容易的事，是一个留给二流或三流学者的任务。几十年过去后，像这样的看法在我国学术界其实也并不罕见。许多人会简单地认为，科学史不就是讲讲过去的故事吗？正是在这种观念的影响下，撰写科学史被认为是一件不很困难的事。结果，目前国内出版的科学史著作，包括学术专著、教材和通俗读物，虽然数目也不少，但真正能达到很高水准的，却绝不能说数目很多。

其实，如果真正把科学史作为一门学问来研究的话，事情就不那么简单了。例如，与那些更为成熟的历史分支学科相比，人们会认为随便什么"有文化"的人都能撰写古罗马史，撰写中国先秦史，或撰写伊斯兰教史吗？而且，即使是科学方面的专家，也并不一定就也是科学史方面的专家。因为他们之所以成为科学专家，主要是由于他们对当代最新科学知识的掌握，而不是由于对过去的历史的熟悉。科学史的研究之所以被轻视，其中有两个主要原因。首先，与其他历史更悠久的学科相比，科学史这门学科本身还相当年轻；其次，在科学史著作的主要作者和读者中，有一定科学背景的人占了多数，而这些作者和读者却可能对"两种文化"中的另一种——即人文文化——并不十分了解。如果我们把科学史真正作为一门学科来对待，那么我们就会提出更深一层的问题。例如，究竟应如何进行科学史的研究？是否只有一种科学史？从不同的视角审视，科学史是否会有所不同？科学史到底有些什么功能？科学的种种"应用"功能应建筑在什么样的基础上？科学史工作者应该受到什么样的训练？与国际水准相比，我国目前出版的种种科学史著作存在些什么样的问题？在国际背景下，科学史研究方法论有何新的进展？科学史教学最本质的困难是什么？等等。

对于这些问题，只有通过科学编史学的研究才能给出回答。也许回答并不唯一，但期待唯一的答案这本身就是与当代科学编史学的一般观点相悖的。所谓科学编史学，其实就是以科学史为对象，对与科学史研究相关的历史发展、当代思潮、研究方法等进行更为基础的"元"研究的一门学科。对于科学史的研究实践来说，它又是一种更为基础的理论研究。

现在我们通常谈的科学，即近代科学，原本产生于西方。一般地认为，与近代科学诞生直接相关的文化传统也是西方的。相应地，科学史在其作为一门学科这种意义上，基本上也是产生于西方的文化土壤。当然，中国历史上曾较早地有了萌芽形态的科学史，但对其认真的研究，最多也不过是20世纪起始前后的事。而且，在研究方法上，一直没有重大的变化。对比之下，20世纪初以来，特别是近几十年来，西方的科学史研究无论在观念上还是在方法上，都一直处于不断变革的过程中。令人遗憾的是，对于近几十年来西方科学史的研究，国内了解和介绍的实在是太少了。

　　当人们进行一项科学研究时，最先要做的工作，就是了解在这一问题上前人已经取得了什么成就。对科学编史学而言，情况也不例外。但是，正是由于我们对西方近几十年来科学编史学了解不够，因而阻碍了我国科学史研究更好地发展。解决的办法，当然只有踏踏实实地从头学起，并在此基础上，提出和发展我们自己的理论。

　　最后提出的问题是，科学编史学真的有那么大的用处吗？对这个问题也许还是不要太功利地看待为好。在这，青年科学史家江晓原为笔者所著的《克丽奥眼中的科学》一书所写的序中，有一段话就非常精彩："人类是有文明的，人类总需要一些没有'用'的东西，历史学就是其中的一种——至少，历史会使我们变得更聪明些。同样的道理，科学哲学，或是科学编史学，也会使得科学史研究者变得更聪明些。那些形形色色的哲学思考，对于只知道急功近利的人当然无用，但对于真正的历史研究，却是有益的滋养。"

科学史家的命运
——从坦纳里说起

科学史，现在可以说已经是一个相对成熟的学科了。对其功能与意义，科学史家们可以相当自信地一一列举出来。但是，若与其他历史更为悠久、早在基础教育中就为人们所熟悉的学科相比，例如，与像物理、化学、天文等学科相比，科学史在许多人的心目中的地位却可能是远不相称的。不仅是与这些自然科学中的"硬"学科相比，就是与人文学科或社会科学中的那些成熟更早的"软"学科相比，例如与哲学或政治史相比，情况恐怕也是如此。不过，这种偏见却并不限于今天，在历史上，也有这方面突出的例子。而对有关历史的回顾，则可以让我们有所思考，使我们对偏见与无知的后果有所认识，并为人们提供某种警示。

一般来说，大致可以认为作为学科的科学史（更严格地讲是科学学科史）出现在18世纪左右。在进一步的发展中，综合性的科学史这一重大的转折则出现在19世纪。就此而言，法国科学史家坦纳里是一位不可忽视的重要人物。

坦纳里出生于1843年。他的一生是独有特色的。1860年，他进入综合技术学校学习，在班上是出类拔萃的学生。毕业后，他先是在国家工业应用学校待了不长的一段时间，然后在国家烟草专卖局里作为技师工作了近40年之久。正因如此，作为科学史家，他的科学史研究工作全部都是在晚间和假期中进行的。就是在这样的工作条件下，作为一个"业余"的科学史研究者，他写成了《关于古希腊科学》《希腊几何学》和《古代天文学史研究》这三部重要著作，并用大部分精力来编辑古代的著作，还写了大量的论文。在当时，对绝大多数科学史家来说，科学史还不大可能成为一种可供谋生的职业，坦纳里之所以从事科学史研究，自然是出于对这门学科的热爱。关于科学史家应具有的训练和素质，他的一些观点在今天来看依然是十分可取的："显然，要作为一个优秀的科学史家，只是一个科学专家还不够。首先，他必须有专心于历史这样一种愿望，也就是说，要喜欢历史；其次，他必须在内心中培养起自己的历史感，这是一种同科学意识完全不同的意识；最后，他还必须掌握许多专门的技能，这些技能对历史学家来说是必不可少的助手，而对那些只关心科学进步的科学家来说却毫无价值。"尤其引人注目的是，对于综合性科学史，坦纳里也很早就具备了超前的深刻认识：他从一开始就将科学视为一个整体，强调科学是一般人类历史的一个内在组成部分，而不仅仅是从属于特殊科学的一系列科学学科，指出科学通史并不仅仅是许多专科史的汇总或精炼。他认为科学通史将涉及科学的社会环境、各学科之间的关系、科学家的传说传记、科学的交流和科学的教育等等。坦纳里对科学史的这些认识的确是十分精辟的。正因为如此，美国科学史家萨顿认为，"在19世纪末20世纪初……坦纳里可以说是最伟大的，而且实际上是第一位科学史家……是最早充分研究科学史的人"，他称坦纳里是"现代科学史运动真正的奠基者"。

坦纳里在科学史方面的成就是作为一位终生的"业余研究者"而取得的，但他也曾有过改变这种命运的机会。在法国实证主义哲学家孔德的影响下，法兰西学院在1892年最先创立了一个科学史的教席。该教席的第一位执教者是当时实证主义的首领拉菲特。

当拉菲特于1903年去世时,坦纳里已是享有国际声誉的科学史家了,本该是接任这一教席的最佳人选。然而,有关行政部门最后愚蠢地选定的却是一个对此职位并无特殊资格的人。在此不公正的打击下,坦纳里很快就在1904年去世了,最终没有完成他设想中的那部完美的综合性科学史著作。其实,不仅是对于坦纳里个人,对于法兰西学院甚至对于当时全世界的科学史研究工作来说,这也是一次打击。那么,在当时,有关行政当局为什么会做出这样一种不公正的选择呢?

对此问题,萨顿的回答是十分明确的:"这只不过是由于当局并没有清楚地了解科学史是什么。他们绝不会在他们比较熟悉的领域中做出这种愚蠢的决定。例如,倘若他们必须推选一位希腊语教授,他们就一定会坚持候选人要有精深的希腊语知识(不论冰岛语或立陶宛语的知识多好,都不能替代希腊语而被采纳);或者说,如果他们必须推选一位结晶学教授,他们就一定会集中注意候选人的擅长为结晶学,而不会注意他熟悉比较解剖学或伊斯兰教哲学与否。""他们不知道科学史是什么,或者,更糟的是,他们对科学史有一种错误的认识。"

其实,这种因无知和偏见而带来的错误并不限于坦纳里的例子。例如,萨顿也曾谈到过一些行政管理人员的无知早年在科学史教学方面的表现:"他们突然发现科学史很重要,随即就会组织一系列讲座或专题讨论会,并向他们所在单位的各种不同的工作人员求援。他们不了解教授科学史所涉及的种种困难,也不了解这需要特殊的训练。请一位著名的天文学家来讲天文学史,或者请一位化学教授来搞化学史,他们会感到这是完全自然的事。(难道他未曾获得诺贝尔奖奖金吗?而这不就是充分的资格吗?)要不然,他们就会为有关阿拉伯科学的讲座谋求阿拉伯语教授,为有关中国科学的讲座谋求汉语教授了。一份漂亮的教学计划印出来，那所大学的公众（教授、学生和随从）会大吃一惊，发现他们当中竟有如此众多的科学史家。谢天谢地！几乎系里每位老师都是了！当然，这样一张课程表是一种虚张声势，而且主讲人越著名（如果他们事实上不是科学史家的话），这种骗局也就越大。"对比之下，即使在今天，我们能够说这样的情况就已经完全消失了吗？

对科学史的错误认识与偏见，使科学史家坦纳里在有生之年受到了不公正的待遇。由于科学史这一学科本身历史的短暂，也由于因科学史不够普及而带来的在许多人中对这一学科的种种误解，在相当一段时间里，科学史家的命运也许仍将颇多坎坷。但在历史中，真正的学术终将留存于世。坦纳里在科学史学史上的地位，又岂是那些一时有权而又偏见无知的人所能动摇的？这也正如萨顿所言："不论这些官吏们有多大权力，他们不能摧毁坦纳里的著作，著作使他流芳百世。不论过去他是不是教授，现在都无关。没有人想要去查明他是否得到过这一或那一荣誉，从永恒的观点来看问题，所有这些学术上的荣誉，不论它们是什么，全都是无用的东西。发表了的著作才是唯一对后世有重大关系的东西。"

尽管如此，我们还是希望未来科学史家的命运不要像坦纳里那样，更何况科学史家的命运毕竟影响到科学史学科的发展。当然，在很大的程度上，科学史家命运的改变，还要靠科学史家自身的努力与奋斗。

科学的一般概念与中国古代的"科学"

曾读到《中华读书报》1998年8月12日李先生的文章《中国古代有没有科学》一文（以下简称李文），只觉得感想颇多，而且将这些感想写出来，也是一种责任。

李文的主要观点，是认为中国古代确有科学，因而，要对许多认为中国古代只有技术而无科学的人提出质疑，尤其是对吴大猷的说法进行了批评，并举钱学森的观点来支持自己，而且声明这样做是为了"于青年一代兼听则明或有小补"。当然，如果说将中国古代有无科学作为一个学术问题来探讨，那还是有意义的，但李文进行论证的逻辑，以及在论证过程中概念的混乱，则实在有必要在此予以指出，否则，对于青年一代，"兼听则明"倒也还罢，倘真的"或有小补"，就不知道补的是什么了，何况，世上也并非什么东西都是补品。

首先，在从二手文献中转述了吴大猷认为中国古代赢过西方的是技术而不是科学的说法之后，李文谈到了著名的李约瑟命题，并以李约瑟著作的名称作为中国古代曾有科学的根据。但实际上，李约瑟命题的真正表述是："为什么近代科学只在欧洲，而没有在中国文明（或印度文明）中产生？"或者，"为什么在公元前1世纪到公元15世纪，在应用人类的自然知识于人类的实际需要方面，中国文明远比西方更有成效得多？"（参见范岱年文《关于中国近代科学落后原因的讨论》，《二十一世纪》1997年12月号）由此可见，李文作者并不清楚究竟什么才是所谓的"李约瑟命题"。此外，李约瑟汉译名为《中国科学技术史》的巨著，其英文原名确实是 Science and Civilization in China，直译即中国的科学与文明。但问题在于，李文以李约瑟书名中的 Science 作为证据，来反驳吴大猷等人所说的中国古代赢过西方的只是技术而不是科学的说法，却无视 Science 或科学一词在不同语境下的不同意义。

　　科学，这个词在中文和英文中都有不同的所指。在最常见的用法中，指的就是诞生于欧洲的近代科学。而在其他用法中，或是把技术也包括在内，或者甚至还可以指正确、有效的方法、观念等。当我们讲比如说中国宋代科学史，或印度古代科学史，或古希腊科学史时，所用的"科学"一词的含义，显然也不是在其最常见的用法中所指的近代科学，尽管古希腊的传统与欧洲近代科学一脉相承，而中国或印度古代的"科学"，却完全是另一码事。不难看出，在吴大猷的说法中（必须指出，本文作者并未核对吴的原话，而只是根据李文的转述），所用的科学一词是指欧洲近代科学。而欧洲近代科学的重要特点之一，在于它是一种体系化了的对自然界的认识。正像我国早就有学者提出，中国古代没有物理学，只有物理学知识。这里之所以用物理学知识，正是指它们不是对自然界体系化了的系统认识。而这当然也并不妨碍我们仍然使用中国古代物理学史的说法，来指对于中国古代物理学知识的认识和发展的研究。

　　李文为了加重论证的分量，专门引用的《简明不列颠百科全书》中的一段话："科学思想是环境（包括技术、应用、政治、宗教等）的产物，研究不同时代的科学思想，应避免从现代的观点出发，而需力求确切地以当时的概念体系为背景。"这段话说的确实相当精辟。它本是《简明不列颠百科全书》"科学史"条目中的一段话。但李文的作者却回避了该条目紧接下来的另一段话："本文以近代欧洲文明所创造的自然科学为主线,因为正是它为人类提供了今天的生活条件,当然它也深深植根于过去的多种文明之中。"这样,情况就很清楚了。首先,李文所引用的话本来只是在科学史条目中对科学史研究方法的论述;其次,李文有意忽略了甚至就在这一条目的下一句强调欧洲近代科学的话。由此可见,李文对《简明不列颠百科全书》的引用并未给其论点以任何支持。

对于李文中其他一些说法,这里可以再简单地提到其中几个。例如,李文认为中国古代医学阴阳五行理论也是科学思想,且不谈在世界上最常见的分类中,如科学哲学的分类中并不将医学列为科学(当然是在前面谈到的最狭义上的那种科学),如果真是这样来看问题,那么,我们岂不是可以说,由于我们古代就有中医阴阳五行理论,我们中国在过去,甚至在现在,都一直在科学上(或更严格地按李文的说法是科学思想上)居于世界领先(其实后面也一直无人被"领着")地位了吗?又如,李文引用钱学森的话"……认识世界的学问就是科学"来反驳中国古代无科学的说法。姑且不说在关于科学的定义上钱学森是否就是最后、最高的权威,仅就此段引文来看,显然钱学森也是在另一种意义上使用科学一词,正如我们经常也听到像马克思主义是科学的说法一样,而不会因此就把马克思主义等同于通常作为科学史研究对象的科学,或也要在中国古代寻找马克思主义。

其实,之所以李文会有这些表面看上去在逻辑上荒唐的论证,其根本原因在于其更深层的动机。李文作者明确谈道:"当今相当多的中国科学技术人员,特别是青年一代,自幼深受科学技术'欧洲中心论'的教育,对中国优秀传统文化知之不多,甚至很不了解。当务之急是亟待提高认识,树立民族自信心的问题,而不是'大家陶醉'于祖先的成就的问题。"照此看来,要想达到李文作者的目标,不要说大学的课本,恐怕中国从小学到中学的现行科学课本都得推倒重写，原因显而易见：其中有多少内容是来自中国自己的发现？有多少内容是中国古代的"科学"？如今，我们都在谈论科教兴国，那么，是否依靠那些与近代科学并没有什么联系的中国古代的"科学"，以及建筑在此基础上的民族自信心，就真的可以兴国了？

对科学的讨论，看来也还得"科学"一些。

社会性别研究在妇女解放之外的意义

作为妇女解放运动的结果，一段时间以来，女性主义的研究可以说是目前世界上最热的学术领域之一。前些年，这种学术的热潮也开始进入国内。作为西方女性主义研究中最重要的创造之一的社会性别概念，也已成为有关领域的标准术语。这种局面的形成，就妇女问题来说，打破了长久以来国内只允许存在一种在"马克思主义妇女观"指导下进行研究的学术范式，对于中国的妇女解放运动的发展是具有重大的理论意义和现实意义的。

然而，一种理论，如果它真正具有生命力的话，这种生命力往往是体现在多方面的。就学术兴趣来说，社会性别研究的意义也许不仅仅限于妇女解放问题，尽管它源于西方女性主义的研究。当然，女性主义（某些人愿意使用女权主义一词，但我则倾向于在学术性的范围内使用女性主义一词）是有着众多的、甚至于彼此对立的流派。不同的人，或是更多地从实践的意义上，或是更多地从理论的意义上，对于以社会性别为核心的女性主义有不同的理解和兴趣各异的关注。我国学者李银河在她出版的一本著作中，曾提到对各个女权主义研究流派的研究框架的一种概括："自由主义的女权主义的主要研究框架是理性与感情的问题；社会主义女权主义是关于公众领域与私人领域的问题；激进女权主义是关于自然与文化的问题；心理分析女权主义是关于主体与客体的问题；文化女权主义是关于心灵与肉体的问题。"从这种概括中，我们可以看出女性主义在学术上所涉及问题的广泛性。如果比作为这种概括之基础的对妇女问题的关注更超越一些，我们甚至可以在更多的学术领域中，在开拓研究方法和研究视角的意义上更多地受惠于当代女性主义社会性别的研究成果。

就笔者本人来说，最初接触女性主义和社会性别研究，是出于研究科学编史学，也即科学史理论的需要。在西方，科学史是一个在研究方法、研究视角上不断变化的学科，在其发展中，新的流派层出不穷。而每一个新的、有影响的流派的出现，大多都是以一种新的视角的提出作为其核心的。例如，从传统的单一的学科史，到关注作为整体的科学历史的综合科学史研究，从只关注科学发展内在逻辑的内部史，到关注科学与其他各种相关因素之联系的外部史，等等。由于注意到女性主义科学史的蓬勃发展，要较完整地理解当代科学史的面貌，就不能不关注以社会性别研究为核心的女性主义科学史的发展。而一旦了解了这种很容易被人望文生义地误解的科学史流派，就会发现，它其实也是在为科学史的研究提供一种新的视角，即已往被大多数科学史研究者忽略的社会性别的视角。一旦我们通过这种视角来审视科学史时，直接一些地，对于科学领域中杰出女性科学家人数少的问题，间接一些地，对于像近代科学的起源，以及在历史上对科学的发展起支配作用的自然观、科学观的问题，甚至对于当代科学中科学方法论的许多问题，也就会得出许多新的、富于启发性的，当然也还是可以不断争议的新观点。可以说，像女性主义性别研究这种开拓新的视角，确立新的研究范式的发展，与以往科学史领域中的各种流派的发展，在学术研究方法的意义上也是一脉相承的。只有在新的视角，新的概念分析工具（具体到这里来说即社会性别）的发展中，科学史的研究才会被注入新的血液。自然，在这方面，社会性别研究既是引起高度争议的，也是可以带来丰富的新成果的。

前面提到过，不同的人对社会性别研究会有不同的，甚至截然相反的理解。但实际上，这种在新的概念框架下进行的学术研究及结果，也还是有很多相通的地方的。仍以历史为例，在科学史中，女性主义及社会性别流派的发展，就曾经历过这样几个阶段：先是简单地认为以往的学者轻视和忽略女性科学家的工作和成就，从而要在历史中去发掘被遗忘和忽略的女性科学家；然后，由于认识到这种策略其实只能带来一种"补偿性的历史"，在衡量一个科学家（不论性别）是否杰出，往往不自觉地采用了一种男性的准则作为标准，只是把搜索的对象换成女性科学家，仍属于一种作为主流的"男性"科学史的范畴。所以要从根本上变换视角，转而分析社会性别本身在科学发展中的影响和作用，甚至探讨在社会性别的影响和作用下科学本身存在有什么问题。如果我们把目光转向文学批评和艺术史，我们也会发现很相似的发展阶段。在女性主义的文学批评和艺术史中，最初，先是对失落和被遗忘了的女作家及其作品的重新发掘和认识，表明女性是艺术史的一部分，为女性艺术家们提供了一种归属的意识；随后，在第二个阶段，文学批评被认为是一种妇女传统的可能性，而且这种传统或是与男性的文学传统相反或是与之相关，并考察了文学中"女性的想象力"以及在艺术中"女性的敏感"，揭示了艺术界的社会性别偏见在"高等的"（男性）与"低等的"（女性）艺术区分方面的等级制度问题；在第三个阶段，则是比前两个阶段更为理论性的研究，核心是对于文学或艺术的社会性别的分析，从而使文本或对象、历史的语境和文化彼此关联。可以说，女性主义性别研究在科学史和文学艺术史中影响的这种相似性，恰恰说明了其在学术研究上的某种意义。

当然，具体来讲，在生态女性主义中，应用社会性别的研究，也为生态环境保护理论带来了重要成果,成为当代生态理论中重要的一支,像其早期对于不同社会性别和自然与心灵、主体与客体、理性与情感等一系列二元概念的关联的研究,对于在社会性别视角下自然概念发展变化的研究,以及后期基于社会性别理论对于人类作为压迫妇女和压迫自然的同一根源的思维框架的研究等,在学术上也都是具有重要的理论意义的。

这里所举的例子不多,但显然有许许多多这样的例子,仅就与科学相关的领域来说,在像科学哲学、科学社会学、生命伦理学等学科中,也都可以找到这样的支持。也就是说,女性主义社会性别研究,除对妇女解放具有重要意义外,对各种学术领域的研究,也都具有重要的启发和推动作用。

当然,以这种立场来谈社会性别研究,可能(或者说肯定)会遭到某些女性主义者的反对。在学术界,自然也有人认为因为男性根本不可能具有女性的体验,从而不能从事女性主义社会性别研究。不用说,以学术目的为出发点,而不是以妇女解放为直接出发点来探讨女性主义社会性别研究,更会遭到某些女性主义者的谴责。之前,在国内的一次女性主义国际研讨会上,曾有人很荒谬地作了一个测验,要与会者举手表明自己是否是女性主义者。笔者没有举手,并对此测验极为不满,因为女性主义派别林立,在不加以具体限定的前提下,这种表态说明不了任何问题。但是,我们可以设想,一般来讲,有正义感的学者,不论男女,现在恐怕都不会不支持妇女解放(当然对某些打着这种招牌的极端激进的女权主义不在支持之列,而那些极端激进的女权主义的出发点和做法也与真正意义上的两性平等不符)。如果宽容一些,也容忍那些出于学术目的的女性主义社会性别研究,则除了学术上的收益,一个直接的结果,就是丰富了社会性别研究的理论,反过来,自然也将进一步推动妇女解放。

昔日的光辉与今日的思考
——评《中国：发明与发现的国度》

著名英国科学史家李约瑟的后半生，几乎全部奉献给了中国科学史的研究。其最重要的成果，就是那套《中国科学技术史》。早在"文革"期间，对其已出的部分，国内就已有了中译本，影响可谓不小。若干年前，国内又有专门的机构负责组织翻译整套的《中国科学技术史》。不论就其规模还是就其研究的深入程度来说，李约瑟的这部卷帙浩繁的巨著都可以说是空前的，以至于连翻译它都是一项规模惊人和极度困难的工程。因此，甚至专门从事科学史研究工作的学者，大多也只是阅读与自己工作相关的部分，而对于普通的读者，恐怕就只能是望书兴叹了。

由美国学者坦普尔编写的《中国：发明与发现的国度》一书，对李约瑟的《中国科学技术史》进行了精彩的提炼，以36万字的篇幅，分100个条目，用图文结合的形式对这些由中国在世界上首先做出的发现或发明进行了生动、具体、简明而且通俗的介绍。除了利用李约瑟在《中国科学技术史》一书中已发表了的材料，坦普尔还使用了一些从李约瑟尚未发表的打印稿中摘录的材料，使此书的内容更加充实、全面。尤其值得注意的是，坦普尔所编的这部为一般读者准备的通俗读本得到了李约瑟本人的认可和赞赏。

《中国：发明与发现的国度》一书中译本的出版，使广大的中

懂一点 STS
鸡蛋里的骨头

国普通读者能够了解到李约瑟工作的精华,能够在较短的时间内,对中国历史上在科学技术方面所做出的杰出贡献有一粗略的认识,不至于在专深的中国科学技术史面前望而却步,而起到普及科学史、增强民族自豪感的重要作用,这就是坦普尔这本著作主要的意义之所在。

当然,即使是对于李约瑟的《中国科学技术史》原著,科学史界的学者们在某些细节方面,以及在总体指导思想方面,也有一些不同的看法。而当坦普尔将其通俗化之后,或许李约瑟原著的某些观点被过分地强化了。像书中把牛顿第一运动定律的"第一发现"归于中国之类的提法,似也有值得讨论之处。坦普尔在其书的序言中明确地指出"西方受惠于中国",认为"'近代世界'赖以建立的种种基本发明和发现,可能有一半以上源于中国,然而却鲜为人知"。从东西方科技交流史的角度来看,我们自然有充分的理由重视中国古代科技成就对世界文明所做出的重要贡献。作为中国人,我们也自然有充分的理由为中国古代辉煌的科技成就而感到骄傲。但是,当我们阅读此书,在为中国古老文明的历史悠久和非凡贡献而感到自豪之时,也不应忘记,那毕竟只是我们民族过去的光辉。在坦普尔的书中所提到的100项中国第一里面,最晚近的是在16世纪(且仅一项),再往前就是公元13世纪了(也仅两项)。我们不应忘记,近代科学并不产生于中国。为什么近代科学产生于欧洲而不是产生于在科学技术方面曾有过光辉历史的中国,这也正是著名的"李约瑟难题"的核心内容。

早在20世纪30年代,鲁迅先生就曾尖锐地指出:"外国人用火药制造子弹御敌,中国却用它做爆竹敬神;外国用罗盘针航海,中国却用它看风水;外国用鸦片医病,中国却拿来当饭吃。同是一种东西,而中外用法之不同有如此。"鲁迅先生的话虽然尖刻,但发人深省。我们带着这种反思的态度去读坦普尔的这本书,也许会从中得到更大的震撼，能够激励我们去探索和思考中国在近现代落后的原因，从而为中国未来的发展有所借鉴和帮助。

几十年前，科学史学科的奠基者、美国科学史家萨顿曾大力地提倡重视东方的价值和科学的统一性。如果我们阅读坦普尔的这本书，还能够像作者在序言中所希望的那样，使"世界各国和各民族能更深入地相互了解，使东西方的思想隔阂得以消除"，使中国人和西方人"能够无愧地相互正视对方，竭诚相待，成为亲密的伙伴"，那或许就是我们可以从中得到的另一重要的收获了。

鸡蛋里的骨头

作为"建设性的后现代主义译丛"之一种,《后现代科学——科学魅力的再现》一书可以说是国内出版的第一本关于后现代主义对科学研究的著作。正因为如此,此书在国内学术界引起了较多关注,被较多的引用。以往国内学术界对于西方最时髦的思潮——后现代主义的谈论,多限于像文学等领域,因此,这本介绍有关科学的后现代主义的著作,其意义自不必多讲。但值得注意的是,恰恰因为这一点才有这样一种可能,即把此书之观点作为西方后现代主义科学研究之代表作。然而,正像此丛书的名称所提示的那样,它只是一种所谓"建设性的"后现代主义。在此书的序言中,作序者也承认,"建设性的后现代主义的胆子便大得多,也更富有建设性,它积极寻求重建人与世界、人与人的关系,积极寻求重建一个美好的新世界,颇有点乐观主义精神"。关于究竟什么是后现代主义,有一种说法,是说有多少个后现代主义者就有多少种后现代主义,但无论如何,一般来讲,关于各种后现代主义总还是有一些相近的特征。当然,这样一种"建设性的"后现代主义倒也许因其"建设性"(在某种意义上讲也是一种不彻底性)而更为国内学术界所易于接受,但或许它并非是西方后现代主义族谱中最有代表性的一支。

另可提到的是,在此书的附录中,有对于赞助其出版的"后现代世界中心"的简介。从中可知,此中心位于美国加州的圣巴巴拉。笔者于 1993 至 1994 年间作为访问学者恰恰主要也正待在此约 10 万人的小城中。但在此期间,在与周围有关科学史和科学哲学学者的诸多交往中,从未听说过这样一个"中心"。当然,这也许说明不了什么,但至少表明这个"世界中心"起码还不是那么"名震加州"吧。不管怎么说,看到这个名字总难免让人联想到国内在经济大潮中涌现出"环球"、"宇宙"之类的"中心"。

懂一点 STS
鸡蛋里的骨头

从《新人》谈起

早在 1985 年时，我曾与朋友合作翻译了著名英国学者和思想家 C.P. 斯诺关于两种文化及科学与政府的名著，并将那两本书合并到一起以《对科学的傲慢与偏见》之名出版。在那时，我们便已知道在国内还曾出版过斯诺的两本小说，其中一本名为《探索》，当时就找来读过，对于斯诺在文学方面也算有了一点极初步的了解，对于我们翻译斯诺的著作也确有某种程度的帮助。但是，另一部在国内翻译出版的斯诺的小说，却一直没有看到。直到不久前，才从一位朋友准备淘汰的书中要来了这本名为《新人》的小说，并颇有些迫不及待地赶快读完了它。读后，不禁生发出许多的感想。

从《新人》这本小说的版权页上看，此译本在国内出版于 1984 年，印数为 1.9 万册。其实，在如今，一本书如果能有这样的印数，一般可以算是能为出版社赢利的畅销书了。但在当时，这样的印数却实在不能算多，也不知这些书最终都散落到了何处，反正多年来我是一直没有找到。而最近我从朋友那里找来的这本，还是被上海某家化工厂的图书馆淘汰，并被朋友从旧书店中购得的。由此可见，像这样的书籍，目前要读的人恐怕是不多了。

但是，斯诺又确实可以算得上是一位名人。他早年曾受过系统的自然科学教育，曾从事过物理学的教学和研究，在第二次世界大战爆发后，投身于政界，负责对服务于战争的科学研究工作进行组织。作为一位学者，斯诺主要因提出两种文化的问题而享有盛名，正是通过他的呼吁，才首先引起了世界上学者们对于两种文化（即科学文化和人文文化）之间愈来愈深的隔阂及严重后果的关注。但同时他又是一位名副其实的著名小说家，一生著有十余部长篇小说。因其特殊的知识背景和经历，他写作的小说颇有特色，被誉为是"权力的研究"和"对科学与社会关系的分析"。1957年，斯诺因学术和写作成就，被授予"爵士"称号。

《新人》这部小说，曾在1954年获得过英国的詹姆士·泰特·布拉克纪念奖。它所讲述的，是关于在第二次世界大战期间，英国研制原子弹的过程，以及在此过程中，参与研究工作的科学家们的故事。书中充满了对人生、职业、权力、科学的思考。当然，与那种当下流行畅销的小说不同，此书中并没有什么扣人心弦的紧张情节，也没有那种故作惊人之态或玩世不恭的随意调侃。相反，在平淡如水的叙说中，无时不显露出作者深厚的文化底蕴和深刻的思想，以及真正只有大家才能表现出来的从容。当然，像这样的小说，也许更可划归到"纯文学"一类，而不大可能会成为畅销书。但是，在那些形形色色的畅销书中，真正能够因其思想价值和艺术成就而流传下去的，比例又能有多大呢？

说到将《新人》划归到"纯文学"类，其实是很容易引起误解的。如前所述，对于斯诺的作品来说，不论是学术著作，还是小说，它们真正的价值正在于"不纯"之处。这里所说的不纯，指的是他融科学文化与人文文化于一体的努力。我们现在在书店中可以看到，一些历史上和当代的"纯文学"作品，由于某种时尚力量，也在不断地重印。而像斯诺的小说这种真正反映了融合两种文化的时代发展趋势的艺术作品，似乎反而被人们冷落、忽视，或遗忘了。这实在是令人遗憾。

相应地还联想到，近来国内学术界对于"后现代主义"的讨论成为热点。当然，这种讨论是有其重要意义的。作为以对现代科学及其意识形态采取批判态度为基础的后现代主义的出现，也是时代的必然。但在这种热烈的讨论中，许多人文社科学者所表现出来的对于科学之了解的极度欠缺，却是显而易见的。从学术研究的角度讲，对科学进行反思和批判都是无可厚非的。但一个必要的前提是，只有对所反思和批判的对象有真正深入的理解，才可能做到真正深刻的批判和反思。仅从人文社科的立场肤浅地谈论对之并无什么了解的科学，这绝不是斯诺所提倡的那种意义上的两种文化的融合。当然，对于没有受过系统训练的人文社科学者来说，理解科学的确有其困难，不过，即使读读斯诺写的以科学和科学家为描述对象的小说，也会对了解现代科学相关的种种问题有不小的帮助。对于斯诺的忽视，只能说是反映出如今的问题所在：我们的学术界不仅应该在口头上，而且应该在实践中迫切地需要再补上"两种文化"这一课。

　　在因出版业的需求而带动的学术著作的"繁荣"背后，我们的学术界是否真正具有与之相称的学术储备了呢？按照前面的分析，至少就"两种文化"问题这种基础性的准备来说，对此恐怕是无法乐观的。想一想，在现今国内出版的学术著作中（当然也可以把小说包括进来），有多少能达到斯诺作品的那种水准，能在世界范围有那样大的影响呢？幸而，自然淘汰的规律还存在。当我们看到，像斯诺的作品有时也未能免掉被图书馆清除的命运，那些应景之作在未来的命运就不难想象了。只是可惜了在印书时被用去的资源。

出书的理由

《陈景润文集》由江西教育出版社出版。当我手里拿到这本无论在编辑质量还是在实际的重量上都是沉甸甸的书时,首先想到的一个问题,就是出这本书的理由何在。

在我所见的国内出版物中,除了那些特殊的画册类,在学术性著作里,像《陈景润文集》这样在设计、用纸、印刷和装帧方面都如此精美的可谓凤毛麟角。为什么要出这种书呢?这种书的用途何在?

从实际使用的角度来讲,实在是很难找出出版这种科学家个人文集的理由。例如,谁会去读这样的文集呢?显然,一般读者(哪怕是多年前就读过关于陈景润和哥德巴赫猜想的报告文学而对陈景润本人景仰已久的读者)恐怕是不会读这部像天书一般的文集的。随便一翻,里面那些长达数页的数学公式就将吓走 99.9% 的翻阅者。那么,数学家怎样?除了研究领域与陈景润相同的专门研究解析数论者,甚至其他数学家读这部书也会很难,也未必有理由一定就会去读。而对那些在解析数论领域中的研究者,要作研究的参考,更重要的也应该是数学期刊上的各种论文,而不是像这样的个人文集。最后,对于数学史家总该有些用处吧?其实不然。就算是专门作陈景润人物研究的数学史家(在全世界这又能有几人?),固然有这样的文集会带来些方便,但由于不是收集了有关陈景润全部文献的全集,其作用也还是有限得很。

那么，为什么还要出版这样一本实在是"无用"的科学家个人文集呢？这里还是可以找到一些理由的。在国外，其实像这样的文集出版得要更多、更精美、篇幅更大。国外绝大多数科学家，包括不少在世者，有单卷或多卷本的个人文集出版。例如，丹麦物理学家玻尔，文集就出了 11 卷，而爱因斯坦的文集是更大的工程，据说将出版 40 多卷。而其他卷数少些或单卷本的科学家文集，就多得难以计数了。除此之外，对于在世的科学家，在其诸如诞辰多少周年的纪念日，还会有其他形式的纪念文集（可以是其作品的汇编，也有他人撰写的纪念文章或学术论文的合集）出版。

像这样的科学家个人文集的出版，与其说是为了实用，倒不如说主要是为了突显文化意义。其最重要者，在于这是对杰出科学家贡献的一种奖励，是对其地位的一种社会承认，这种承认在科学奖励系统的运行中有着重要的作用。其实，按照科学社会学的理论，科学家的论文能够被著名的学术刊物接受和发表，除了科学交流，也是一种对科学家工作的肯定和承认。而科学家个人文集的出版，则是一种更高级别的奖励和社会承认形式。其象征意义远大于其实用价值。通过这种形式对杰出科学家的表彰，为青年人，为追求知识的人，为准备和已经献身于对人类知识的增长做出贡献的人，也为全社会树立榜样。而且，除了对杰出科学家个人的承认，这也是社会对科学，对科学地位，对科学文化重要性的一种承认，一种宣传。

"科教兴国"是我们提得最多的口号之一。但仅靠口号是做不到发展科学的，更不用说兴国了。要发展科学，就需要有大力度的社会投入，需要有一种真正重视科学的社会环境，需要形成一种有利于科学发展的文化。在这一切当中，出版科学家个人文集虽然不是最重要的，却也还是不可缺少的一环。

在过去，国内虽然也有少数科学家的文集出版，但总体上来说，我们对于出版科学家个人文集工作的重视还很不够。令人欣喜的是，近来情况有了一些变化。江西教育出版社这以如此高的投入出版我国学者陈景润的文集，其魄力与远见确实令人钦佩。

出版科学家传记的意义

经过上海东方出版中心和编委会的努力,这套《科学大师传记丛书》终于问世了。我们组织并编辑出版这套丛书,主要是出于以下两个目的。

首先,是着眼于科学家传记本身的功能。从科学史本身的发展来看,传记曾是科学史最古老的形式之一。即使在当代,传记研究也仍是科学史研究的主要途径之一。对于科学史,其在宣传和普及科学文化、增进公众甚至学者们对科学自身的深刻理解等方面的作用自然无须多讲。科学首先是一种人类的活动,因而相对于一般的科学史,科学家传记这种集中注意科学家个人活动的著作形式又有着其独特的、为其他类型的科学史所无法取代的优势和作用,并且对于完整地、准确地理解科学史也是必不可少的。正如美国科学史家威廉斯(L. P. Williams)曾说过,"要想写出具有普遍意义的,即把各种因素都考虑到的科学史是不可能的","然而,有一个领域,在其中可以精确地回答这些问题,并在历史的描述中定出这些因素的相对比重。我们能够找出社会学的、科学的、哲学的和科学机构等因素对单个科学家的影响,我们甚至还能够相当精确地估计出每一个因素对其科学工作产生的影响。简而言之,正是通过传记,我们才能捕捉到真实的科学史。"

其次,编辑出版这套丛书,也是着眼于国内的现状和需要。虽然写传记的传统在中国也有很长的历史,人们甚至可以追溯到公元前2—公元前1世纪司马迁的《史记》,而且在中国科学史萌芽式的著作中,清代就有了像《畴人传》这样的科学家传记,但就现状而言,与国外对科学家的传记研究相比,尤其是在对西方科学家的传记研究方面,我们还是有些差距的。这种局面的形成当然有若干客观的原因。例如,对于大多数中国的科学史研究者,且不说国内一般科学史文献的缺乏,要想接触和利用那些未公开发表的档案、私人通信等按当代撰写科学家传记的标准被认为是必不可少的资料,也是极其困难的。而作为科学家传记研究的基础之一,即国内学术界对于西方科学史的研究,普遍而言,也还远不够深入,甚至在许多领域和问题的研究上还接近于空白。近年来,虽然国内也出版了大量科学家传记类的图书,而且这类书籍的出版正在越来越成为热点,但平心而论,相对于国内这种大量出版的科学家传记,我们在学术的积累上也还是相当不够的。因此,在国内系统地介译西方学者撰写的科学家传记,不论是对于科学史的普及,还是对于学术积累,其重要性都是显而易见的。

从对传记的研究来说,可以将不同类型的传记据其客观性做出相应的分类,包括从最客观的资料性的传记,到客观性很差的小说化的传记(fictionalized biography)乃至传记式的小说(fiction presented as biography)。科学家的传记也是一样,而且在撰写上又有其特殊的困难。西方学者汉金斯(T. L. Hankins)在其《捍卫传记:科学史中对传记的利用》一文中,曾对科学史传记的撰写提出了三个基本要求:(1)必须涉及科学本身;(2)必须尽可能地把传记主人公生活的不同方面综合成单一的一幅有条理的画面;(3)要有可读性。显然,符合这三条要求的科学家传记可以说是理想的,而我们在这套丛书中,所选择的传记也大致正是按照这些要求写的。从客观性、学术价值来说,我们选择的是那些有坚实的科学史研究基础的学者们撰写的科学家传记(也包括一些由著名的科学家本人撰写的有价值的自传）；从可读性来说，我们是根据传记的内容进行选择，尽量把那些过分专业化和技术性的内部史（internal）类型的传记排除在外，而选择那些有一定外部史（external）内容（也即涉及社会、政治、文化、哲学、宗教……背景以及主人公与这些背景之关系）的传记，以兼顾研究者和一般读者的需要。有人曾讲，在一般情况下，科学家传记几乎可以说是科学史著作中唯一可能的畅销书，在保证学术质量的前提下，我们也力图在本套丛书中做到这一点。

当然，要高质量地组织出版这样一套丛书，从选题到联系版权和翻译等，每一个环节都存在着巨大的困难。但无论从组织者、翻译者还是出版者来说，都是将此工作作为一项具有重大社会价值和学术价值的事业来做的。我们希望这套丛书能高质量地出下去，为我国科学与人文文化的建设做出力所能及的贡献。

［此文原系作者为其主编的《科学大师传记丛书》（由上海东方出版中心出版）所撰写的"编者的话"。］

"绿色经典"对我们的意义

我曾在匈牙利的中欧大学参加过一个名为"经济与环境伦理学"的培训班。课上的多位教师各自开列出与其授课内容相关且他们认为是经典作品的书目。其中,有一位教师在课上就专门讲授在舒马赫的《小的是美好的》这本名著中的绿色思想。课下,当我谈到该书若干年前就已有了中译本时,这位教师不禁露出惊讶的表情,随即连声说:"这真是太好了!"面对这种反应,作为一个中国人,当然会感觉不错。

但是,当静下心来仔细想想时,感觉又不那么良好了:首先,当我国出版《小的是美好的》这本名著时,我们是拿它当绿色著作出版的吗?恐怕不是,恐怕主要还是当作一本经济学著作来出版的。其次,此书在中国的读者中,真正拿它当作一本绿色的经典名著来读的人多吗?恐怕也不多。再次,就算偶尔有了像《小的是美好的》这种绿色经典名著,在绿色领域中其他经典作品我们又有多少中译本?面对这样的问题,这样的答案,感觉还会良好吗?

在当今的世界,关于绿色的问题,其重要性自然不必多讲。由于对于生态环境问题的重视,世界上有关的著作用汗牛充栋也不足以贴切的形容。在中国,保护生态环境已成为基本国策之一,有关的著作也竞相出版。但是,像其他领域一样,绿色领域变得引起人们的关注本是来自西方。我们只是在近一二十年中,才开始逐渐意识到了绿色问题的重要性。因此，在这方面，我们本是缺少积累的。

正是由于这样迟的起步，再加上极少有对世界上绿色经典著作的系统介译，在我国那些还不可与其他类畅销书相抗争的绿色图书中，普及性的，大多数还不够引人入胜；学术性的真正能立足于世界学术背景的著作还是凤毛麟角。总之，绿色问题，不论是作为一种文化，还是作为学术，我们的确是太贫乏，太缺少积累了。

正因为如此，看到《绿色经典文库》出版的消息，真是令人兴奋不已。基于以上所述，出版这套丛书的意义之重大，也就实在是显而易见而不必在这里更多花费笔墨了。

休闲的真谛

——读《沙乡年鉴》随感

说来惭愧,作为一个业余从事环境研究的学者,虽然利奥波德的《沙乡年鉴》这本在环境保护发展史上的经典之作早在若干年前就出了中译本,我却只是在它被收入《绿色经典文库》之后才首次读到。可以设想,当若干年前这本书由经济出版社出版时,像我这样很晚才开始对环境问题感兴趣的读者是很难会发现它的。如今,在环境保护已成为社会上热点话题的背景下,这本《沙乡年鉴》又被隆重推出,它必将会引起更加广泛的读者们的关注。

一本书之所以成为经典,首先在于它曾在历史上起到过某种重要的作用。《沙乡年鉴》也是这样。正如该书中由美国环境史研究的权威学者在1989年所写的序里写到的那样,最近30年,这本书"在美国从唤醒人们的环境意识的角度来说","显然是首当其冲的,因为它表达了一种几乎是不朽的关于人和土地的生态及其伦理观"。然而,对于普通的读者来说,阅读一本经典著作,固然会有一种回顾历史的作用,有一种在学术的意义上补课学习的价值,但在不同的场景中,不同的读者也还是可以有不同的关注重点,尽管这种关注的重点与原书成为经典的主要理由可能不尽一致。

或许,《沙乡年鉴》这本前面由随笔后面由论文构成的书,也完全是可以由不同的方式来阅读,来体味的。从学术史的角度来说，利奥波德这位美国新环保运动的"先知"和"美国新环境理论的创始者"，其最重要的贡献应该说是他关于土地伦理的开创性研究，收入在《沙乡年鉴》中的"土地伦理"一文也被公认为是他最有代表性的文章。但对于更多非专业从事环境伦理学研究的普通读者来说，书中那些表达了作者对于自然之热爱的随笔，通过渗透其中的对土地共同体的热爱与尊敬的超前意识和优美的文字，可能会更有一种迷人的吸引力。因此，我倒更愿略过书中被公认是最重要的像"土地伦理"那样的文章，而相当随意地谈论他在"保护主义美学"一文中讨论的休闲问题。

在我国，随着人们生活水平的提高，在种种媒体中休闲一词的使用频率急剧增高，休闲甚至成为社会生活的一种时尚。但是，关于休闲的真正意义，以及关于休闲的正确方式，可能不论在那些媒体的撰稿人那里，还是在休闲的广大参与者的心目中，却都还没有被认真地思考，从而导致了我们在休闲方面的种种误区。在时尚的诱惑下，当人们一窝蜂地涌入高消费的保龄球馆，乘着飞机去新马泰烧香求佛，或摩肩接踵地流连于国内越来越多的人工景点时，那就是理想的休闲吗？不久前，当我与一些热爱鸟类的朋友们在十三陵水库远远地观赏一群在水面上优雅安静地休息的天鹅时，却只见载着游人的汽艇带着轰鸣的马达声一次次冲向天鹅，将它们惊离。对于汽艇上的那些游人来说，这也是一种"休闲"！

在利奥波德的笔下，我们看到了对那些以"战利品"的思想为依据的休闲的批判。他提倡的休闲是"独处于自然的感受"。与他对土地和荒野的价值强调相关，利奥波德指出："荒野的辩论证实，这一点正在得到一种罕见的，对某些人来说是非常崇高的价值。"这就是说："休闲并不就是到户外去，而是我们对户外的反应。""从追求感知的角度来说，休闲性的乱跑一气是缺乏依据和没有必要的。"因而,"提倡感知,是休闲事业上唯一创造性的部分。"而且,对于感知来说,"它生长在国内,同时也生长在国外,一个一无所有的人可以和一个百万富翁一样拥有运用它的良好条件。"

我们不应忘记,当我们在发展旅游和休闲时,我们也在消费着资源。国内目前的现实是,在许多的旅游活动中,人们正在以休闲的名义肆意地破坏着资源和环境。对此,利奥波德的认识早就相当深刻了:"看来,一般限度的户外休闲也需要耗费它们的资源,比较高层次的,则至少在一定程度上。由于几乎或者没有耗损土地或生命,它们还为自己应履行的义务而沾沾自喜。在缺乏相应增长的洞察力的情况下,交通运输的发展正使我们面临着休闲过程中实质性的崩溃。"可以提醒我们的是,在利奥波德看来,"发展休闲,并不是一种把道路修到美丽的乡下的工作,而是要把感知的能力修建到人类思想中的工作。"

关于休闲,面对我们今天的现状,几十年前利奥波德在《沙乡年鉴》中表述的这些深刻而闪光的思想,难道不值得我们去反省,去深思吗?

出入于人类创造的美与永恒
——读《世界建筑艺术史》

历史,有许多许多的分支。历史的大多数分支,与大多数人的距离总是相对遥远。例如,历史中传统最悠久的政治史,虽然读者历来不算少,但那里的主角——政治家们——与普通人毕竟隔得很远,要让普通人真正理解他们以及他们的活动,总不是那么容易的一件事。又如科学史,要想具备阅读的准备知识,就不是绝大多数人轻易便可做到的。其他的,诸如音乐史、宗教史、经济史、人口史……恐怕也差不多。但在这其中,建筑史也许是一个例外。除了极少的人,人们总是要自愿或不自愿地住在形形色色的建筑中,就算走到户外,只要不是在荒郊野岭,通常也会有各具特色、建于不同时代的各种建筑映入眼帘,让人无法回避,更不用说在旅游中的刻意追求了。在这种意义上,我们每个人似乎都在生活中体验着建筑的历史。

但这种体验毕竟是很初步的,很被动的,也是很有局限的。当我们开始主动地想了解更多的、在时间中更久远和空间上更离散的建筑艺术,去领略人类通过建筑来创造的美与永恒时,找一本出色的建筑史来读,也许是一种最便捷、最省力的方法。如果我们只想初步涉猎,而不是要成为这一领域的专家,那么,英国人纽金斯写的《世界建筑艺术史》(顾孟潮、张百平译,安徽科学技术出版社出版)应该说是一部很不错的读物。

之所以这样讲，首先，是因为此书篇幅不大。二十余万字的书中囊括了从美索不达米亚，到古埃及、古希腊、古罗马，到中世纪，到文艺复兴，一直到20世纪70年代不同地区在不同的文化中产生的最有代表的建筑艺术的历史。其次，在介绍建筑艺术史时，此书并非孤立地、枯燥地就建筑谈建筑，而是把建筑艺术的发展放在生产、生活、宗教、文化、政治和社交的背景中来讨论，让人们初步地了解那些形形色色的建筑形式是如何在不同的背景中被创造出来的。

对于非专业的读者，《世界建筑艺术史》的作者在书中除了在广泛的背景中从技术的角度介绍各种风格、流派的建筑的发展，更有一些不同凡响的观点见于各处，可以引导人们由建筑艺术的发展联想、思考更多的问题。举例来说，作为中国的读者，当然会对一个外国学者就中国建筑艺术的历史所做的评论感兴趣。其实，在此书中，作者将中国和日本归并为远东建筑艺术的代表，把从公元前3世纪到20世纪的发展浓缩在一章中，只占不到全书篇幅的十分之一。但就在这短短的三十来页里，我们也还是能够发现有趣的信息。除了源于实用设计，作者还简略提到中国建筑艺术形式和风格与中国文化的许多关联，如对塔的意义的分析，对庙宇有意地被建造成寻常百姓家庭风格的原因的分析，对城墙的象征意义的提及，对住宅格局与对严格的礼仪和私密性需求的看法，甚至将房屋和花园的风格与中国的儒家和道家不同的哲学观联系起来。对这些见解，人们当然可以仁者见仁，智者见智。但真正引起我思考的，还有其他两点。

其一，是《世界建筑艺术史》的作者承认，日本建筑受中国文化影响非常之大。虽然他也讲到"16世纪以后，中国对欧洲的艺术和建筑有着明显的影响"。但紧接着，又提出，"更多的是日本对世界建筑艺术的影响"。为什么，作者没讲。这也许是留给我们中国读者思考的一个远远超出建筑史范畴的深刻问题。

其二，与中国建筑的用材有关。一方面，《世界建筑艺术史》的作者就事论事，谈道："毫无疑问，中国人最喜欢的是木材，框式或梁式结构是中国首先发明而后传到日本的。""最初刺激各类建筑物广泛使用木材的因素，无疑是木材资源丰富，如黑龙江流域的东北地区密布的森林"。但与此同时，作者又尖锐地指出："到19世纪，沿用木材的顽固习惯，已经威胁到热带密林，致使许多景观丧失、土地裸露，而这么做并非由于中国人不善于运用砖。"当我们读到这些一针见血的评论，联想到历史上一次次以砍伐大片大片的林木为代价建造起来但却一次次毁于战火的奢华至极的皇家宫殿和豪门巨宅，联想到我国随着历史的演进消失的越来越快的森林，在我们欣赏那少数残存下来的历史建筑精品时，还会无条件地具有自豪感吗？

显然，《世界建筑艺术史》的精彩之处远不仅于此。这里只不过是就其有关中国建筑的一小部分举例略作议论而已。如果一定要谈美中不足的话，也许插图再多些，再精美些，会使此书更为增色。但这也只是一面之词。

《正直者的困境》译后记

在新的一年刚刚到来之际，德国著名物理学家普朗克的传记《正直者的困境》的翻译终于完成了。其实，按照原来的计划，早就应该完成这本小书的译稿了。但在翻译的过程中，由于工作上的种种变化，由我自由支配的时间被大量挤占，这是导致延误的主要原因之一。而导致延误的另一个原因，则是这本书的翻译，远比我原来设想的要困难得多。

最初得知有这本普朗克的小传（就此书的篇幅而言），是在读到我国物理学史老前辈戈革先生写的一篇题为《普朗克的幸与不幸》的评传文章中。从那时起，也就在心中埋下了想认真阅读这本书的想法，但因为具体在做的研究工作一时还没有专门涉及量子物理的初期史，更不用说社会史了，所以也一直没有实现这一愿望。在组织这套《科学大师传记丛书》时，在首选的书目中，便想到了这本普朗克的传记。经请教认真读过此书的戈革先生，认为此书无论从传主的地位，还是从撰写者的研究基础和学术水平上（此传记的作者海耳布朗于1964年获得博士学位，在退休前是柏克利加州大学的科学史教授，也是一位很有造诣的物理学史专家），都是值得收入到这套丛书中来的。而另一位美国著名的科学史家在写给本译者的信中，也曾称此书是一部"非常精致的著作"。

但是，对于这样一本在内容和质量上都堪称上乘的传记，在

懂一点 STS
鸡蛋里的骨头

翻译之前,戈革先生曾提醒说,它的文字不像其他的科学家传记那么易懂。虽然有了这种思想准备,但真正做起来,才发现这本颇具特色的传记实在是难译。本译者以前虽然也曾译过几本关于科学史及科学文化之类的书,包括由像萨顿或斯诺这样的大家写的人文色彩很浓的书,但比起来,还是觉得这本传记要更难译些。其实想来也不难理解,就是一位有相当好的中文及历史修养的作者所写的优美文字,对于一般文化程度的中国读者,其文字也可能读起来都不轻松。类推下来,外语的著作,自然也应是一样的。而对于像本译者这样的人,又如何敢说对英文(此传记中还有一些德语内容)的理解能达到作为母语使用者的一般水平?实际上,国外的许多真正的科学史家,除了出色的科学背景,在人文和语言方面的素养也是相当令人敬佩的。正是这种相当注意遣词造句的精致的(而不是那种较为常见的、简单的)语言,再加上此传记所涉及的广泛领域,使得翻译困难重重。尽管译者已尽了自己最大的努力,但问题和错误肯定不少。对这些翻译上的问题和错误,当然没有理由要求读者谅解,只是肯请读者的批评指正。

虽然翻译工作相当吃力,但在翻译和阅读的过程中,本译者也越来越喜欢这本很有特色的传记。它并没有像某些传记那样面面俱到且事无巨细地讲述传主完整的一生,而只是很有选择地涉及了若干作者认为重要的方面和问题,并在叙述的过程中,巧妙地把作者的观点插入其中。对现代物理学稍有些了解的人,对于普朗克在物理学中最重要的贡献可能也会有所了解,但对于作为科学的管理组织者,对于有着丰富甚至相当坎坷的人生经历,就本传记的标题所提示的经常处于两难的困境中且对科学、哲学、宗教、社会和人生等有诸多深刻见地的普朗克,大多数人可能就不那么熟悉了。其中的许多重要内容和信息,即使对于国内的科学史工作者们,也还是相当新鲜的。其实,正是像普朗克这样的物理学大师,生活在特殊的时代,再加上作者在丰富的文献基础上深入的研究和精彩的叙述,使得这本传记对广大的读者会有所启发,有所教益。当然,最终的评价,还是要由读者在读后做出,正像作者在本书中反复说的那样:"凭着他们的果子,就可以认出他们来。"

需要说明的是,在这本仅有二百来页的书中,原有多达491条脚注,这也从一个侧面反映了作者治学的严谨。这些脚注主要是关于文献方面的,大多用来说明文献出处(少数脚注中有简略的进一步说明),在许多脚注中列出的文献还不只一条,它们需与本书的文献目录联合使用。但这些脚注若译成中文,则丧失了其原来主要的功能,读者也无法用来查用和了解所引用的文献;若不译成中文,又与此套丛书的体例不合。幸好这些脚注基本上只是对少数的研究者有意义,所以在此译本中予以略去。这样做对于绝大多数读者的阅读没有什么影响,但译者在此必须向少数专业的研究者致歉,如需要,请查阅原版本。但所附的文献目录则按原来的样子印于书后。

最后,译者在此要感谢戈革先生提供了本书的原本,并在翻译的过程中给予译者的帮助,也要感谢上海东方出版中心的吕芳女士和王国伟先生对翻译此书的支持和在此书出版过程中所付出的劳动。

难题的意义与科学的发展
——读《21世纪100个科学难题》

前不久,与一位朋友聊天,那位朋友谈到他曾参加过一次国际研讨会,会上一家日本公司的负责人对该公司的发展战略做了介绍,并提到,为了制定发展战略,他们花了很大的力气,从19世纪末的各种报纸刊物上进行检索,归纳出了当时人们提出的对20世纪有希望要解决的几十个设想。结果发现,在这些设想中,只有一项,即人与动物的对话没有实现,其他的设想到目前为止已经全部实现了。基于这种调研,他们对21世纪可能的发展进行预测,并在此基础上确定出该公司的主攻方向。

由于时间的关系,那位朋友没有完整地转述那些设想(除了没有实现的一项之外)到底那包括哪些内容。确实,要想搞清楚在19世纪末人们对20世纪的发展究竟是如何设想的,现在可能已经不那么容易了,这更多的是一个留给科学史家们研究的课题。当然我们也曾不止一次地听说过比如在物理学领域,当时曾有人很悲观地认为留给未来的任务只是在小数点以后再增加几位数字而已。幸好科学并没有像这般发展。纵观20世纪,科学的进步恐怕远远地超出了100年前人们的想象。在19世纪末20世纪初,除了数学领域(希尔伯特于1900年提出23道数学难题,并在很大程度上影响了20世纪数学的发展),我们似乎还没有见到有人更加系统、全面地总结20世纪各门科学中要解决的难题。

但是，正如曾有科学哲学家提出的那样，科学也许更是始于问题。知道了问题之所在，才能去解决问题，从而发展科学。由此看来，由吉林人民出版社出版的《21世纪100个科学难题》这部分量很重的著作，其意义就相当明显了。因为此书对各门重要的科学学科中存在的、留给21世纪的100个科学难题的系统总结，无疑会对21世纪科学的发展起到某种定向作用。当年希尔伯特在提出他的23个数学难题时曾讲过这样一段话："我们知道，每个时代都有它自己的问题，这些问题后来或者得以解决，或者因为无所裨益而被抛到一边并代之以新的问题。如果我们想对将来数学知识可能的发展有一个概念，那就必须回顾一下当今科学提出的，期望在将来能够解决的问题。现在，当此世纪更迭之际，我认为正适合对问题进行这样一番检阅。因为，一个伟大时代的结束，不仅促使我们追溯过去，而且把我们的思想引向那未知的将来。"100多年前希尔伯特的这段话，也许正是对《21世纪100个科学难题》这本书意义的总结。

懂一点 STS
鸡蛋里的骨头

谎言的价值
——读《测谎仪》

在《测谎仪》这本书的封面上，或许是为了促销的缘故，专门打上了"20世纪末最引人注目的政治科幻小说"的广告语。其实，是否真是20世纪末最引人注目，是有争议的。何况"最"和"引人注目"也因评价者的不同而可以有不同说法的。但尽管如此，"政治科幻小说"的提法至少还是"引我注目"，而且在购买和阅读之后，又确是颇有感触和联想的。

其实，对于科幻小说，我们并不陌生，对于政治幻想小说，我们也不陌生。这两类作品中的佼佼者都是极富思想性且引人入胜的。如果借用"政治科幻小说"这种分类的话，大概像"反乌托邦三部曲"中的《1984》和《美丽新世界》都可算在此类，因为在那两本经典的作品中，对于未来涉及政治及社会体制发展的想象和描绘，都有赖于作者所幻想的某些科技的进步。相对于此，《测谎仪》这部在1986年才问世而且又是作者的第一部小说的作品，是否能够步入像《1984》或《美丽新世界》那样的经典行列，可能仍有疑问，更有待时间的考验。但这并不妨碍我们很有兴趣地阅读这部在情节上还算吸引人，更可以引起我们思考的作品——毕竟我们不只阅读经典。

在《测谎仪》一书中基本的线索并不复杂，大致是讲随着作者设想中的科技进步，大约在21世纪上半叶，一种能以100%的准确率来进行谎言测试的仪器终于问世,由此带来了种种根本性的社会变革,以至于在选举、司法审判、商业谈判乃至求职等社会生活中都要进行"真言测试",并被认为对拯救这个正在走向"自我毁灭"的地球起了至关重要的作用,改变了人们对"公正"的看法和对"诚实"的理解。为了"生存权",人类放弃了"隐私权"。显然,在倾向上,作者是希望真有这样的发明能够问世,并由此重新塑造人性的本质。

当然,作者有权表述他的理想社会。不过读者的感觉如何就是另一回事了。几十年前,《美丽新世界》的作者在其书中也曾描述过一种基于生殖技术的进步而带来的必须加上引号的"美丽新世界",并认为在那样的世界中生活虽然安定、富有、健康、安全且"幸福",但"人"是否还算得上是人却成了问题。在阅读《测谎仪》时,其实也可以有类似的感想——虽然在目前我们日常的伦理标准中说谎一般被认为是不好的,但一个完全、绝对没有了谎言的世界是否就真的像该书作者认为的那么美好吗?换言之,谎言是否也是"人性"的一部分,或者说,是人类这种有缺陷的动物不可剥夺的天性?这实在是大可讨论的。倘若有一天,当我们对此仍无一致的意见,而100%可靠的测谎仪真的发明了出来,那恐怕才真的有了麻烦。

其实,就是在这部小说中,作者本人也曾陷入了自己设置的圈套。书中的那位主人公——软件天才和100%准确的测谎仪的发明者,在为了自己要拯救人类的信念而奋力开发测谎仪时,也不得不撒了谎,以至于最终受到法庭的审判,虽然得到了某种程度的赦免,却被强行施以"治疗",而成为不再是天才的普通人。在小说的叙述中,我们不难看出作者对"例外"情况的特殊同情——为了极伟大的目标,谎言也可能是有价值或可理解的,以及作者对自己设置的情节发展的无奈——当由于测谎仪成为现实并使社会对谎言永远不再可以容忍时,连使这一切成为可能的发明者本人也只能被迫由天才变成白痴。

　　幸而,这一切还只是幻想。从目前科学技术的发展水准来看,至少在21世纪,能100%准确洞察人脑中的思维的测谎仪的发明恐怕还不大可能。但在一切预测都是或然性的前提下,谁又能打包票呢?

在普及中体现真正的科学精神
——读《魔鬼出没的世界》

曾几何时，在我国的图书市场上，各类伪科学的书籍极度泛滥，不用说在专卖畅销书的书摊上，就连书店也有。这种状况，显然与我们政府所提出的"科教兴国"的战略是极不相称的。当然，造成这种情况的原因可能有很多，也非常复杂。虽然我们零星地也能看到一些对伪科学进行严肃揭露和批判的著作，但首先，这些宣传科学精神、揭露并批判伪科学的著作大多不够系统，多为一些文章的汇编；其次，在种类上和发行量上也都远比对方要少得多。至少就宣传来说，阵营两方的力量远非均等。

谈到阵营两方力量的悬殊对比，当然又可以有多种原因。比如说，在伪科学那方，由于种种利益的驱动，许多人将此作为饭碗的，而且这个饭碗的含金量颇为不低，当然会不遗余力地去宣传，去鼓吹。而在反对者这一方，则多有本来的事业，如从事前沿的科学研究等，出于捍卫科学真理的社会责任感而站出来者是有的，但真正能够将揭露和批判伪科学作为一种"专业"者，恐怕就不多了。这当然会导致揭露和批判的不系统。正因为如此，《魔鬼出没的世界》一书中译本的出版，就显得尤其珍贵。

《魔鬼出没的世界》的作者萨根，本是一位写有多种影响广泛的优秀科普著作的世界级的科普作家，也是一位科学家。他在这部倾一生所积累的资料和苦思所得而著的著作中，坦言他与科学终生的爱情故事。正是由于作者的这种真诚和这种献身的热情，使得该书在科学精神这条主线的引导下，以引人入胜的可读性，详细地剖析了种种伪科学的表现及其问题之所在。阅读此书，我们不能不惊叹作者知识的广博、资料的丰富，以及见解的精深。虽然萨根主要是在讲西方的事情，但此书对中国读者的意义，恐怕是作者在写作时也没有想到的。当我们读到萨根开列的那份仅仅是"代表"性的而非"综合的罗列"的47种典型伪科学和迷信的清单时，对于其中绝大部分内容，竟然毫无陌生之感，很多曾在国内的种种报纸、刊物、书籍乃至电视广播等媒体中见到过。由此说来，我们对自产的伪科学和迷信的发扬，对来自他国的伪科学与迷信的引进与本土化，简直到了令人难以想象的程度。

仅举两件与国内伪科学读物相关的例子。一是由某出版社曾出版的《世界之谜麦田圈》，一万来册的印数在市场上很快便脱销。二是形形色色有关外星人的书籍。其实，不论对于"神秘的"麦田圈还是令许多人津津乐道的外星人，如果人们认真地读了萨根详尽的揭露与分析，我想绝大部分有理智的读者会得出更为科学的结论，而不再热衷于那些荒谬之谈。尤其是，萨根在对历史上滥杀"女巫"与今日大炒"外星人"这两者在文化上的相关性的分析，令人耳目一新。

此外，与国内为数不多的揭露和批判伪科学的著作相比，萨根似乎更为冷静，而不只是义愤，他并不否认科学有局限，而是将伪科学与科学的差别鲜明地揭示出来：正因为科学家会出错误，而且承认这点并勇于纠正错误，才能将科学与永远不会被证伪的伪科学区分开来。同时对人们之所以会热衷于伪科学的社会和心理等方面的原因，萨根也均有深刻的分析。我们在这里同样也看到一位科学家和科普作家以特有的理解，结合其论述的内容，对当代科学哲学理论进行了明晰的阐述。因而，不仅仅是普通的读者，即使是专门从事科学工作的人，通过阅读此书，也会对于科学和科学精神有更深刻的理解。

其实对伪科学和迷信的揭露与分析，只是此书众多的主题之一。其中对科学方法，对科普理念，对科学教育，对科技政策，对科学与政治，等等，在科学精神的这条主线下，作者都有令人深思的精彩讨论。但如前所述，在特定的背景下，我仍对其中有关揭露、分析伪科学的主体内容予以特别的注意。

懂一点 STS
鸡蛋里的骨头

陌生的爱因斯坦

不论对于科学界人士,还是一般公众,爱因斯坦都是家喻户晓的科学家。相应于此,国外有关爱因斯坦的研究著作多不胜数,国内也出版过爱因斯坦的传记,不论是翻译的还是由国内学者自行撰写的,其数目也足以让人扳着手指头数上一阵。但是,这些爱因斯坦的传记水平显然参差不齐。由广东教育出版社出版的《上帝难以捉摸——爱因斯坦的科学与生活》一书,则是值得人们予以特殊关注的一本。

谈到此书,不能不谈其作者。该书的作者派斯(在广东教育出版社出版的版本中被译为派依斯)本是一位在物理学领域中做出过重要贡献的物理学家,被誉为粒子物理学的创始人之一。在晚年,大约从1978年开始,他主要致力于物理学史的研究。曾出版过数种颇有影响的科学家传记和科学史著作,并且受到中国学者的重视。例如,他在1994年出版的《爱因斯坦当年寓此》那本写给普通人的爱因斯坦传记,上海东方出版中心曾(以《一个时代的神话》为书名)出版过中译本,而他关于物理学家玻尔的传记和另一部关于粒子物理学史的著作,也已出版。但是,在他的科学史著作中,名声最响和最有代表性的,恐怕还是他最先写就的这部爱因斯坦的科学传记。此书于1982年在美国出版后,一炮打响,第二年便获得了美国国家图书奖。可以说,这是世界上第一部详尽而且颇具特色地论述爱因斯坦科学工作的传记,尤其在物理学家中,此传记有着良好的口碑,当然,这种成功与派斯本人的物理功底以及他与爱因斯坦长达9年的交往有着密切的关系。在另一篇文章中,笔者曾谈到过这样一件事,在这里也许还仍值得再次提及:大约在20世纪80年代中期,那位被誉为继爱因斯坦之后最杰出的理论物理学家、在中国亦是大名鼎鼎的《时间简史》一书的作者、全身瘫痪的霍金曾从英国来中国访问,当他在北京师范大学作关于天体物理学方面的演讲时,笔者曾有幸聆听,并看到,在霍金打开的手提箱中,唯一的一本书,就是派斯写的这本爱因斯坦的科学传记!

此书在国内曾于1988年由科学技术文献出版社出版过一个中译本,但据研究者们的评价,那个版本的译文中错误很多。虽然未及核对原文,但想来这次新译本的出版当会在译文上大有改进吧。

从统计物理学、量子理论、狭义相对论、广义相对论到统一场论,《上帝难以捉摸》一书详尽、准确、全面地讨论了爱因斯坦的科学工作。这样一部主体内容上可以说有一定深度的科学传记,据说在国外十分畅销,也可以算得上是一个奇迹了。不过,对于一般读者,虽然书中也有一些专门标出的不涉及科学内容的生平传记章节,但要真正读懂全书的内容,确实不是一件容易的事。不过,此书的价值也正在于此。虽然很少有人不知道爱因斯坦的大名,但对于绝大多数人来说,在科学世界中的爱因斯坦恐怕还是相当陌生的。其实,爱因斯坦之所以是爱因斯坦,最根本在于他的科学贡献,因此,不了解爱因斯坦的科学工作,就不可能真正地了解爱因斯坦这个人。而且,正如作者派斯在中文版序中讲的那样:"科学永远是爱因斯坦的主要献身对象,而人类的命运也是他的主要关心对象之一。本书试图对这位世纪伟人的诸方面做出公正的评述,但愿它能有助于激发我的不同年龄的中国朋友们自由地发挥他们各自的才华。"

但愿此书不仅仅摆在科学史研究者们的案头,也能有更多的读者从中获得最大可能的收益。

"奴隶"对"主人"和自身的思考
——读《机器的奴隶——计算机技术质疑》

现在，谈到计算机，如果很一般地讲，至少与人们在日常生活中应用的其他技术手段相比，恐怕是最耳熟能详的了。如果走进书店，人们会发现，增长最快，更新也最快的，也许就是那形形色色的计算机应用技术的说明、手册、指南等了。这种技术性的计算机书籍的畅销，也说明了市场的需求，说明了人们对于计算机的热情。当然，文化一点的，我们也能看到像《数字化生存》那样的热门图书。人们也常常会把信息时代之类的词汇挂在口头。但无论怎样，这个世界之所以能够被"数字化"，其不可缺少的就是计算机。虽然我们中越来越多的人也许能熟练地应用计算机，但对于与计算机科学以及计算机技术发展相关的"计算机文化"，关注却可能远远不够。尽管有国内学者撰写的《网络文化丛书》之类成套的书籍问世，但如果作为更基础性的计算机文化而言，河北大学出版社出版的《计算机文化译丛》(包括《超越计算》《赛伯族状态》《混乱的联线》《大师的智慧》《文化肌肤》《皇帝的虚衣》以及这里所谈的《机器的奴隶》共7种)的出版，仍可以说是填补了一个重要的空白。

在此套丛书中，由于某种个人背景的影响，《机器的奴隶》一书的书名最能引起我的关注与好奇，于是，此书便成了我在此套丛书中阅读的第一本。但这第一本书，就足以让我为该书作者的机智和深刻而叹服，也足以引起充分的兴趣去看此套丛书的其他几本了。

在物理学中，有这样的情形。无数的中学生、大学生更不用说研究生都念过不同水准的物理课程，都学习过物理学的若干知识。但甚至于包括大多数专门教授或研究物理学的专家在内，如果不说擅长于那些具体的、技术性的或许有时是很机智的物理计算应用，而是真正可以称得上理解了物理学，或者说真正具有自己的物理学思想的人，却为数很少，能够将自己对物理学独到的理解清晰地讲解出来的人自然就更是凤毛麟角了。例如，美国物理学家费曼，就可以算得上是其中的佼佼者。当我读过《机器的奴隶》一书，再联想到自己已往所读的相关书籍以及得自各种渠道的有关计算机的知识，产生的感想之一就是，计算机领域，其实也和物理学领域一样，虽然许许多多的人会熟练地使用计算机，甚至在相关的研究开发领域很有建树，但真正可以说是更深入地理解了计算机科学和计算机技术本质，并能将这种深刻的理解通俗地转达给普通读者的人，显然也并不多见。至少，在笔者不广的见识中，《机器的奴隶》一书的作者、美国计算机科学家罗林斯应当算是其中之一吧。

《机器的奴隶》一书也谈到，虽然在现代计算机硬件领域，随着技术的飞速进步，昨天的技术奇迹转眼就会无人问津，"但进步是要付出代价的，计算机技术每前进一步，就意味着其复杂性又提高了一个档次；而复杂性每提高一个档次，就意味着我们对计算机的理解能力进一步丧失"。不过与那些简单地、无思想地将计算机科学和技术的发展事件罗列起来写成的历史不同，《机器的奴隶》的作者正是通过对计算机硬件和软件的发展独有见地、选择合理的历史回顾，清晰地将他对计算机的本质——我们怎样制造出它们、它们能做什么、它们是否会思考、它们目前的局限和产生这些局限的原因等——在字里行间表达出来。也许，对于作者的这些思想，读者只有随着对该书仔细的、由一开始漫不经心到慢慢被吸引进去的阅读，才能逐渐地有所领会。除了举出各种生动、贴切的类比，以通俗易懂的语言介绍了计算机究竟是怎么一回事，基于对历史的回顾，作者提出了他对当今计算机的局限的看法。正如罗林斯所说的："回首往昔所走过的道路，我们就能发现，计算机的局限主要来自人类想象力的局限。计算机技术之所以会发展成今天的样子，取决于其数学和哲学的思想渊源，其硬件技术发展的历史，以及制造、销售和保护软硬件的经济学和社会学背景。"

不论在国内还是在国外，不论是专业的哲学、社会学研究者，还是许多普通人，都对于像计算机未来是否会拥有"智能"、"生命"，是否会统治人类等问题表现出极大的兴趣。相应地，像计算机与国际冠军棋手的比赛才会成为热门话题。对这些问题的回答，显然只依靠关于计算机的技术性知识是远远不够的，而需要在对计算机科学技术有本质理解的基础上进行更深刻的哲学思考。在这些方面，《机器的奴隶》的作者同样见解独到。他认为真正理想的计算机，应该是具有像我们和其他的生物那种生命的本质性特征——各部分共同生存、能在环境中不断地适应多种变化，以及组织性和复杂性等——的计算机，但当我们谈论像"人工智能"之类的问题时，却常常陷入一种固有的悖论："一旦我们对某一问题的理解足够深入，足以编制一个程序有效地解决它时，我们就不再认为这一问题仍属于人工智能领域的一部分。本质上，人工智能的目的要使自身走出人工智能的领域。"而且，作者对于像谈论计算机未来是否可能有"生命"这样的哲学问题（关于生命的定义当然在很大程度上是一个哲学问题），也与许多哲学家的思考和回答方式不同。因为，他认为，对于机器来说，"它们究竟是不是技术生命根本无关紧要，或许，只有哲学家们才会在这一点上争论不休；重要的是我们是否已不自觉地把它们当作生命来对待，而不再认为它们是物品。一旦它们在我们心中活了过来，它们就具有了生命；它们是不是真正的生命已不再重要。"

不过话说回来，尽管作者在对生命定义的讨论中另有高见，计算机是否有生命以及相关地是否有智能的问题仍是重要的。因为也许正与此相关，作者才会感到"年复一年，我们迅速地获得前所未有的能力，但也同样迅速地丧失着对局面的控制力"，这本书才会像作者在其标题中所暗示和在序言中所说明的："它讲述了我们如何变成了自身所制造的硅质附属物的奴隶，以及它们在将来怎样才能变成我们的奴隶。"幸而，作者只是确切地断言说，这种像我们一样复杂、不可理解和不可控制的计算机至少在40年内不会出现，但就算是这样，用作者的话来说，我们的未来也仍是"奇妙而又恐怖"的。

《计算机文化译丛》在封底的广告语中说："你可以不了解计算机，但不能不了解计算机文化。"我以为，这句广告词修改一下或许会更好，那就是，只有懂得了计算机文化，才可能真正懂得计算机。更何况，《机器的奴隶》一书对计算机文化的论述，带给我们的思考已经远远地超出了计算机的领域，甚至涉及生命和人类的本质及价值。

在混乱与秩序的背后

随着计算机的普及,特别是网络的普及,带来了许许多多的新问题。而这些正在变得日益尖锐的问题在此之前或是并不存在,或是并不那么尖锐,最多也只是以很不相同的方式存在而已。这些年,在各种媒体中,关于网上黑客和色情信息的传播的报道和讨论已经有了许多,之前出版的《网络文化丛书》中由我国学者撰写的《黑客:电脑时代的牛仔》一书,也披露了大量的有关信息和案例。但与这些我们曾见过的多数基于网上下载资料的作品相比,由河北大学出版社出版的《计算机文化译丛》中,由美国记者普拉特所撰写的《混乱的联线——因特网上的冲突与秩序》一书,则更是原汁原味地、生动地向我们讲述了一个个有关网上"混乱"的故事,澄清了许多由于媒体报道带来的误解,并引导读者去思考在这些"制造混乱"和"维持秩序"背后更为深刻的本质性问题。

《混乱的联线》一书的内容大致分为两个部分:网络犯罪和网络言论。这两个部分既有相对的独立性,所涉及的问题也有很大的相关性。谈到网络犯罪,人们首先会联想到的当然是那些神秘的黑客。实际上,在我们所见的媒体报道中,黑客的名字也早已不令人陌生,除了贩自国外的消息,我们还常常读到发生在国内的计算机诈骗之类的事例。但事实的真相到底又是如何呢?正如《混乱的联线》一书作者所言:"现在电脑犯罪对于新闻记者来

懂一点 STS
鸡蛋里的骨头

说是一个有利可图的话题,对于立法者来说是一块肥沃的处女地,因此他们都在极力渲染网络可怕的潜在危险。但当我们去探寻网络犯罪实际造成的破坏或获得的利益时,却发现了一个完全不同的故事。"由此可以想见,在书中讲述的形形色色的黑客故事,既有我们熟悉的,也有我们相当陌生的,甚至黑客的概念还包括盗版电视节目的传播者等。但在对这些故事的生动叙述中,我们可以看到的,绝不仅仅是一群技艺高超的玩家们恶作剧式的行为,而且还看到了在作为反社会者的黑客们与立法者们的较量,以及在这种较量背后更多的意蕴。当然,在网络中,黑客是确实存在的,关于黑客的产生,本是一个极值得进行社会学研究的课题,而且,这些黑客们有时也确实给许多个人、机构甚至政府的系统带来实际的威胁。但是,在作者看来,"电子网络比起现实世界中的网络要安全得多""从这个角度来看,'黑客威胁'的危险性是被大大夸张了。实际上黑客和现实空间中的反社会者比起来,还算是比较温和的。"当然,作者也承认,"我们要假装完全不把黑客当回事也是愚蠢的。"尽管传统的黑客们自有一套道德标准,但是,"难道遍布全国的网络装置要想正常运行,还要依赖于一些捉摸不定、玩世不恭的叛逆者的善意和自我约束吗?"由此看来,在网上,秩序要维持,相关的法律还是要制订,问题只是在于这样的法律应该由谁来制订,为了什么目的来制订,以及是否基于实际的情况以可操作且合理的方式来制订和执行。

《混乱的联线》一书的第二部分虽然名为"网络言论",但主要探讨的是网络上色情信息的传播问题。与黑客的问题相比,网上色情问题可能要更微妙、更复杂,也更易于成为热门话题。其实,每个网络的使用者,只要稍微用心,都可能会注意到网上色情信息的问题,但对这个微妙而复杂的问题,却绝不是通过诸如过滤技术等简单的方法就能解决的,甚至于相关的立法和执法,也会带来一系列新的问题。

　　同黑客问题一样，关于网上色情泛滥的程度、危害以及对之进行限制的方法，也存在很多的争议。作者详细地讨论了美国参议员艾克松最先提出相关的限制性法律所依据的网上色情问题研究，表明了这一研究中存在的诸多问题和缺陷，以及由之带来的广泛的误解，即对网上色情泛滥程度的夸大。这个故事确实是很有启发性的，它再次提醒我们，基于某种先入为主的信念，匆忙地依赖于并不扎实可靠的信息来源，就很可能会在仓促的决策中带来失误。诚然，作者并不否认网上色情信息的存在，也并没有表现出对网上色情信息的支持态度，但正像他为这部分内容写下的标题所暗示的，以及他在对各个事例的叙述中所讨论的，网上色情问题实际上与网上言论自由问题是不可分离的，而后者则是一个更本质的问题。因此，在这部分中，我们看到，作者实际上是在讲述一场以正统派、立法者、检察官为一方，以电脑狂、激进主义者、自由主义者和无政府主义者为另一方的"战争"。当我们以这种眼光来阅读时，具体的网上色情故事就开始淡化，只不过是一种很表面的现象而已。

　　在《混乱的联线》一书中，除了反对对网上言论的限制，总的来说，作者并未明确地得出什么结论，但阅读此书确实可以带给我们许多的思考。如今，网络的存在和迅速发展已经是一个不可回避的事实，网络的发展必将给社会的发展带来巨大的促进，但网络的发展也带来了许多新的有待解决的问题，网上也存在着"混乱"，也需要对秩序进行维持。只是这种对秩序的维持并不那么简单，我们必须面对这一现实。从一开始，整个网络就致力于这样一种观念，即信息应当是自由的。而且，由于网络自身的特性，使得那种传统的只依靠技术手段来对信息的传播进行限制几乎成为不可能（书中所讲的那个"富有创造力"的网络用户建议

懂一点 STS
鸡蛋里的骨头

用同样长度的那位议员的名字 Exon 来替代 Fuck 一词以对付审查软件的故事,就既讽刺又颇为耐人寻味)。在周围,我们也常常听到一些人基于无知的网络恐惧而要对网络的使用加以荒唐限制的故事。因噎废食的做法是不可取的。显然,由于"混乱"问题的存在,为了维持网上秩序,必要的限制不可避免。但一旦限制成为法律,所涉及的就不仅仅是保守者和激进者的问题,而是事关所有网民了。因此,让更多的人通过一个个生动的故事,了解网上"混乱"的实情,思考在"混乱"与"秩序"之间的张力背后更深层次的问题,这或许就是《混乱的联线》一书的意义之所在。

他山之石的意义与无意义
——《美国国家科学教育标准》读后

如果只从书名上来看,许多读者也许会误认为这是一本很专业的、技术性很强的书。的确,《美国国家科学教育标准》中包含了许多专门面向教育界的专业性内容,但对于我国的读者,此书的意义却不只限于教育工作者,而是在值得更多关心科学教育、关心我国未来科学发展的人们关注。

就科学发展的水平而言,无论以什么标准来衡量,如诺贝尔奖获得者的人数,科研投入,教育投入,美国都可以说是首屈一指的世界强国。但是,美国人对自己国家的科学教育却并不满意,认为美国学生在阅读、理解和写作能力,对周围物质世界的领悟能力,以及发展定量技术的能力都在日益下降,并决意要从根本上改变这种现状。于是,就有了20世纪80年代末出台的著名的2061教育改革计划总报告《面向全体美国人的科学》,以及相关配套的一系列文件。而在这之后,在美国国家科学院的国家研究理事会的组织下,经过4年时间、数万人的努力,1996年《美国国家科学教育标准》的出台,不仅对所谓具有科学素养的人做出了十分具体的构想,而且也为美国的教育系统规划出把这种构想变成现实所应采取的具体行动方案。

就具体内容来说,《美国国家科学教育标准》包括了原则与定义、科学教师专业进修标准、科学教育中的评价、科学内容标准、

> **懂一点 STS**
> 鸡蛋里的骨头

科学教育大纲标准和科学教育系统标准等几部分。早在此书的英文版刚刚问世时,出于研究的需要,笔者就曾阅读了书中的部分内容,尤其是有关科学内容标准那部分,并且发现,当我们将此书中为从幼儿园到 12 年级所制定的科学教学内容与国内大致相应的分科教学大纲相比较时,就会看到两者间所体现出来的巨大差异。例如,像对科学史和科学哲学等人文知识在科学内容标准中的诸多体现,就与我国类似教学大纲不一样。当然,如果真要进行细致的比较的话,可以发现像这样的差异实在是太多太多了。这也不难想象,正因为此书的问世是在总结美国多年科学教育经验与失误的基础之上,并由如此众多教育界以外的学者参与研究,所以说,可以认为在它当中,含了许许多多可供我们借鉴的教育思想,尤其是科学教育思想。

尽管科学内容标准这部分内容在《美国国家科学教育标准》中占据了很大的篇幅,但此书的其他部分也同样是不可忽视的,对于一种理想的科学教育体系和模式,它们构成了一个有机的整体。而且在其他部分中,对于我国的科学教育具有启发意义的观点比比皆是。因此,此书中译本的出版,对于我们反思我国科学教育的现状及问题,提供了一个对照的标本,可以说具有极其重要的参考和借鉴意义,这是不言而喻的。其实,我们之所以会关注这本原来是美国人为自己制定的科学教育改革的文件,也正是基于对我国科学教育,或者更广泛地讲,对我国的教育整体所表现出来的不尽人意乃至种种有时甚至让人难以理解的严重问题的忧虑。

正因如此,阅读此书是可以引发我们许多的感想和联想的。这样的例子自然也可随手举出许多。例如,在《美国国家科学教育标准》一书有关科学教师专业进修标准 B 中,就提到,"科学教师的专业进修要求对科学内容、对学习方法、对教学方法、对学生情况等各个方面都得有所了解，还要求把这些知识应用于科学教学。"读到这里，笔者不禁联想到曾听到过的一种颇为尖刻但非常实际而又令人感叹不已的说法：美国（正像前面的引文所表明的那样）对于一个好的教师的要求，是要善于了解所教的学生（当然还有教学内容、教学方法等），从而可以更好地教给学生知识和技能；而中国对一个好教师的要求，则是要善于揣摩出题人的心理，从而可以高命中率地押中考题！我们现在听到的要进行素质教育的呼声已经快将人的耳朵磨出茧子来了，但残酷的现实却是应试教育依然我行我素。这表明，对于我国的教育来说，体制的变革应该是一个更为根本的问题。

不论美国的 2061 教育改革计划及其相关文件，还是这里所谈的《美国国家科学教育标准》，其最根本的目标，都是面向所有学生。其实，《美国国家科学教育标准》所体现的思想倾向，与我们所倡导的素质教育是非常相像的。